计算机导论(第4版)

主　编　王太雷　贝依林
副主编　冯　玲　孙秀娟　赵拥华
　　　　魏念忠　张　琴
参　编　吴月英　胡　勇　张　岩
　　　　李　芳　乔　赛　朱莉莉
　　　　郭小春　郑爱云

电子工业出版社·

Publishing House of Electronics Industry

北京·BEIJING

内 容 简 介

《计算机导论》作为计算机科学与技术及相关学科专业知识的入门教材，旨在引导刚刚进入大学的学生对计算机科学技术的基础知识及专业研究方向有一个概括而准确的了解，从而为正式而系统地学习计算机专业课程打下基础。

本书内容由浅入深、循序渐进，注重理论与实践结合。全书分为"计算机科学技术概述"、"办公自动化应用技术"和"专业课程体系结构"三部分。计算机科学技术概述部分主要介绍了计算机基础知识、计算机软硬件系统、计算机网络基础、多媒体技术基础等；办公自动化应用技术部分主要包括 Windows 7 操作系统以及常用办公软件 Word 2010、Excel 2010、PowerPoint 2010、Access 2010；专业课程体系结构部分包括计算机学科相关专业课程体系结构。

本书适合作为普通高校计算机专业基础教学的教材，也可作为高等职业学校、成人高校计算机专业基础教学的教材，也可供广大计算机应用技术人员与计算机爱好者参考。

图书在版编目（CIP）数据

计算机导论/王太雷，贝依林主编. —4 版. —北京：电子工业出版社，2017.9
ISBN 978-7-121-32383-6

Ⅰ. ①计… Ⅱ. ①王… ②贝… Ⅲ. ①电子计算机 Ⅳ. ①TP3

中国版本图书馆 CIP 数据核字（2017）第 183602 号

策划编辑：赵玉山
责任编辑：赵玉山
印　　刷：北京虎彩文化传播有限公司
装　　订：北京虎彩文化传播有限公司
出版发行：电子工业出版社
　　　　　北京市海淀区万寿路 173 信箱　邮编　100036
开　　本：787×1 092　1/16　印张：16.5　字数：423 千字
版　　次：2009 年 9 月第 1 版
　　　　　2017 年 9 月第 4 版
印　　次：2022 年 8 月第 13 次印刷
定　　价：38.00 元

凡所购买电子工业出版社图书有缺损问题，请向购买书店调换。若书店售缺，请与本社发行部联系，联系及邮购电话：（010）88254888，88258888。

质量投诉请发邮件至 zlts@phei.com.cn，盗版侵权举报请发邮件至 dbqq@phei.com.cn。

本书咨询联系方式：（010）88254556，zhaoys@phei.com.cn。

前　言

计算机科学与技术的迅猛发展有力地推动着信息社会的发展，人们对尽快掌握计算机技术的需求与日俱增。因此近年来计算机专业成为高校普遍开设的热门专业，但各学校对计算机专业内涵的阐释和实践却不尽相同，体现出了差异和个性。根据一线教学经验，对普通高校刚入学的计算机专业或相关专业的学生来说，计算机导论课程的教材应当是对计算机专业知识的概述，高屋建瓴、总览全局，而且注重培养基础软件实操能力，并辅以方法论。因此，我们重新组织编写了《计算机导论》，并对原版本进行了重大的修改和充实，在本书中着力对其系统性和适用性以及知识内容的先进性进行了系统阐述。根据广大读者反馈的意见，新版教材除了继续保持前三版的风格以外，对计算机基础知识点进行了大量充实和更新，对操作案例进行了重新设计，对课程体系结构进行了适当调整，使得教材内容更加充实、实用。

本书是学科综述性导引课程教材，是为计算机专业的专业基础课程编写的，教材从计算机学科的整体构架出发，取材新颖实用，在重点介绍基础理论、主要技术和学科发展趋势的同时，突出使用案例教学培养计算机的实践能力，并全面提高计算机素质。

全书分成三个部分，共 11 章，第一部分为计算机科学技术概述，主要介绍了计算机基础知识、计算机软硬件系统、计算机网络基础、多媒体技术基础等；第二部分为办公自动化应用技术，主要包括 Windows 7 操作系统，以及以案例形式介绍的常用办公软件 Word 2010、Excel 2010、PowerPoint 2010、Access 2010；第三部分为专业课程体系结构，主要包括计算机科学与技术学科的课程体系结构以及学科发展的新方向、新趋势。

本书由泰山学院和山东科技大学的教师合作编写，其中第 1 章、第 11 章由王太雷编写，第 2 章、第 3 章、第 4 章由贝依林编写，第 5 章由张琴编写，第 6 章、第 10 章由魏念忠编写，第 7 章由孙秀娟编写，第 8 章由冯玲编写，第 9 章由赵拥华编写，全书由王太雷、贝依林统稿。

本书得到山东省教改项目（应用型本科计算机硬件基础课程体系的改革与实践研究，鲁教高函 2015-12）和泰安市科技发展项目（201320629，2016GX0004）的支持，在此表示衷心的感谢！

本书在编写过程中参考了许多有关计算机基础知识的作品和网站的内容，全书力求简洁，既强调基础知识又注重实际应用；既体现系统性又突出重点。由于作者水平有限，书中的错误和不当之处，恳请读者批评指正。

编　者

2017 年 6 月

CONTENTS 目录

第一部分

计算机科学技术概述

第1章

信息与计算机技术概论

　　随着科学技术的进步和人类社会的发展，计算机与信息技术（IT，Information Technology）已经广泛地应用于社会生活和经济的各个领域，电子计算机作为信息接收、存储、加工和处理的重要工具，正在影响和改变着人们的生产和生活方式。信息资源成为全球经济竞争中的关键资源和独特的生产要素，成为社会进步的强劲动力，以开发和利用信息资源为目的的信息产业已成为国民经济的重要组成部分，信息技术也已成为一个国家科技水平的重要标志。

　　计算思维被认为是除理论思维、实验思维之外，人类应具备的第三种思维方式。在信息社会，对社会、自然的实践与认识越发深入，而数据爆炸早已成为现实。面对海量数据，以计算机为载体采用计算手段进行创新，人们的思维也必须随之发生变化，计算与社会、自然问题的融合也越发深入。

1.1　信息技术概论

　　21 世纪，人类社会已经迈入了信息时代，具体表现为生产劳动逐步变为科学劳动，社会劳动不断智能化，创造性成分、知识的生产在劳动中的作用逐步上升并成为劳动的主体。此时的生产力，使人们不仅可以借助于机械化、自动化，使人的体力功能和行动器官（手脚）的功能得到进一步有效的扩展，从而使劳动工具效力、物质资源利用率和产品的品质都得到极大的提高。同时，人们还可充分利用飞速增加的信息生产和流通，使人的信息器官（主要是头脑、感觉器官和神经系统）的功能也得到延长．人们将利用信息化和智能化来提高自己的判断、控制和处理问题的能力，这是过去任何一项技术所无法取得的。如果我们从生产力发展的这一角度去看，这是迄今人类历史上经济发展程度最高的一个阶段，即人类开始从工业化进入信息化时代。当代科学技术发展已经表明：信息化将会带来经济、社会发展的更大、更深的变革。

1.1.1 信息的基本概念

1. 数据

数据是指存储在某种媒体上可以加以鉴别的符号资料。数据的概念包括两个方面：一方面，数据内容是反映或描述事物特性的；另一方面，数据是存储在某一媒体上的。它是描述、记录现实世界客体的本质、特征以及运动规律的基本量化单元。描述事物特性必须借助一定的符号，这些符号就是数据形式，因此，数据形式是多种多样的。

从计算机角度看，数据就是用于描述客观事物的数值、字符等一切可以输入到计算机中，并可由计算机加工处理的符号集合。可见，在数据处理领域中的数据概念与在科学计算领域相比已大大拓宽。所谓"符号"不仅仅指数字、文字、字母和其他特殊字符，而且还包括图形、图像、动画、影像及声音等多媒体数据。

2. 信息

"信息"一词来源于拉丁文"Information"，意思是一种陈述或一种解释、理解等。作为一个科学概念，它较早出现于通信领域。长期以来，人们从不同的角度和不同的层次出发，对信息概念有着很多不同的理解。

信息论的创始人，美国数学家香农（Shannon）在 1948 年给信息的定义是：信息是能够用来消除不确定性的东西。他认为信息具有使不确定性减少的能力，信息量就是不确定性减少的程度。这里所谓的"不确定性"是指如果人们对客观事物缺乏全面的认识，就会表现出对这种事物的情况是不清楚的、不确定的，这就是不确定性。当人们对它们的认识清楚以后，不确定性就减少或消除了，于是就获得了有关这些事物的信息。

控制论的创始人，美国数学家维纳（Weiner）认为：信息是我们适应外部世界、感知外部世界的过程中与外部世界进行交换的内容，即信息就是控制系统相互交换、相互作用的内容。

系统科学认为，客观世界由物质、能量和信息三大要素组成，信息是物质系统中事物的存在方式或运动状态，以及对这种方式或状态的直接或间接表述。

一般认为：信息是在自然界、人类社会和人类思维活动中普遍存在的一切物质和事物的属性。

可以看出，信息的概念非常宽泛。随着时间的推移，时代将赋予信息新的含义，因此，信息是一个动态的概念。现代"信息"的概念，已经与微电子技术、计算机技术、通信技术、网络技术、多媒体技术、信息服务业、信息产业、信息经济、信息化社会、信息管理及信息论等含义紧密地联系在一起了。

总之，信息是一个复杂的综合体，其基本含义是：信息是客观存在的事实，是物质运动轨迹的真实反映。信息一般泛指包含于消息、情报、指令、数据、图像、信号等形式之中的知识和内容。在现实生活中，人们总是在自觉或不自觉地接受、传递、存储和利用着信息。

3. 数据和信息的关系

数据与信息是信息技术中两个常用的术语，很多人常常将它们混淆。实际上，它们之间是有差别的。信息的符号化就是数据，数据是信息的具体表示形式。数据本身没有意义，而信息是有价值的。数据是信息的载体和表现形式，信息是经过加工的数据，是有用的，它代表数据的含义，是数据的内容或诠释。信息是从数据中加工、提炼出来的，是用于帮助人们正确决策的有用数据，是数据经过加工以后的能为某个目的使用的数据。

根据不同的目的，我们可以从原始数据中加工得到不同的信息。虽然信息都是从数据中提取出来的，但并非一切数据都能产生信息。可以认为，数据是处理过程的输入，而信息是输出。例如，38℃就是一个数据，如果是人的体温，则表示发烧；如果是水的温度，则表示是人适宜的温度。这些就是信息。

4. 信息的特征

信息广泛存在于现实中，人们时时处处在接触、传播、加工和利用着信息。信息具有以下特征。

（1）信息的普遍性和无限性

世界是物质的，物质是运动的，事物运动的状态与方式就是信息，即运动的物质既产生也携带信息，因而信息是普遍存在的，信息无处不在、无时不在；由于宇宙空间的事物是无限丰富的，所以它们所产生的信息也必然是无限的。例如现实世界里天天发生着的各种各样的事，不管你在意不在意，它总是普遍存在和延续着。

（2）信息的客观性和相对性

信息是客观事物的属性，必须如实地反映客观实际，它不是虚无缥缈的东西，可以被人感知、存储、处理、传递和利用；同时，由于人们认知能力等各个方面的不同，从一个事物获取到的信息也会有所不同，因此信息又是相对的。

（3）信息的时效性和异步性

信息总是反映特定时刻事物运动的状态和方式，脱离源事物的信息会逐渐失去效用，一条信息在某一时刻价值非常高，但过了这一时刻，可能一点价值也没有。异步性是时效的延伸，包括滞后性和超前性两个方面，信息会因为某些原因滞后于事物的变化，也会超前于现实。例如天气预报的信息就具有典型的时效性，过时就失去了价值，但是它超前就具有重要意义。再如，依据一张老的列车时刻表出发，则可能会误事。

（4）信息的共享性和传递性

共享性是指信息可以被共同分享和占有。信息作为一种资源，不同的个体或群体在同一时间或不同时间可以共同享用，这是信息与物质的显著区别。信息的分享不仅不会失去原有信息，而且还可以广泛地传播与扩散，供全体接收者所共享；信息本身只是一些抽象的符号，必须借助媒介载体进行传递，人们要获取信息也必须依赖于信息的传输。信息的可传递性表现在空间和时间两个方面。把信息从时间或空间上的某一点向其他点移动的过程称为信息传输。信息借助媒介的传递是不受时间和空间限制的。信息在空间中传递被称为通信。信息在时间上的传递被称为存储。例如，广播信息可以为广大听众共享，还可以录音或者转播（传播）出去。再如"苹果理论"，萧伯纳说过："你有一个苹果，我有一个苹果，我们彼此交换，每人还是一个苹果；你有一种思想，我有一种思想，我们彼此交换，每人可拥有两种思想。"这就是信息的可传递和共享。

（5）信息的变换性和转化性

信息可能依附于一切可能的物质载体，因此它的存在形式是可变换的。同样的信息，可以用语言文字表达，也可以用声波来做载体，还可以用电磁波和光波来表示；信息在变换载体时的不变性，使得信息可以方便地从一种形态转换为另一种形态。信息对于载体的可选择性使得如今的信息传递不仅可以在传播方式上加以选择，而且在传递时间和空间上提供了极大的方便，并使得人类开发和利用信息资源的各项技术的实现成为可能。信息的可变换性还体现在对信息可进行压缩，可以用不同的信息量来描述同一事物，用尽可能少的信息量描述一件事物的主要特征就是实现了压缩；信息也是可以转化的，也就是可以处理的，即利用各种技术，把信息从一种形态转变为另一种形态。例如看天气预报：人们会将代表各种天气的符号转化为具体信息。信息在一定条件下可以转化为时间、金钱、效益等物质财富。

（6）信息的依附性和抽象性

信息不能独立存在，必须借助某种载体才可能表现出来，才能为人们交流和认识，才会使信息成为资源和财富；人们能够看得见摸得着的只是信息载体而非信息内容，即信息具有抽象性。信息的抽象性增加了信息认识和利用的难度，从而对人类提出了更高的要求。对于认识主体而言，获取信息和利用信息都需要具备抽象能力，正是这种能力决定着人的智力和创造力。例如书就是信息的依附载体，但是内容就是抽象的，所以不同的人理解和体会就不尽相同。

5. 信息的处理

在电话、电报时代就已经有了信息的概念，但当时更关心的是信息的有效传输。随着社会的进步和发展，人们对信息的开发利用不断深入，信息量骤增，信息间的关联也日益复杂，因此对信息的处理就显得越来越重要，早期的信息处理都是由人工或者借助其他工具完成的，而计算机的出现，使得对大容量信息进行高速、有效的处理成为可能。信息处理就是指信息的采集、存储、输入、传输、加工、输出等操作。当然，被处理的信息是以某种形式的数据表示出来的，所以信息处理有时也称数据处理。

计算机是一种最强大的信息处理工具，现在说信息处理实质上就是由计算机进行数据处理的过程，即通过数据的采集和输入，有效地把数据组织到计算机中，由计算机系统对数据进行一系列存储、加工和输出等操作。在信息处理过程中，信息处理的工具不同，信息处理的各个操作的实现方式也就不同。例如，如果处理工具是人，则输入是通过眼睛、耳朵、鼻子等来完成的，加工由人脑来完成；如果处理工具是计算机，则输入是通过键盘、鼠标等来完成的，加工则由中央处理器来完成。

1.1.2 信息技术

1. 信息技术的概念

所谓信息技术，就是利用科学的原理、方法及先进的工具和手段，有效地开发和利用信息资源的技术体系。人类在认识环境、适应环境与改造环境的过程中，为了应付日趋复杂的环境变化，需要不断地增强自己的信息能力，即扩展信息器官的功能，主要包括感觉器官、神经系统、思维器官和效应器官的功能。由于人类的信息活动愈来愈走向更高级、更广泛、更复杂的地步，人类信息器官的天然功能已愈来愈难以适应需要。信息技术就是人类创立和发展起来的，用于不断扩展人类信息器官功能的一类技术的总称。确切地说，信息技术是指对信息的获取、传递、存储、处理、应用的技术。人们对信息技术的认识是逐步深入的。最初，人们认为信息技术就是计算机的硬件设备。后来，人们认为信息技术是计算机硬件加软件技术。再后来，人们认为计算机技术（包括硬件和软件技术）和通信技术的结合就是全部的信息技术。现在人们普遍认为信息技术是以现代计算机技术为核心的，融合智能技术、通信技术、感测技术和控制技术在一起的综合技术。

2. 信息技术的发展历史

人类的进步和科学的发展离不开信息技术的革命。第一次是人类使用语言，使人类有了交流和传播信息的工具；第二次是文字的使用，使人类有了记录和存储信息的载体；第三次是造纸和印刷术的使用，使人类有了生产、存储、复制和传输信息的媒介；第四次是电报、电话、广播和电视的使用，使人类有了广泛迅速地传播文字、声音、图像信息的多种媒体；第五次是计算机、通信、网络等现代信息技术的综合运用，使人类有了大量存储、高速传输、精确处理、广泛交流、普遍共享信息的手段。尤其是第五次以计算机技术、微电子技术和现代通信技术为代表的信息革命使人类的脑力劳动得到极大程度的解放，人类社会由传统的工业化社会步入现代信息化社会，信息技术、信息产业飞速发展，人们的生产、生活方式正在悄然改变。

从应用的角度来看，信息技术经历了数值处理、数据处理、知识处理、智能处理、网络处理、网格处理六个阶段。

（1）数值处理

数值处理是利用计算机对物理或数字信号进行运算和处理，早期的计算机应用只限于科学计算、工程计算等领域。

（2）数据处理

20 世纪 50 年代末，计算机应用有了从数值处理向非数值处理的突破，其应用领域由科学计算转向以事务管理为主的数据处理。

（3）知识处理

20 世纪 70 年代中期，计算机应用从处理定量化问题向处理定性化问题发展，信息系统的概念、结构、方法和技术产生了质的飞跃。其应用领域向知识的表达、知识库、知识处理等方面发展。

（4）智能处理

20 世纪 80 年代，知识处理信息的定性化问题研究和应用为信息系统的分析、推理和判断等奠定了基础，使得信息系统具备了向智能处理迈进的可能性。

（5）网络处理

20 世纪 90 年代，Internet 的兴起使得信息技术进入网络处理时代。信息系统的主要特征表现为网络互连、资源高度共享、时空观念的转变以及物理距离的消失等。网络处理对企业经营管理信息系统和商务活动产生了极大影响。

（6）网格处理

网格（grid）是新一代信息处理技术，它把整个因特网整合成一台巨大的超级计算机，实现计算资源、存储资源、数据资源、信息资源、知识资源、专家资源的全面共享。其目的是将计算能力、信息资源像电力网格输送电力一样输送到每一用户，供用户方便使用。它是继传统因特网、Web 之后的第三个浪潮（或称第三代因特网）。

3. 信息技术的新发展

随着计算机应用技术的发展，云计算、物联网，乃至大数据等信息技术领域的概念也进一步冲击着人们的观念和知识结构，影响着普通人的生活。

（1）云计算

云计算是网格计算、分布式计算、并行计算、效用计算、网络存储、虚拟化、负载均衡等传统计算机技术与网络技术发展融合的产物，或者说是这些计算机科学概念的商业实现。它旨在通过网络把多个成本较低的计算实体整合成一个具有强大计算能力的完美系统，并借助先进的商业模式把这种强大的计算能力分布到普通终端用户手中。云计算的核心理念就是通过不断提高"云"的处理能力，进而减少用户终端的计算负担，最终使用户终端简化成一个单纯的输入输出设备，并能按需享受"云"的强大计算处理能力。

随着云计算概念衍生而出的"云存储"、"云渲染"等各种概念层出不穷，也宣告了一个全新时代的到来，它意味着计算和存储能力也可以作为一种商品进行流通，就像煤气、水电一样，取用方便，通过租用，还大大降低了中小企业和个人用户的硬件购买和维护成本，从而也就降低了发展的门槛，释放出更大的潜力直接参与更高层面的竞争。

（2）物联网

物联网是新一代信息技术的重要组成部分，也是"信息化"时代的重要发展阶段。其英文名称是："Internet of things（IoT）"。顾名思义，物联网就是物物相连的互联网。这有两层意思：其一，物联网的核心和基础仍然是互联网，是在互联网基础上的延伸和扩展的网络；其二，其用户端延伸和扩展到了任何物品与物品之间，进行信息交换和通信，也就是物物相息。物联网到现在为止还没有公认的概念，但目前用的最广的一个定义是：通过射频识别（RFID）、红外感应器、全球定位系统、激光扫描器等信息传感设备，按约定的协议，把任何物品与互联网相连接，进行信息交换和通信，以实现智能化识别、定位、跟踪、监控和管理的一种网络系统。

物联网的发展也是一日千里：

- 早期的物联网（EPC 物联网）=射频识别（RFID 等）+Internet
- 目前的物联网=传感网+通信网+应用系统
- 未来（理想）的物联网=带 IP 的任何物+Internet

而从技术架构上来分析，物联网可分为三层，其中：

- 感知层：获取状态信号（模拟信号或数字信号），涉及传感器芯片及技术、射频识别（RFID）技术、二维码、条形码、MEMS（Micro-Electro-Mechanical Systems，微机电系统）等。
- 网络层：连接感知信号与应用系统桥梁，涉及通信技术（有线通信和无线通信）、互联网技术等。
- 应用层：普遍与感知终端密切联系，主导应用层的解决方案，往往是由感应终端厂商提供的，涉及中间件系统、人工智能、数据处理与分析、智能算法等。

物联网被称为继计算机、互联网之后，世界信息产业的第三次浪潮。物联网用途广泛，遍及工业监控、城市管理、智能家居、智能交通、医疗卫生等多个领域。根据有关研究机构预测，物联网所带来的产业价值将是互联网的 30 倍，物联网将成为下一个万亿元级别的信息产业业务。

（3）大数据

大数据是指无法在一定时间内用常规软件工具对其内容进行提取、管理和计算的数据集合，它具有 4 个基本特征：一是数据体量巨大，从 TB 跃升至 PB（1PB=1024TB）、EB（1EB=1024PB）甚至 ZB（1ZB=1024EB）的级别；二是数据类型多样，包括文本、图片、视频、音频、地理位置信息等复杂类型；三是处理速度快，数据处理遵循"1 秒定律"，可从各种类型数据中获取有用数据，并强调分析能力；四是价值密度低，商业价值高。以视频为例，在长达几十个小时的监控录像中，有用数据可能仅有一两秒。业界将这四个特征归纳为 4 个"V"——Volume（大量）、Variety（多样）、Velocity（高速）、Value（价值）。

而大数据技术，正是指从大数据中，快速获得有价值信息的能力，所以其技术意义不止于掌握和管理，更在乎对这些数据的专业化处理，进行挖掘分析从而实现数据的增值。

1.1.3　信息化与计算机文化

1. 信息化

信息化就是指在国家宏观信息政策指导下，通过信息技术开发、信息产业的发展、信息人才的配置，最大限度地利用信息资源以满足全社会的信息需求，从而加速社会各个领域的共同发展以推进到信息社会的过程。它以信息产业在国民经济中的比重，信息技术在传统产业中的应用程度和国家信息基础设施建设水平为主要标志。

信息化生产力是指与计算机等智能化工具相适应的生产力。信息化生产力是迄今人类最先进的生产力，它要有先进的生产关系和上层建筑与之相适应，一切不适应该生产力的生产关系和上层建筑将随之改变。

信息化是工业社会向信息社会的动态发展过程。在这一过程中，信息产业在国民经济中所占比重上升，工业化与信息化的结合日益密切，信息资源成为重要的生产要素。与工业化的过程一样，信息化不仅仅是生产力的变革，而且还伴随着生产关系的重大变革。

2. 信息高速公路

1993 年 9 月美国政府正式提出计划用 20 年时间，耗资 2000～4000 亿美元，实施美国"国家信息基础设施"（National Information Infrastructure，NII）计划，作为美国发展政策的重点和产业发展的基础，人们将其通俗地称为"信息高速公路"（ISHW）计划。

"信息高速公路"是一个交互式的多媒体通信网络，它以光纤为"路"，以电脑、电话、电视、传真等多媒体终端为"车"，既能传输语言和文字，又能传输数据和图像，使信息的高速传递、共享和增值成为可能，并且提供教育、卫生、商务、金融、文化、娱乐等广泛的信息服务。信息高速公路是构建信息化社会的基础。

我国为加快国民经济信息化建设步伐，以"三金"（金桥、金关、金卡）工程起步建设信息高速公路。"金桥"工程，即国家公用经济信息网工程，是我国国民经济信息化建设的基础设施；"金卡"工程是通过计算机网络实现货币流通的电子货币工程；"金关"工程是国家对外经济贸易信息网工程。"三金"工程为我国经济建设和社会进步起到了巨大的推动作用。

目前，我国在信息化建设方面取得了很大成就，已经建成四大互联网络：中国互联网（Chinanet）、中国教育科研网（CERnet）、中国科技网（CSTnet）和中国金桥网（ChinaGBN）。

截至 2012 年 12 月底，我国网民规模达到 5.64 亿，互联网普及率为 42.1%，另外，移动互联网络发展势头强劲，数据显示，2012 年我国手机网民数量达到 4.2 亿，而仅在中国，2015 年电子商务交易额就高达 18 万亿元人民币。互联网及其相关行业已经成为对我国影响最广、增长最快、市场潜力最大的产业之一。

3. 计算机文化

（1）文化

文化是人类社会特有的现象。文化的产生和发展与人类的形成和发展是同时进行的，有一个由低级向高级发展的进化过程。人类社会的进步、文化层次的高低在物质上是以工具的使用和革新为标志的，正像旧石器、新石器、青铜器、铁器、蒸汽机、电动机、原子能代表着历史上不同的文化时代一样，计算机文化正是人类文化发展到今天以电子计算机这种最新工具为核心而产生的一种新时代的文化，它预示着信息时代的来临，人类文明又向前迈进了一步。

文化是人类在物质和精神两个方面创造力的一种表现，是人类对客观世界把握的一种能力，也是人类进步的一种标志。因此，文化具有信息传递和知识传授的能力，对人类社会的生产方式、工作方式、学习方式和生活方式都会产生广泛而深刻的影响。

（2）文化的属性

文化具有广泛性、传递性、教育性及深刻性四个方面的基本属性。

（3）计算机文化

"计算机文化"（Computer Literacy）的提法最早出现在 20 世纪 80 年代初，在瑞士洛桑召开的第三次世界计算机教育大会上，科学家提出了计算机教育是文化教育的观念，呼吁人们重视计算机文化教育，此后，"计算机文化"的说法被各国计算机教育界所接受。

所谓计算机文化是以计算机为核心，集网络文化、信息文化、多媒体文化为一体，对社会生活和人类行为产生广泛、深远影响的新型文化。

当代大学生是 21 世纪信息社会的建设者和栋梁，无论是人类的生产生活还是休闲娱乐，都已经全面步入信息时代，所以，大学生应该掌握"计算机文化"的相关知识，培养"计算思维"，具备利用计算机解决各类实际问题的能力，如文字处理、数据处理和分析能力、各类软件的使用能力、资料数据查询和获取能力、信息的归类和筛选能力等。

1.2 计算机技术概论

计算机（Computer）是一种能够接受和存储信息，并按照存储在内部的程序对输入的信息进行加工、处理，得到人们所期望的结果，然后把处理结果输出的高度自动化的电子设备。

1.2.1 计算机的发展概况

人类在社会的发展过程中，通过劳动创造和发明了许多的计算工具和方法。人类最早用手指计数和运算。原始社会的人类用结绳、垒石、枝条和刻痕计数，我国春秋时代就使用"算筹"这一计算工具，唐末出现了"算盘"。1832 年，英国数学家巴贝奇提出了通用数字计算机的基本设计思想并研制出了一台差分机，被称为计算机之父。1946 年 2 月在美国的宾夕法尼亚大学研制成功世界上第一台电子计算机（Electronic Numerical Integrator And Calculator，电子数字和积分计算机），这台计算机共使用了 18000 个电子管，1500 个继电器，占地 140m²，功率 174kW，重达 30t，每秒可进行 5000 次加法运算。从此奠定了计算机科学发展的基础。

自电子计算机问世以来，计算机科学与技术已成为 20 世纪发展最快的一门学科，尤其是微型计算机的出现和计算机网络的发展，使计算机的应用渗透到社会的各个领域，有力地推动了信息社会的发展。计算机的发展按其主要物理器件作为标志划分为四代。

第一代（1946—1957 年）电子管计算机。主要逻辑元件是电子管。内存储器先采用汞延迟线，后期采用磁鼓，外存储器有纸带、磁带等。运算速度为每秒几千次到几万次。使用机器语言和汇编语言。主要用于军事和科学研究工作。

第二代（1958—1964 年）晶体管计算机。主要逻辑元件是晶体管。内存储器普遍采用磁芯，外存储器有磁带和磁盘等。运算速度提高到每秒几十万次。开始使用高级语言。这个时期的应用扩展到数据处理、自动控制等方面。

第三代（1965—1970 年）集成电路计算机。主要逻辑元件是中小规模的集成电路。内存储器开始使用半导体，外存储器有硬盘、磁盘等。运算速度也提高到每秒几百万次。出现了操作系统和会话式高级语言。计算机开始广泛应用于各个领域。

第四代（1971 至现在）大规模或超大规模集成电路计算机。主要逻辑元件是大规模或超大规模的集成电路。内存储器广泛采用半导体，外存储器有硬盘、软盘和光盘等。运算速度可达到每秒上千万次到几十亿次。操作系统不断完善，应用软件成为现代化社会的一部分，计算机进入了网络时代。

上述四代计算机都是以冯·诺依曼原理的思想体系为基础设计开发的，即"以二进制编码，程序和数据统一存储"。

未来电子计算机展望。计算机发展的日新月异，新一代计算机正处在设想和研制阶段，它是把处理数据、存储处理、通信和人工智能结合在一起的计算机系统。新一代计算机将由处理数据信息为主转向处理知识信息为主，如获取知识、表达知识、存储知识、应用知识等，并有推理、联想和学习等人工智能方面的能力（如理解能力、适应能力、思维能力等），能帮助人类开拓求知领域和获取新的知识。

新一代计算机的发展是多样化的。智能化是新一代计算机发展的一个方面，当代的科学家们正将新一代计算机推向巨型化、微型化、智能化和网络化等多元化发展方向。

计算机的发展划分和特征如表 1-1 所示。

表 1-1　计算机的发展划分和特征表

年　代	名　称	元　件	运算速度	语　言	应　用
第一代 1946—1957	电子管计算机	电子管	几千次/秒	机器语言 汇编语言	科学计算
第二代 1958—1964	晶体管计算机	晶体管	几十万次/秒	高级程序 设计语言	数据处理
第三代 1965—1970	集成电路计算机	中小规模 集成电路	几百万次/秒	高级程序 设计语言	广泛应用 各个领域
第四代 1970 年至现在	大规模或超大规模集成电路计算机	超大规模 集成电路	亿次/秒	面向对象 高级语言	网络时代
第五代	未来计算机	光、量子 DNA	更高维度		

　　我国 1958 年研制出第一台电子管计算机，1964 年研制成功晶体管计算机，1971 年研制成功集成电路计算机，1983 年，我国研制成大规模或超大规模集成电路计算机。2003 年 12 月我国自主研发成功了国内最快、世界第三的每秒 10 万亿次曙光 4000A 高性能计算机。而在 2010 年 10 月，经升级后的天河一号二期系统（天河-1A）以峰值速度（Rpeak）每秒 4700 万亿次浮点运算、持续速度（Rmax）2566 万亿次，超越橡树岭国家实验室的美洲虎超级计算机（Rpeak：2331 万亿次；Rmax：1759 万亿次），成为当时世界上最快的超级计算机，这也标志着我国计算机发展水平抵达一个新的里程碑。后续研制的天河二号超级计算机系统，以峰值计算速度每秒 5.49 亿亿次、持续计算速度每秒 3.39 亿亿次双精度浮点运算的优异性能位居榜首，再次成为全球最快超级计算机。

　　中国科学院在 2017 年 5 月 3 日宣布中国建造了世界上第一台超越早期经典计算机的光量子计算机，自主研发 10 比特超导量子线路样品，通过发展全局纠缠操作，成功实现了目前世界上最大数目的超导量子比特的纠缠和完整的测量，在新一代计算机的研发竞赛中居世界领先地位。

　　我国是少数能够自主开发超级计算机的国家之一，以"联想"、"清华同方"、"方正"和"浪潮"等企业为代表的我国计算机制造业非常发达，已成为世界计算机主要制造中心之一。我国也是重要的计算机软件生产国家，但必须指出的是，在消费市场的软硬件生产领域，我国原创技术较少，始终没有形成完整的生态链，一些计算机核心技术（如 CPU、操作系统等）仍掌握在发达国家手中，严重制约国家安全，这些问题亟待解决。

1.2.2　计算机的发展趋势

　　随着软硬件技术水平的不断提高，设计思想的不断升华，计算机正向着巨型化、微型化、网络化和智能化等方向发展。

1. 巨型化

　　巨型化是指发展存储容量大、运算速度快、功能强的高性能计算机。主要应用于天文、气象、地质、航天、生物等尖端科技领域。研制巨型计算机的技术水平是衡量一个国家科学技术和工业发展水平的重要标志。

　　中国一直在巨型机的研制道路上走在世界前列，从天河系列到神威·太湖之光，都曾多次夺得世界超算冠军，也说明国家战略层面对巨型机研发的重视。

2. 微型化

　　由于大规模和超大规模集成电路技术的应用，使计算机的微型化发展十分迅速。计算机的微型化已成为计算机发展的重要方向，各种平板电脑和智能手机已经普及，而可穿戴设备的大量面世和使用，是计算机微型化的一个新标志。微型计算机以其低廉的价格、方便的使用、丰富的软件和外部设备，迅速得到普及，成为现代社会各层面应用的重要工具。

3. 网络化

　　计算机网络化是指计算机系统之间的互联互通以及基于计算系统互联互通的物体之间、人与组织之间、网络与网络之间、虚拟世界与物理世界的互联互通等。

　　计算机之间的互联是利用计算机技术和通信技术把分布在不同地点的计算机互联起来，

以达到共享网络上的硬件、软件和数据等资源。计算机网络早已广泛应用于社会的各个领域，而当下，以物联网技术为代表的物与物相连，也已经实现和逐渐普及。

4．智能化

计算机智能化是指使计算机具有模拟人的感觉和思维过程的能力。智能化的研究包括模拟识别、物形分析、自然语言的生成和理解、博弈、定理自动证明、自动程序设计、专家系统、学习系统和智能机器人等。

基于深度学习的智能化浪潮现已到来，像著名的谷歌 AlphaGo 就是利用深度神经网络基于人类既有知识样本库（围棋棋谱）进行训练的，而 2017 年 AlphaGo 2.0 已经发展到基于自我训练完善算法的阶段，在与人类顶级围棋高手的对战中所向披靡。这一事件标志着在这场智力的竞赛中，人工智能（AI）逐渐开始超越人类。

同样基于深度学习的 AI 产品如 IBM 的 Watson 与百度大脑，也已经进入了商业应用领域，比如医疗行业与无人驾驶。目前在工业领域已研制出多种具有人的部分智能的机器人，可以代替人在一些危险的工作岗位上工作，而家庭智能化的机器人将是继 PC 之后下一个家庭普及的信息化产品。在未来，人工智能必将对人类的生活方式乃至进化方向产生重大影响。

1.2.3　计算机的特点

计算机作为一种通用的信息处理工具，有以下特点：

1．运算速度快

运算速度快是计算机的一个突出特点。计算机的运算速度已由早期的每秒几千次发展到现在的每秒几千亿次乃至万亿次。计算机高速运算的能力极大地提高了工作效率，把人们从浩繁的脑力劳动中解放出来。过去用人工旷日持久才能完成的计算，而计算机在"瞬间"即可完成。

2．计算精确度高

一般来讲只在那些人工介入的地方才有可能发生错误。科学技术的发展特别是尖端科学技术的发展，需要高度精确的计算。一般的计算工具只能达到几位有效数字（如常用的四位或八位数学用表等），而计算机对数据的结果精度可达到十几位、几十位有效数字。根据不同的需要，计算结果甚至可达到任意的精度，是任何计算工具所望尘莫及的。

3．存储容量大

计算机的存储性是区别于其他计算工具的重要特征。计算机的存储器能将参加运算的数据、程序指令和运算结果保存起来，以备随时调用。计算机不仅能够存储大量的信息，而且能够快速正确地存入、取出这些信息。

4．自动化程度高

计算机的内部操作是根据人们事先编好的程序自动控制进行的。用户根据需要，事先设计好运行步骤与程序，计算机按照程序规定的步骤进行操作，整个过程不需要人工干预。

5. 通用性强

计算机的通用性表现在几乎能求解自然科学和社会科学中一切类型的问题，能广泛地应用于各个领域。

1.2.4 计算机的分类

计算机的分类方法较多，按照处理的对象、用途和规模有三种常用分类方法。

1. 按处理对象分类

（1）数字计算机（Digital Computer）：指用于处理数字数据的计算机。其特点是输入和输出数据都是数字量，参与运算的数值是用非连续的数字量表示的，具有逻辑判断功能。目前使用的计算机主要是电子数字计算机，简称电子计算机。

（2）模拟计算机（Hybrid Computer）：指用于处理连续的电压、温度、速度等模拟数据的计算机。其特点是参与运算的数值是由不间断的连续量表示的，其运算过程是连续的，由于受元器件质量影响，其计算精度较低，应用范围较窄。模拟计算机目前已很少使用。

2. 按用途分类

（1）通用计算机（General Purpose Computer）：用于解决一般问题，其用途广泛，功能齐全，可适用于各个领域。目前市面上出售的计算机一般都是通用计算机。

（2）专用计算机（Special Purpose Computer）：用于解决某一特定方面的问题，配有为解决某一特定问题而专门开发的软件和硬件。专用计算机针对特定问题能显示出其最有效、最快速和最经济的特性，但对其他问题的解决适用性较差。

3. 按规模分类

计算机的规模一般指计算机的一些技术指标：字长、运算速度、存储容量、外部设备、输入输出能力等，大体分为以下几种。

（1）巨型机：又称超级计算机，是计算机中功能最强、运算速度最快、存储容量最大和价格最贵的一类计算机。目前世界上最新巨型机的运算速度已达每秒亿亿次，多用于国家高科技领域和国防尖端技术的研究。

中国一直在巨型机的研制道路上走在世界前列，从天河系列到神威·太湖之光，都曾多次夺得世界超算冠军，也说明国家战略层面对巨型机研发的重视。

（2）小巨型机：又称小超级计算机或桌上型超级电脑，它的性能一般介于超级小型机与巨型机之间，价格合理、浮点运算速度快是其突出特点，主要用于科学计算。

（3）大型主机：包括大、中型计算机，这类计算机通用性能好、运算速度较高、存储容量较大。主要用于科学计算、数据处理和网络服务器。一般供大型跨国公司和企业使用。

（4）小型机：小型机结构简单、规模较小、成本较低。一般用于工业自动控制、医疗设备、测量仪器的数据采集、整理、分析、计算等方面。

（5）微机：又称个人计算机（Personal Computer，PC），其核心部件是微处理器芯片。具有体积小、价格低、功能齐全、可靠性高、操作方便等优点。微机现在进一步微型化，各种可穿戴设备层出不穷，已进入社会的各个领域及家庭，极大地方便了人们日常工作、学习和

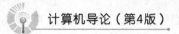

生活，推动了计算机的应用与普及。

（6）工作站

工作站介于小型机和高档微机之间，主要是面向专业应用领域，具备强大的数据运算与图型、图像处理能力的高性能计算机；通常具有高分辨率显示器、多个中央处理器、大容量内存储器和高速外存储器等高档外部设备，交互式的用户界面和功能齐全的图形图像处理软件；多用于工程设计、动画制作、科学研究、软件开发、金融管理、模拟仿真、图形图像处理和影视创作等领域。

1.2.5　计算机的应用

计算机不仅具有高速、自动处理数据的能力，而且具有存储大量数据的能力，其应用已渗透到社会的各个领域，正在改变着人们的工作、学习和生活方式，推动着社会的发展。计算机的应用可大体概括为以下几个方面：

1. 科学计算

科学计算又称数值计算，是指计算机用于完成科学研究和工程技术中所提出的数学问题的计算。这类计算往往公式复杂、难度很大，用一般计算工具难于完成。计算机的发展使越来越多的复杂计算成为可能，如军事、航天、气象、地震探测中的复杂计算问题。

2. 数据处理

数据处理也称非数值计算，是指对大量的数据进行加工处理，形成有用的信息。与科学计算不同，数据处理涉及数据量大，但计算方法较简单。目前数据处理已广泛应用于办公自动化、企业管理、事务处理、情报检索等方面。

3. 过程控制

过程控制又称实时控制，是指用计算机及时采集检测数据，按最佳值迅速地对控制对象进行自动控制或自动调节。现代工业，由于生产规模不断扩大，技术、工艺日趋复杂，从而对实现生产过程自动化的控制系统要求也日益提高。利用计算机进行过程控制，不仅可以大大提高控制的自动化水平，而且可以提高控制的及时性和准确性，从而改善劳动条件、提高质量、节约能源、降低成本。计算机过程控制在机械制造、化工、冶金、水电、纺织、石油、航天等部门得到了广泛的应用。

4. 计算机辅助系统

计算机辅助系统是指通过人机对话，使计算机辅助人们进行设计、加工、计划和学习等工作。主要包括计算机辅助设计（CAD）、计算机辅助制造（CAM）、计算机辅助教育（CBE）等几个方面。

计算机辅助设计（Computer-Aided Design，CAD），就是利用计算机帮助设计人员进行工程设计。CAD 已广泛应用于机械、土木工程、电路设计、服装等领域的设计。

计算机辅助制造（Computer-Aided Manufacturing，CAM），就是利用计算机进行生产设备的控制、操作和管理。CAM 已广泛应用于飞机、汽车、家电等制造业，成为计算机控制的无人生产线和无人工厂的基础。

CAD、CAM 大大缩短了产品的设计周期，提高了工作效率和产品质量。

计算机辅助教育（Computer Based Education，CBE），就是利用计算机帮助教学，即将教学内容、教学方法以及学习情况等信息存储在计算机中，使学生能够轻松自如地从中学到所需的知识。目前，利用计算机网络进行辅助教学已成为一种新的教育形式。它包括计算机辅助教学（Computer-Aided Instruction，CAI）和计算机管理教学（Computer Managed Instruction，CMI）。

5. 人工智能

人工智能（Artificial Intelligence，AI）是指用计算机模拟人类的某些智力行为，如感知、推理、学习、理解等。其研究领域包括：模式识别、景物分析、自然语言理解、自然语言生成、博弈、自动定理证明、自动程序设计、专家系统和智能机器人等方面。

6. 计算机网络与通信

利用通信技术，将不同地理位置的计算机互联，可以实现世界范围内的信息资源共享，并能交互式地交流信息。而随着无线传感等技术的发展，物联网技术方兴未艾，已经成为发展势头最为强劲的新兴产业。所谓物联网，是指通过各种信息传感设备，实时采集任何需要监控、连接、互动的物体或过程中的关键信息，与互联网结合而成的一个巨大网络。其目的是实现物与物、物与人，所有的物品与网络的连接，方便识别、管理和控制。

7. 多媒体技术

多媒体又称超媒体，是一种以交互方式将文本、图形、图像、音频、视频等多种媒体信息，经过设备的获取、操作、编辑、存储等综合处理后，将这些媒体信息以单独或合成的形态表现出来的技术和方法。多媒体技术在文体、教育、电子图书、动画设计、音乐合成以及商业、家庭等领域得到广泛应用。利用多媒体技术和通信技术，还可实现如可视电影、视频会议、远程教育等应用。

8. 电子商务

电子商务是指通过计算机和网络进行的商务活动。在目前的条件下，因为网上支付手段的不完善而导致交付款采取其他形式的，可认为是初级的"电子商务"。

电子商务始于 1996 年，起步时间虽然不长，但其高效率、低支付、高收益和全球性的优点，很快受到各国政府和企业的广泛重视，发展势头不可小觑。据统计，仅在中国，2015年电子商务交易额就高达 18 万亿元人民币。

1.3　计算机中信息的编码

计算机最基本的功能就是对数据进行存储和处理。目前，计算机还不能自动识别和处理人类的语言、文字、图像等形式的信息。我们必须把原始的信息进行某种转换，然后计算机才能够识别和处理。计算机中的信息都是以数的形式表示和存储的。因此，在了解计算机是怎样对信息进行表示和存储之前，首先要了解数制。

1.3.1 数制及其转换

1. 数制

进位计数制是指用进位的方法进行计数的数制，简称进制。它有数码、基数和位权三个要素。数码是一组用来表示某种数制的符号；基数是数制所使用数码的个数，常用"R"表示，称 R 进制。特点是逢 R 进 1。位权是指数码在不同位置上的权值，如在 R 进制数的第 i 位的权值为 R^i。采用位权表示法，处于不同位置上的数字代表的数值不同，某一个数字在某个固定位置上所代表的值是确定的，这个固定的位置称为位权或权。各种进位制中位权的值恰好是基数的若干次幂，每一位的数码与该位"位权"的乘积表示该位数值的大小。根据这一特点，任何一种进位计数制表示的数都可以写成按位权展开的多项式之和。

如：$(1234)_{10}=1\times10^3+2\times10^2+3\times10^1+4\times10^0$

位权和基数是进位计数制中的两个要素。在计算机中常用的进位制是二进制、八进制和十六进制，其中二进制用得最广泛。十进制、二进制、八进制、十六进制之间的对应关系如表 1-2 所示。

表 1-2　十进制、二进制、八进制、十六进制之间的对应关系

十进制	二进制	八进制	十六进制	十进制	二进制	八进制	十六进制
0	0	0	0	9	1001	11	9
1	1	1	1	10	1010	12	A
2	10	2	2	11	1011	13	B
3	11	3	3	12	1100	14	C
4	100	4	4	13	1101	15	D
5	101	5	5	14	1110	16	E
6	110	6	6	15	1111	17	F
7	111	7	7	16	10000	20	10
8	1000	10	8	17	10001	21	11

2. 数制的表示方法

数制有两种表示方法：

- 把数字用括号括起来，右下标加上数制的基数，如：$(1001001)_2$、$(127)_8$、$(1C3)_{16}$。
- 在数字后加上进位制的字母符号，B（二进制）、O（八进制）、D（十进制）、H（十六进制），如：1001001B、127O、1C3H。

3. 数制的转换

（1）二进制、八进制、十六进制数转化为十进制数

对于任何一个二进制数、八进制数、十六进制数可以写出它的按权展开式，再进行求和计算，得到的数即是对应的十进制数。

如：$(1111.11)_2=1\times2^3+1\times2^2+1\times2^1+1\times2^0+1\times2^{-1}+1\times2^{-2}=15.75$

$(A10B.8)_{16}=10\times16^3+1\times16^2+0\times16^1+11\times16^0+8\times16^{-1}=41227.5$

（2）十进制数转化为二进制数

十进制数转化为二进制数需要分成整数和小数两部分分别转换。

整数部分采用除 2 取余法，即将十进制整数逐次除以 2，直至商为 0，得出的余数倒排，即为二进制各位的数码。

例如，将十进制整数$(215)_{10}$转换成二进制整数：

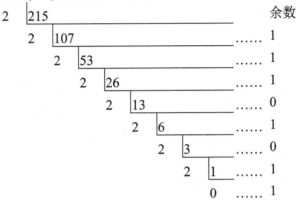

于是，$(215)_{10}=(11010111)_2$。

小数部分采用乘 2 取整法，即将十进制小数逐次乘以 2，从每次乘积的整数部分正排，即为二进制数各位的数码。

例如，将十进制小数$(0.6875)_{10}$转换成二进制小数：

整数部分

$0.6875 \times 2 = 1.3750 \ldots\ldots\ldots\ldots 1$

$0.3750 \times 2 = 0.7500 \ldots\ldots\ldots\ldots 0$

$0.7500 \times 2 = 1.5000 \ldots\ldots\ldots\ldots 1$

$0.5000 \times 2 = 1.0000 \ldots\ldots\ldots\ldots 1$

于是，$(0.6875)_{10}=(0.1011)_2$。

（3）二进制数与八进制数之间的转换

二进制数转换成八进制数的方法是：将二进制数从小数点开始，整数部分向左每 3 位分成一组，小数部分向右每 3 位分成一组，不足三位的分别向高位或低位补 0 凑成三位。每一组有 3 位二进制数，分别转换成八进制数码中的一个数字，全部连接起来即可，即三位二进制合成一位八进制。

例如，将$(10110101110.11011)_2$化为八进制的方法如下：

010　110　101　110　.　110　110

↓　　↓　　↓　　↓　　　↓　　↓

2　　6　　5　　6　.　6　　6

于是，$(10110101110.11011)_2=(2656.66)_8$。

反之，八进制数转换成二进制数的方法是：一位八进制拆成三位二进制。

例如，将$(6237.431)_8$化为二进制的方法如下：

6　　2　　3　　7　.　4　　3　　1

↓　　↓　　↓　　↓　　↓　　↓　　↓

110　010　011　111　.　100　011　001

于是，$(6237.431)_8=(110010011111.100011001)_2$。

（4）二进制数与十六进制数之间的转换

二进制数转换成十六进制数的方法与转换成八进制数的方法类似，只是四位二进制合成一位十六进制。反之，十六进制数转换成二进制数的方法是：一位十六进制拆成四位二进制。

1.3.2 计算机中数的表示

1. 符号位的表示

计算机中的数据都是以二进制的形式表示的，数的正负号也是用"0"和"1"表示的。通常规定一个数的最高位为符号位，用"0"表示正数，"1"表示负数。把在机器内存放的正负号数码化后的数称为机器数；把在机器外存放的由正负号表示的数称为真值。例如，二进制数-1101000（真值）在机器内的表示为：11101000。

2. 二进制的原码、反码和补码表示

（1）数的原码

数的原码表示是指数的最高位，"0"表示正，"1"表示负，数值部分是原数的绝对值。例如：37 的原码为 00100101，-37 的原码为 10100101。

注意：0 的原码有 00000000 和 10000000，都可当做 0 处理。

（2）数的反码

数的反码表示是指正数的反码和原码相同，负数的反码是对其原码除符号位外各位求反，即 0 变 1，1 变 0。例如：-11010 的反码为 100101。

（3）数的补码

数的补码表示是指正数的补码和原码相同，负数的补码是在其反码的最后一位上加 1。例如：-11010 的补码为 100110。

3. 定点数与浮点数

（1）定点数：即约定机器中所有数据的小数点位置是固定不变的，如图 1-1 所示。

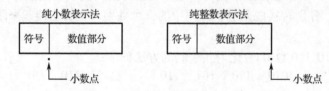

图 1-1　定点数

（2）浮点数：是指小数点的位置是浮动的数。这种表达方式利用科学计数法来表达实数，即用一个尾数（Mantissa），一个基数（Base），一个指数（Exponent）以及一个表示正负的符号来表达实数。

比如 123.45 用十进制科学计数法可以表示为 $1.2345×10^2$，其中 1.2345 为尾数，10 为基数，2 为指数。浮点数利用指数达到了浮动小数点的效果，从而可以灵活地表达更大范围的实数。浮点数又分为单精度和双精度两种，如图 1-2 所示。

IEEE单精度浮点数

符号 Sign	指数 Exponent	尾数 Mantissa
1bits	8bits	23bits

IEEE双精度浮点数

符号 Sign	指数 Exponent	尾数 Mantissa
1bits	11bits	52bits

图 1-2　浮点数

这两种表示法不仅关系到小数点的位置，而且关系到数的表示范围。与定点数比较，浮点数的表示范围要大得多。

1.3.3　计算机中数据的单位

1. 位（bit）

位，简记为 b，也称为比特，是计算机存储数据的最小单位。一个二进制位只能表示两种状态，即 "0" 或 "1"。

2. 字节（Byte）

字节，简记为 B。规定 1B=8bit。字节是计算机存储信息的基本单位，也是计算机存储容量度量单位。另外还有：千字节（KB）、兆字节（MB）、千兆字节（GB）、兆兆字节（TB）等单位，并且：

$$1KB=1024B=2^{10}B$$
$$1MB=1024KB=2^{10}KB=2^{20}B$$
$$1GB=1024MB=2^{10}MB=2^{20}KB=2^{30}B$$
$$1TB=1024GB=2^{10}GB=2^{20}MB=2^{30}KB=24^{40}B$$

3. 字（Word）

计算机处理数据时，CPU 通过数据总线一次存取、加工和传送的数据称为字，计算机的运算部件能同时处理的二进制数据的位数称为字长。如今的计算机多数为 64 位，即字长是 8 字节。字长是衡量计算机性能的重要指标。

1.3.4　计算机中信息的编码

计算机中的数据都是用二进制表示的。不论是基本的数字、英文字母、运算符号，还是汉字、指令，都要转换成二进制表示，计算机才能执行。

1. 数字的编码

BCD（Binary Code Decimal）码是用 4 位二进制数中的 10 个数代表十进制数中 0～9 的编码方式，比如，数$(239)_{10}$对应 8421 BCD 编码为$(001000111001)_2$。

2. 字符编码

字符编码（Character Code）是用二进制编码来表示字母、数字以及专门符号。计算机中使用最广泛的字符编码——美国信息交换标准码（American Standard Code for Information Interchange），简称 ASCII 码。已作为国际通用的信息交换标准代码。ASCII 码是一种西文机内码。ASCII 码用 7 位二进制编码，可以表示 128(2^7)个不同字符，如表 1-3 所示。

表 1-3　标准 ASCII 码表

低　四　位	高　三　位							
	000	001	010	011	100	101	110	111
0000	NUL	DLE	SP	0	@	P	`	p
0001	SOH	DC1	!	1	A	Q	a	q
0010	STX	DC2	"	2	B	R	b	r
0011	ETX	DC3	#	3	C	S	c	s
0100	EOT	DC4	$	4	D	T	d	t
0101	ENQ	NAK	%	5	E	U	e	u
0110	ACK	SYN	&	6	F	V	f	v
0111	BEL	ETB	'	7	G	W	g	w
1000	BS	CAN	(	8	H	X	h	x
1001	HT	EM	)	9	I	Y	I	y
1010	LT	SUB	*	:	J	Z	j	z
1011	VT	ESC	+	;	K	[	k	{
1100	FF	FS	,	<	L	\	l	|
1101	CR	GS	—	=	M	]	m	}
1110	SQ	RS	.	>	N	^	n	~
1111	SI	US	/	?	O	_	o	DEL

ASCII 码有两种。除 7 位二进制编码的标准 ASCII 码，还有用 8 位二进制编码的扩展的 ASCII 码，可以表示 256(2^8)个不同字符。

3. 汉字编码

汉字也是字符，与西文字符比较，汉字数量大，字形复杂，同音字多，这就给汉字在计算机内部的存储、交换、输入、输出等带来了一系列的问题。为了能直接使用西文标准键盘输入汉字，必须为汉字设计相应的编码。汉字有多种编码，主要有四类：汉字交换码、汉字内部码、汉字字形码和汉字输入码。

（1）汉字交换码

汉字交换码是用于不同汉字信息处理系统之间或与通信系统之间进行信息交换的汉字码。1980 年我国颁布了第一个汉字编码字符集标准，即 GB 2312—80《信息交换用汉字编码字符基本集》，该标准编码简称为国标码，是我国通用的汉字交换码。GB 2312—80 收录了 7445 个汉字和符号。其中，汉字 6763 个，分为：一级汉字 3755 个，二级汉字 3008 个。1995 年我国又颁布的 GBK（扩展的大字符集），收录了 21003 个汉字和 883 个符号。

（2）汉字内部码（内码）

汉字内部码是计算机处理汉字信息时使用的汉字代码。国标码 GB 2312 不能直接在计算机中使用，它与基本的信息交换代码 ASCII 码冲突。为了能区分汉字与 ASCII 码，在计算机内部表示汉字时把交换码（国标码）两个字节最高位改为 1，称为"机内码"。两个字节合起来，代表一个汉字。

（3）汉字字形码

汉字字形码记录汉字的外形，是汉字的输出形式。汉字字型点阵信息的数字代码，存放在汉字库中。字库中存储了每个汉字的字形点阵代码，不同的字体（如宋体、仿宋、楷体、黑体等）对应着不同的字库。在输出汉字时，计算机要先到字库中去找到它的字形描述信息，然后再把字形送去输出。

（4）汉字输入码（外码）

将汉字通过键盘输入到计算机所采用的代码，也称为汉字外部码（外码）。目前我国的汉字输入码的编码方案已有上千种，但在计算机上常用的有以下四种：

● 流水码：将汉字和符号按一定规则排序成的编码，如区位码、电报码、国标码。
● 音码：根据汉字的读音确定汉字的编码，如全拼码、微软拼音、智能 ABC。
● 形码：根据汉字的字形、结构特征确定汉字的编码，如五笔字型码、大众码。
● 音形码：结合汉字的读音和字形确定汉字的编码，如自然码、首尾码。

● 习 题 一

1. 在计算机发展史上，出现了几代？其使用的元器件分别是什么？各自有何特点？
2. 未来计算机有哪些种类？
3. 计算机的发展趋势是什么？
4. 计算机的应用领域有哪些？和最新前沿技术结合，又有哪些新的应用思路？
5. 与二进制数 101.01011 等值的十六进制数是多少？
6. 与十进制数 2004 等值的八进制数是多少？
7. 二进制数的原码、反码和补码之间有什么关系？补码的存在原因是什么？
8. 利用补码运算，求解十进制数 9-12，并写出详细过程。
9. GB 2312—80 收录了多少汉字和符号？汉字分几级？各有多少？
10. 汉字主要有哪些编码类型？各自有什么特点？

第 1 章扩展习题

第2章

计算机硬件系统

计算机本质上是一种能按要求对各种数据和信息进行自动加工和处理的电子设备。计算机依靠硬件和软件的协同工作来执行给定的工作任务。一个完整的计算机系统由硬件系统和软件系统两大部分组成。

硬件系统是构成计算机系统的物理实体或物理装置，是计算机工作的物质基础。

2.1　计算机硬件系统的组成

计算机硬件系统是计算机系统中各种电子、机械、光电、磁性装置和设备的总称。没有软件系统的计算机称为"裸机"。

计算机硬件系统主要由运算器、控制器、存储器、输入设备和输出设备五部分组成，如图 2-1 所示。图中实线箭头表示数据流，虚线箭头表示控制流。

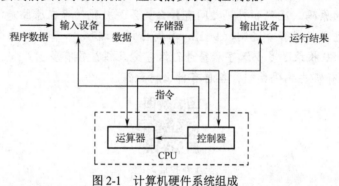

图 2-1　计算机硬件系统组成

1. 控制器和运算器

控制器主要由指令寄存器、译码器、程序计数器和操作控制器等组成。控制器用来控制计算机各部件协调工作，并使整个处理过程有条不紊地进行。它的基本功能就是从内存中取指令和执行指令，即控制器按程序计数器指出的指令地址从内存中取出该指令进行译码，然后根据该指令功能向有关部件发出控制命令，执行该指令。另外，控制器在工作过程中，还要接受各部件反馈回来的信息。

运算器又称算术逻辑单元（Arithmetic Logic Unit，ALU），是计算机对数据进行加工处理的部件，它的速度决定了计算机的运行速度。运算器在控制器的控制下实现其功能。控制器控制从存储器取出数据，在运算器中进行算术运算和逻辑运算，把运算结果送回储器中。

控制器和运算器组成了计算机的中央处理器（Central Process Unit，CPU）。CPU 是计算机的心脏，计算机的性能主要取决于 CPU 的性能。

CPU 的运算还需要寄存器的支持，寄存器是用来临时存放数据的高速独立的存储单元，主要分为数据寄存器、指令寄存器和程序计数器三种类型。

2. 存储器

存储器是计算机用于存放程序和数据的部件。存储器分为两种：主存储器与辅助存储器。

（1）主存储器

主存储器又称为内存储器，简称内存。它可被 CPU 直接访问，存储容量较小，但速度快，用来存放当前运行程序的指令和数据及处理后的结果。在计算机内部，内部存储器包括随机存储器（Random Access Memory，RAM）、只读存储器（Read Only Memory，ROM）、高速缓冲存储器（Cache）三类。

RAM 是用户可读写的存储器，我们通常所说的内存就是指随机存储器 RAM。ROM 主要用来存储固定不变的数据，如计算机的输入输出系统 BIOS 等。Cache 是介于 CPU 与 RAM 之间的一种高速信息存储芯片，存取速度要比主存块，但是比 CPU 和 CPU 内部的寄存器要慢，其容量较小，主要用于缓解 CPU 与 RAM 之间的数据需求的速度差。ROM 容量较小，其内的信息是事先存入的，运行时只能读取信息，不能再写入信息，断电后信息不会丢失。RAM 容量大，运行时可随时读取或写入信息，断电后信息就会丢失。

（2）辅助存储器

辅助存储器又称外存储器，简称外存。外存存储容量大，价格低，存储信息不易丢失（即使断电信息也不会丢失），但存储速度较慢，一般用来存放大量暂时不用的程序、数据和中间结果，需要时，可成批地和内存储器进行信息交换。外存只能与内存交换信息，不能被计算机系统的其他部件直接访问。

常用的外存有磁介质和光介质两种。磁介质又分为硬盘和软盘。硬盘存储量大（目前一般为 300GB～2TB），存取速度快，价格高；软盘存储量小（3.5 寸软盘为 1.44MB），存取速度慢，价格便宜。光存储设备使用光（激光）技术来存储和读取数据。使用这种技术的设备有只读光盘（CD-ROM）、可刻录光盘（CD-R）、可重写光盘（CD-RW）、数字多功能盘（DVD）。

3. 输入设备

输入设备是向计算机输入信息的设备，通过外设接口与计算机相连，常见的输入设备有键盘、鼠标、扫描仪、数字化仪、数码摄像机、条形码阅读器、数码相机、A/D 转换器等。

4. 输出设备

输出设备是显示计算机内部信息和信息处理结果的设备，常见的输出设备有：显示器、打印机、投影仪、音箱、绘图仪、数模转换器（D/A）等。

2.2　微型计算机硬件系统的组成

微型计算机简称微机，是目前最普遍，使用最广的计算机。它由主机、键盘、显示器、鼠标和其他外设组成，如图 2-2 所示。

2.2.1　微机的主机

主机是微机的主要部分，它含有微处理器、主板、系统总线和扩展槽、内存、适配器等。

1．微处理器

微机的中央处理器（CPU）称为微处理器，是将运算器、控制器、高速内部缓存集成在一起的超大规模集成电路芯片，是计算机中最重要的核心部件，如图 2-3 所示。

图 2-2　微型计算机

图 2-3　微处理器（CPU）

目前微处理器的生产厂家有 Intel 公司的 Pentium 系列、AMD 公司的 Athlon 系列、IBM 公司的 Power PC 等。我们国家对于国产微处理器的研发也一直非常重视，2001 年 5 月，在中科院计算所主持下，龙芯课题组正式成立。2001 年 8 月 19 日，龙芯 1 号设计与验证系统成功启动 Linux 操作系统。2002 年 8 月 10 日，我国首款通用 CPU 龙芯 1 号（代号 X1A50）流片成功，随后龙芯 2 号、3 号相继研发成功，2017 年 4 月发布的龙芯 3A3000/3B 3000 采用自主微结构设计，实测主频达到 1.5GHz，支持向量运算加速，峰值计算能力达到 128GFLOPS，具有很高的性能功耗比。

2015 年 3 月 31 日中国发射首枚使用"龙芯"的北斗卫星。

龙芯的研制对中国的 CPU 核心技术、国家安全、经济发展都有举足轻重的作用，但必须看到，除仍与世界一流技术有一定差距外，国产微处理器生产能力受限也是其发展桎梏，而搭建国产 CPU 软硬件生态环境更是当务之急。

2．主板

主板是一块带有各种插口的大型印制电路板（PCB），集成有电源接口、控制传输线路和数据传输线路以及相关控制芯片等，它将主机的 CPU 芯片、存储器芯片、控制芯片、ROM BIOS 芯片等结合在一起，如图 2-4 所示。主板中最重要的部件是芯片组，它决定了主板所能支持的功能。目前常见的芯片组有 Intel、VIA、SiS、Ali、AMD 等公司的产品。其中，Intel 公司支持酷睿系列 CPU 的主流产品有 Intel965 等芯片组。

图2-4　主板

3. 系统总线和扩展槽

总线（Bus）是计算机各功能部件之间传送信息的公共通信干线。微机内部信息的传送是通过总线进行的，各功能部件通过总线连在一起。总线分为数据总线、地址总线和控制总线。

主板上有一系列扩展槽，它用来插各种可选的接口板，显示适配器（显卡）、网络适配器（网卡）和声卡都插在扩展槽中。

4. 内存

微机中的内存一般指随机存储器（RAM）。常用的内存有同步动态随机存储器（Synchronous DRAM，SDRAM）和双倍数据传输速率同步动态随机存储器（Dual Date Rate SDRAM，DDR SDRAM）两种，而目前随着技术的不断更新发展，分别推出 DDR2、DDR3、DDR4 等内存规格。DDR4 相比 DDR3 最大的区别有三点：16bit 预取机制（DDR3 为 8bit），同样内核频率下理论速度是 DDR3 的两倍；更可靠的传输规范，数据可靠性进一步提升；工作电压降为 1.2V，更节能。

目前微机常用的内存容量为：2GB、4GB、8GB、12GB 等，如图 2-5 所示。

5. 适配器

适配器（Adapter）是外部设备与总线和微处理器连接的接口电路，由一块小电路板组成。根据连接的设备和功能不同，也常称为"某某卡"，如显示卡（如图 2-6 所示）、网卡（如图 2-7 所示）、声卡等。外部设备适配器插在主板的 I/O 扩展槽上并与总线相连。

图2-5　内存条　　　　　　图2-6　显卡　　　　　　图2-7　网卡

显示卡的主要指标包括显示芯片的类型、显示内存的大小、支持的分辨率、产生的色彩多少、刷新速率以及图形加速性能等。标准的显示卡 VGA（Video Graphics Array，视频图形显示控制卡）卡的分辨率为 640×480，增强型的 VGA 卡，如 SVGA 和 TVGA 的分辨率为

1024×768 或 1280×1024，而目前主流显卡则采用全数字传输的 DVI 接口，以及高带宽传输的 HDMI 接口，可以提供更高的分辨率，满足高清晰度多媒体应用的需求。

声卡是将微机使用的数字信号转换成音频的模拟信号的部件。目前主板大多集成声卡芯片，如 AC'97、CT5880 等，也有对声音要求较高的计算机使用者，会安装各种品牌的独立声卡，可以提供更好的音质效果。

2.2.2　微机的输入设备

1. 键盘

键盘（Keyboard）是微机的标准输入设备，是用户输入程序、文字信息等的重要手段。键盘根据按键的数量分为 101 键和 104 键等。目前，广泛应用的是 104 键键盘，如图 2-8 所示。键盘的接口有 PS/2 和 USB 两种方式。

2. 鼠标

鼠标（Mouse）是一种"指点"式设备，它利用光标在显示器上的位置和点击信息来确定用户的输入指令。随着 Windows 图形用户界面的广泛应用，鼠标已经成为重要的信息输入设备，它的出现极大地简化了用户的操作。鼠标种类很多，按鼠标与主机相连接的接口分有 PS/2 鼠标和 USB 接口的鼠标；按键的数目分为两键鼠标、三键鼠标和滚动鼠标；按工作原理分为机械式鼠标、光电式鼠标、无线遥控式鼠标等，如图 2-9 所示。

图 2-8　键盘　　　　　　　　　　　　　　　　图 2-9　鼠标

3. 扫描仪

扫描仪（Scanner）是将各种图像信息输入计算机的重要设备，是一种光电一体化的高科技产品，如图 2-10 所示。扫描仪按照其处理的颜色可以分为黑白扫描仪和彩色扫描仪，衡量扫描仪性能的指标有：分辨率、扫描速度、扫描区域、灰度级等。

4. 数码相机

数码相机（Digital Canner）是一种采用光电子技术摄取静止图像的照相机，如图 2-11 所示。数码相机摄取的光信号由电耦合器件成像后变换成电信号，保存在 CF（Compact Flash）卡或 SM（Smart Media）以及 SD（Secure Digital）卡上，可与计算机的 USB 通信端口连接，将拍摄的照片转出到计算机内进行编辑。

分辨率是数码相机最重要的性能指标。数码相机的分辨率用图像的绝对像素数来衡量。数码相机拍摄图像的绝对像素数取决于相机内 CCD 芯片上光敏元件的数量，数量越多则分辨率越高，所拍图像的质量也就越高。

图 2-10 扫描仪

图 2-11 数码相机

2.2.3 微机的输出设备

1. 显示器

显示系统包括显示器和显示适配器。显示器又称监视器（Monitor），是微机最基本的、必备的输出设备。它有很多种类，按照显示原理可以分为阴极射线管显示器（CRT）、液晶显示器（LCD）、等离子显示器（PD）等。按显示器屏幕的对角线尺寸分为 15 英寸、17 英寸和 21 英寸等，如图 2-12 所示。

图 2-12 液晶显示器与 CRT 显示器

像素、点距和分辨率是衡量 CRT 显示器的重要指标。

（1）像素：是指可显示的最小单位，例如，显示器的分辨率是 1024×768，则共有 1024×768=786432 个像素点。

（2）点距：是指显示器屏幕上相邻两个相同颜色像素点之间的距离。点距越小，图像越清晰。目前常用的 CRT 显示器点距有 0.26mm、0.25mm、0.24mm 等。

（3）分辨率：是指显示器的水平方向和垂直方向上所能显示的像素的个数，例如，若显示器分辨率是 1024×768，则其在水平方向上可以显示 1024 个像素，在垂直方向上可以显示 768 个像素。显然，显示器分辨率越高，像素就越多，所显示的图像就越清晰。

2. 打印机

打印机（Printer）是微机常用的可选输出设备，为用户提供计算机处理的结果。利用打印机可以打印出各种资料。分辨率、打印速度、纸张大小是衡量打印机性能的重要指标。目前常用的打印机可分为点阵式（针式）打印机、喷墨打印机和激光打印机。

（1）点阵式打印机

点阵式打印机通过"打印针"打击色带产生打印效果，因此也被称为针式打印机。常见的打印机有 9 针单排排列的（称为 9 针打印机）和 24 针双排排列的（24 针打印机）两种。

针式打印机的特点是价格便宜，使用方便，但打印速度较慢，噪音大，如图 2-13 所示。

（2）喷墨打印机

喷墨打印机是墨水在压力、热力或者静电方式的驱动下通过喷头喷到纸面上产生文字和图像。喷墨打印机的特点是价格低廉、打印效果好，噪音小，但对纸张要求较高，墨盒消耗较快，如图 2-14 所示。

（3）激光打印机

激光打印机是非打印式打印机，它是激光扫描技术和电子照相技术结合的产物。它用接收到的信号控制激光束，使其照射到一个具有正电位的硒鼓上，被激光照射的部位转变为负电位能吸附墨粉，在硒鼓吸附到墨粉后，再通过压力和加热把影像转移到一页打印纸上形成输出。激光打印机不仅质量高而且速度快，但是耗电量大，墨粉比较昂贵，如图 2-15 所示。

图 2-13　针式打印机　　　　图 2-14　喷墨打印机　　　　图 2-15　激光打印机

2.2.4　微机的外存储设备

1. 软盘（Floppy Disk）存储器

软盘存储器由软盘和软盘驱动器两部分组成。软盘驱动器，简称软驱，是对软盘信息进行读写的专用设备。软盘是信息存储的介质。软盘和软驱是分开的，使用时把软盘放进软驱，使用结束可以把软盘取出带走。软盘是一种涂有磁性物质的聚脂塑料薄膜圆盘。在磁盘上信息是按磁道和扇区来存放的，软盘的每一面都包含许多看不见的同心圆，盘上一组同心圆环形的信息区域称为磁道，它由外向内编号。每道被划分成相等的区域，称为扇区。每个扇区的容量为 512B，如图 2-16 所示。

图 2-16　软盘的外观与结构

作为一种非常重要的存储设备，不论是更早的 5.25 寸盘，还是后来的 3.5 寸盘，软盘都曾发挥过重要的作用，但随着技术的发展，它已经退出了历史舞台。

2. 硬盘（Hard Disk）存储器

硬盘存储器，即硬盘，是常用的主要外部存储器。硬盘由盘片、控制器、驱动器以及连接电缆组成。盘片与软盘盘片相似，由涂有磁性材料的合金圆盘组成，所不同的是它由固定在一个轴上的一组盘片组成，每个盘片的面有一个读写头，如图2-17所示。

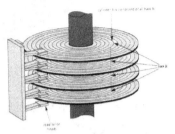

图 2-17　硬盘的外观与结构

硬盘的盘片和读写装置是封装在一起的。硬盘的存取速度比软盘要快很多，转速在 7200转/分以上，但是比内存的存取速度还是差很远。

3. 光盘（Optical Disk）存储器

光盘存储器（简称光盘）是利用激光原理存储和读取信息的媒介。光盘存储器由光盘和光盘驱动器两部分组成，如图 2-18 所示。目前，常用的光盘存储器有以下三种：

（1）只读光盘

只读光盘是把信息事先制作到光盘上，用户只能读取，不能写入、修改或删除。目前在微机上广泛使用的 CD-ROM、DVD-ROM 就是此类。一张 CD-ROM 光盘，其容量为 650MB左右，一张 DVD-ROM 光盘，其容量为 4.7GB 左右，而现如今已经逐渐普及的蓝光 DVD 单层单面的容量，更是达到了惊人的 27G。衡量光盘驱动器传输数据速率的指标称为"倍

图 2-18　光盘存储器

速"，CD-ROM 一倍速为 150Kb/s，DVD-ROM 一倍速为 1.3Mb/s，而蓝光 DVD 的一倍速可达到 36Mb/s。不过，由于蓝光电影需要至少 54Mbps 的数据传输率，所以目前使用最广泛的是 2 倍速（72Mb/s），而蓝光光盘协会未来有计划将速度提高到 8 倍速甚至更高。

（2）追记型光盘

追记型光盘是只写一次式，用户可将有用信息写入光盘，但写过后不能擦除和修改，只能读取。常用的有 CD-R（Recordable）和 WORM（Write Once Read Memory）。

（3）可改写型光盘

用户可随时写入信息，也可改写盘中的信息，操作完全与软盘、硬盘相同，但必须配备光盘刻录机。可改写型光盘具有可换性、高容量和随机存取等优点，但速度较慢，价格较高。

与其他存储介质相比，光盘存储容量大，而且存取速度快，没有磨损，信息不会丢失，可以用来存储永久保留的信息。目前，光盘作为一种稳定信息存储介质得到了广泛的应用。

4. 可移动存储器

目前较常用的移动存储设备有闪存存储器和移动硬盘两种，如图 2-19 所示。

图 2-19　可移动存储设备

闪存存储器是由半导体集成电路制成的电子盘，又称为"优盘"。"优盘"没有驱动设备，可直接插入计算机的 USB 插口使用。在 USB2.0 标准下，"优盘"的理论传输速度为 480Mbps，即 60MB/s，在共享 USB 通道情况下，实际传输速度约 30MB/s。而在更先进的 USB3.0 下，理论最高传输速率是 5.0Gbps（即 625MB/s），而实际传输速率大约是 3.2Gbps（即 400MB/s）。目前，随着存储技术的不断革新，"优盘"容量也在不断扩大，从 1G 到 64G 不等，是一类体积小、存储容量大的新型移动存储设备。

移动硬盘（盒）的尺寸分为 1.8 寸、2.5 寸和 3.5 寸三种。2.5 寸移动硬盘盒可以使用笔记本电脑硬盘，3.5 寸则使用台式机硬盘，需要额外供电，1.8 寸硬盘属于微型硬盘，便于携带，但容量略小，价格更高。市场上的移动硬盘能提供 320GB、500GB、600G、640GB、900GB、1000GB（1TB）、1.5TB、2TB、2.5TB、3TB、3.5TB、4TB 等，最高可达 12TB 的容量，可以说是 U 盘、磁盘等闪存产品的升级版，被大众广泛接受。

移动存储器在工作过程中无需安装特殊的驱动器和配备额外的工作电源，通常它通过 USB 接口与计算机相连，而且普遍采用了热插拔技术，实现了即插即用。目前，对于主流的移动存储设备，在 Windows 2000/XP/7/10 环境下不需要安装驱动程序。当移动存储器与计算机连通后，就可以像使用本地硬盘一样使用它们了。

2.2.5　微机的主要性能指标

1. 主频

主频即时钟频率，是计算机 CPU 在单位时间发出的脉冲数，它的单位是兆赫兹（MHz）或千兆赫兹（GHz）。如早期 486DX/66 的主频为 66MHz，Pentium 的主频为 66～133MHz，PII 的主频为 133～450MHz，PIII 的主频为 450MHz～1GHz，当前如 Intel 酷睿 i7 系列 CPU 的主频都在 2.8GHz 以上。

2. 字长

字长是指计算机的运算部件同时处理的二进制数据的位数。字长决定了微机的计算精度和处理信息的效率。常用的 386 机、486 机及 Pentium 系列微机都是 32 位机，安腾和 Athlon 64 是 64 位机。

3. 运算速度

运算速度是一项综合性的性能指标,其单位有 MIPS(Million Instructions Per Second)即每秒 10^6 条指令和 BIPS(Billion Instructions Per Second)即每秒 10^9 条指令两种。影响运算速度的因素很多,一般主频越高,字长越长,内存容量越大,存储周期越小,则运算速度越快。

4. 存储容量

容量是衡量存储器能容纳信息量多少的指标,度量单位是 Byte,简记为 B(字节)、KB、MB 或 GB、TB。

寻址能力是衡量微处理器允许最大容量的指标。内存容量的大小决定了可运行的程序大小和程序运行效率。外存容量的大小决定了整个微机系统存取数据、文件和记录的能力。存储容量越大,所能运行的软件功能越丰富,信息处理能力也就越强。

5. 存取周期

存储器完成一次读(取)或写(存)信息所需的时间称为存储器的存取(访问)时间。连续两次读(或写)所需的最短时间,称为存储器的存取周期。存取周期越短,则存取速度越快。

存取周期是反映内存储器性能的一项重要技术指标,直接影响微机的运算速度。

此外,微型计算机经常用到的技术指标还有兼容性(compatibility),可靠性(reliability),可维护性(maintainability),输入/输出数据的传输率等。综合评价微型机系统性能的一个指标是性能/价格比,其中性能是包括硬件、软件的综合性能,价格是指整个系统的价格。

6. 多核技术

多内核是指在一枚处理器中集成两个或多个完整的计算引擎(内核)。在计算机 CPU 技术的发展过程中,工程师意识到,若想提高单核芯片的运算速度,就只能提高主频,而过高的主频又会导致过高的温度且无法带来相应的性能改善,价格也会成倍增长。

多核处理器是单枚芯片(也称为"硅核"),能够直接插入单一的处理器插槽中,但操作系统会利用所有相关的资源,将其中集成的每个执行内核作为分立的逻辑处理器。通过在两个或多个执行内核之间划分任务,多核处理器可在特定的时钟周期内执行更多任务,从而成倍地提高 CPU 的计算效能。

衡量一台计算机系统的性能指标很多,除了上面列举的五项主要指标外,还应考虑机器的兼容性(包括数据和文件的兼容、程序兼容、系统兼容和设备兼容),系统的可靠性(平均无故障工作时间 MTBF),系统的可维护性(平均修复时间 MTTR)等。

另外,性能价格比也是一项综合性的评价计算机性能的指标。

习 题 二

1. 微型计算机硬件系统由哪几部分组成?各自的功能是什么?
2. 微型计算机的存储体系是什么?内存、外存以及高速缓存各有什么特点?

3. 常见的微型计算机的输入设备有哪些？
4. 常见的微型计算机的输出设备有哪些？
5. 衡量微型计算机的性能主要有哪些指标？
6. 计算机的更新换代由何决定？目前的发展方向是什么？

第 2 章扩展习题

第3章

计算机软件系统

在计算机系统中，硬件是计算机工作的物质基础，而软件则是整个计算机系统的灵魂。对比我们人类，人类本身也是一个复杂的硬件和软件组成的系统。我们的躯体，相当于计算机的硬件，是看得见、摸得着的，而我们的思想相当于计算机的软件。和人类一样，只有同时具备了硬件和软件，计算机才能发挥其作用，解决现实生活中的种种问题。软件为我们提供了使用计算机的方式，因为我们无法直接使用计算机，只有通过软件来操作和使用计算机，图 3-1 描述了人、计算机软件、计算机硬件三者之间的关系：人类通过软件来使用和操作计算机硬件。

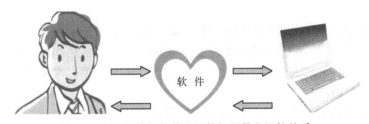

图 3-1　人、计算机软件和计算机硬件之间的关系

计算机中所有软件可分为两大类：系统软件和应用软件，它们构成了计算机的软件系统。软件的分类如图 3-2 所示。

图 3-2　软件的分类

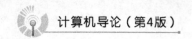

3.1 计算机软件概述

3.1.1 指令、程序和软件

指令是用二进制编写的能被计算机识别并执行某种操作的命令，包括操作码和地址码两部分。操作码规定了进行怎样的操作；地址码规定了要操作的数据以及操作结果存放的地址。一台计算机有许多指令，作用也各不相同。所有指令的集合称为计算机指令系统。计算机系统不同，指令系统也不同，目前常见的指令系统有复杂指令系统（CISC）和精简指令系统（RISC）。

程序是为解决某一特定问题按照既定算法用某种计算机语言编写的一系列有序的指令或语句的集合。程序送入计算机，存放在存储器中，计算机按照程序所设计的指令序列依次进行工作。

软件是指使计算机运行所需的程序、数据和有关文档。其中，数据是程序处理的对象，文档是与程序的研制、维护和使用有关的图文资料。文档分为软件开发文档和用户文档两大类：软件开发文档主要包括需求分析、方案设计、编程方法及源代码、测试方案与调试、维护等；用户文档主要有使用说明书、用户手册、操作手册、维护手册等。

指令、程序和软件之间的关系，我们可以简单地理解为：软件是程序的集合，程序是指令的集合。

3.1.2 存储程序工作原理

存储程序工作原理是美籍匈牙利数学家冯·诺依曼（John Von Neumann，1903—1957）在总结前人经验，不断实践的基础上提出来的。它是当代计算机结构设计的基础，它使计算机的自动运算成为可能，它是计算机与其他一切工具的根本区别。存储程序工作原理被誉为计算机史上的一个里程碑。

存储程序工作原理就是在计算机中设置存储器，将二进制编码表示的计算步骤和数据一起存放在存储器中，机器一经启动，就能按照程序指定的逻辑顺序依次取出存储内容进行处理，自动完成程序所描述的处理工作。

其工作过程如下：

（1）控制器控制输入设备或外存储器将数据和程序输入到内存储器；

（2）在控制器指挥下，从内存储器取出指令送入控制器；

（3）控制器分析指令，指挥运算器、存储器、输入输出设备等执行指令规定的操作；

（4）运算结果由控制器控制送存储器保存或送输出设备输出；

（5）返回到第二步，继续取下一条指令，如此反复，直到程序结束。

3.1.3 系统软件

系统软件是围绕计算机系统本身开发的软件，它介于硬件和应用软件之间。其主要功能是管理、监控和维护计算机软硬件资源，为应用软件的开发和运行提供环境支持，为用户提供友好地使用计算机的交互界面，主要包括：操作系统、语言处理程序、数据库管理系统、系统支撑和服务程序等。

1. 操作系统

操作系统（Operating System）简称 OS，是对计算机的全部软硬件资源进行控制和管理的软件系统，是直接运行在裸机上的最基本的系统软件，其他软件必须在操作系统的支持下才能运行，它是软件系统的核心。除了管理系统资源，操作系统还合理地组织计算机各部分协调工作，为用户提供操作和编程界面。

2. 语言处理程序

程序设计语言是用户编写应用程序使用的语言，是人与计算机之间交换信息的工具。程序设计语言的发展经历了五代——机器语言、汇编语言、高级语言、非过程化语言和智能语言。机器语言是计算机可以直接执行的语言，而其他几种语言计算机无法直接执行，需要语言处理程序转化为机器语言才能执行。

语言处理程序是将计算机不能直接识别和执行的用汇编语言、高级语言编写的程序（源程序），处理成机器可以直接执行的机器语言程序的程序。它包括汇编程序、解释程序和编译程序。汇编程序把汇编语言编写的源程序翻译成机器语言程序；解释程序和编译程序是将高级语言编写的源程序翻译成机器语言程序。

3. 数据库管理系统

数据库管理系统（Database Management System）简称 DBMS，是一种操纵和管理数据库的大型软件，用于建立、使用和维护数据库。它对数据库进行统一的管理和控制，以保证数据库的安全性和完整性。用户通过 DBMS 访问数据库中的数据，数据库管理员也通过 DBMS 进行数据库的维护工作。它可使多个应用程序和用户用不同的方法同时或不同时去建立、修改和询问数据库。目前，常用的数据库管理系统有 Access、Microsoft SQLServer、MySQL、Oracle 等。

4. 系统支撑和服务程序

系统支撑和服务程序又称工具软件，如系统诊断程序、调试程序、排错程序、编辑程序、查杀病毒程序等，都是为维护计算机系统的正常运行或支持系统开发所配置的软件系统。

3.1.4 应用软件

应用软件是为用户解决各类应用问题开发的程序。应用软件涉及的应用范围广泛，种类繁多。如今，计算机能够渗透到人们生活的方方面面，就是各种应用软件得到大量成果研发的结果。

常见的传统应用软件有办公自动化软件、图像处理软件、大型科学计算软件、网络应用软件及各类游戏软件等，如 Microsoft Office、Photoshop、QQ、Corel Draw 等。

传统应用系统几乎都是面向特定应用，固化需求的管理信息系统，其系统功能关注的重点是为特定应用提供业务处理的服务。新一代应用系统（AS2.0）强调的是与行业（业务）

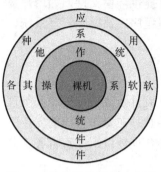

图3-3 软件系统层次示意图

的无关性和软件的产品化。为此，首先作为应用系统的核心部分，新一代应用系统（AS2.0）中的应用软件的重点转向了对业务需求变化的管理，其系统功能的关注重点也随之转向了提供支持业务变化的服务，通过这些服务提供的功能，加载和实现各类业务的处理和加工。其次，新一代应用系统（AS2.0）中的应用软件应该都由产品化的构件组成，每个构件相互独立，可拆卸、易装配，通过持续、不断地完善和拓展构件的性能和功能，应用系统的支撑能力得以持续发展。软件系统的构成大体上呈层次型。在计算机硬件系统上，首先要加载操作系统，然后是其他系统软件，最后才是各类应用软件，如图3-3所示。

3.2　计算机操作系统

操作系统是加载在裸机上的第一层软件，提供了用户使用和操作计算机的方式。如果没有操作系统，用户将无法使用计算机。实际上，从用户角度看，操作系统就是人与计算机之间的接口。从开机经过一连串的动作，到最终出现的界面，这一过程我们称为操作系统的自举，即操作系统自己建立自己的过程。让我们看一下当今最流行的 Windows 7 操作系统和早期 DOS 操作系统最终呈现的界面，如图3-4和图3-5所示。

图3-4　Windows 7 操作系统开机后的界面

图3-5　DOS 操作系统的开机后的界面

仔细观察并使用过两种系统后，可以体会到：操作系统给用户提供了使用和操作计算机的方式。

3.2.1 操作系统的概念

操作系统是统一管理计算机软件、硬件资源，合理组织计算机的工作流程，协调系统部件之间、系统和用户之间、用户与用户之间的关系，为用户提供与机器之间友好接口的系统软件。

操作系统的主要作用体现在两个方面：一方面，使计算机系统能协调、高效和可靠地进行工作，包括管理、控制、分配计算机的资源和组织计算机的工作流程；另一方面，为用户提供友好、快捷的操作界面，以使用户无需了解计算机硬件或系统软件的有关细节就能方便地使用计算机。

3.2.2 操作系统的特性

1. 并发性

并发性是指两个或两个以上的运行程序在同一时间间隔段内同时执行。操作系统是一个并发系统，并发性是它的重要特征，发挥并发性能够消除计算机系统中部件和部件之间的相互等待，有效地提高了系统资源的利用率，改进了系统的吞吐率，提高了系统效率。采用了并发技术的系统又称为多任务系统。

2. 共享性

共享性是操作系统的另一个重要特征。共享是指操作系统中的资源（包括硬件资源和信息资源）可被多个并发执行的进程所使用。出于经济上的考虑，一次性向每个用户程序分别提供它所需的全部资源不但是浪费的，有时也是不可能的，现实的方法是让多个用户程序共用一套计算机系统的所有资源，因而必然会产生共享资源的需要。

3. 异步性

操作系统的第三个特点是异步性，或称随机性。操作系统中的随机性处处可见，操作系统内部产生的事件序列有许许多多种可能，而操作系统的一个重要任务是必须确保捕捉任何一种随机事件，正确处理可能发生的随机事件，正确处理任何一种事件序列，否则将会导致严重后果。

4. 虚拟性

操作系统中的所谓"虚拟性"是指通过某种技术把一个物理实体变成若干个逻辑上的对应物。物理实体（前者）是实的，即实际存在的，而后者是虚的，是用户感觉上的东西。例如，在多道分时系统中，虽然只有一个 CPU，但每个终端用户都认为有一个 CPU 在专门为他服务，亦即利用多道程序技术和分时技术可以把一台物理 CPU 虚拟为多台逻辑上的 CPU，也称为虚处理器。类似地，也可以把一台物理 I/O 设备虚拟为多台逻辑上的 I/O 设备。

3.2.3　操作系统的基本功能

从资源管理的观点来看，操作系统具有以下几个主要功能：

1．处理机管理

处理机管理主要有处理中断事件和处理器调度两项工作。正是由于操作系统对处理器的管理策略不同，其提供的作业处理方式也就不同，如批处理方式、分时处理方式、实时处理方式等。

2．存储管理

存储管理的主要任务是管理存储器资源，为多道程序运行提供有力的支撑。存储管理的主要功能包括存储分配、存储共享、存储保护和存储扩充。

3．设备管理

设备管理的主要任务是管理各类外围设备，完成用户提出的 I/O 请求，加快 I/O 信息的传送速度，发挥 I/O 设备的并行性，提高 I/O 设备的利用率，以及提供每种设备的设备驱动程序和中断处理程序，向用户屏蔽硬件使用细节。设备管理具有以下功能：提供外围设备的控制与处理、提供缓冲区的管理、提供外围设备的分配、提供共享型外围设备的驱动和实现虚拟设备。

4．文件管理

文件管理是对系统的信息资源进行管理。信息被操作系统组织成文件，文件是若干信息的集合，也是操作系统管理信息的基本单位。用户不需要关心文件在磁盘上如何存储，这些工作是由操作系统在用户给出文件名后自动实现的。

磁盘被划分成盘面、磁道和扇区，扇区是磁盘一次读写的基本单位。为提高访问速度和管理能力，操作系统将磁盘组织成一个个簇块（即若干连续的扇区，通常为 2 的幂次方个，可一次性连续读写），以簇块为单位和内存交换信息。文件中的信息也被按簇块大小进行分割，然后写入磁盘的一个个簇块上。由于文件大小的不断变化，以及写入磁盘的先后次序不同，在文件写入时，操作系统无法保证其写在连续的簇块上，这就需要文件分配表。

文件分配表（File Allocation Table，FAT）是磁盘上记录文件存储的簇块之间衔接关系的信息区域，即磁盘上若干个特殊扇区，其存储信息指出了簇块的相邻关系。

目录是磁盘上记录文件名字、文件大小、文件更新时间等文件属性的一个信息区域，该区域相当于一个文件清单。对应每一个文件名，目录中都会记录它在磁盘上存储的第一个磁盘簇块的编号。由此再通过文件分配表可以找到该文件的所有簇块，按先后顺序合并在一起，便可还原文件。

文件管理主要完成以下任务：提供文件的逻辑组织方法、物理组织方法、存取方法、使用方法，实现文件的目录管理、存取控制和存储空间管理。

5．作业管理

用户需要计算机完成某项任务时要求计算机所做工作的集合称为作业。作业管理的主要功能是把用户的作业装入内存并投入运行，一旦作业进入内存，就称为进程。作业管理是操作系统的基本功能之一。

3.2.4　操作系统的分类

目前使用的操作系统有很多，按照不同的标准可以分为以下几类。

（1）按应用领域分为桌面操作系统、服务器操作系统和嵌入式操作系统。

桌面操作系统主要用于个人计算机上，如 DOS、Windows XP 操作系统。服务器操作系统一般指的是安装在大型计算机上的操作系统，如 UNIX 系列的 SUN Solaris、Linux 系列的 Red Hat Linux、Windows 系列的 Windows Server 2003。嵌入式操作系统是应用在嵌入式系统的操作系统。嵌入式系统广泛应用在生活的各个方面，涵盖范围从便携设备到大型固定设施，如数码相机、手机、平板电脑、家用电器、医疗设备、交通灯和工厂控制设备等，越来越多的嵌入式系统安装有实时操作系统。在嵌入式领域常用的操作系统有嵌入式 Linux、Windows Embedded、VxWorks 等，以及广泛使用在智能手机或平板电脑等消费电子产品的操作系统，如 Android、iOS、Symbian、Windows Phone 和 BlackBerry OS 等。

（2）按运行环境分为实时操作系统、分时操作系统和批处理操作系统。

实时操作系统是对随机发生的外部事件在限定时间范围内作出响应并对其进行处理的系统，如 iEMX、VRTX。分时操作系统使多个用户同时在各自的终端上联机使用同一台计算机，CPU 按优先级分配各个终端，轮流为各个终端服务，对用户而言，有"独占"这一台计算机的感觉，如 Linux、UNIX。批处理操作系统是以作业为处理对象，连续处理在计算机系统运行的作业流，作业的运行完全由系统自动控制，吞吐量大，资源利用率高，如 MVX、DOS。

（3）按管理用户的数量分为单用户操作系统和多用户操作系统。

单用户操作系统只允许一个用户操作计算机，用户独占计算机的全部资源，CPU 运行效率低。目前大多数的微机采用单用户操作系统，如 DOS、Windows 操作系统。多用户操作系统是一台计算机接有多个终端，每个终端为一个用户服务，多个用户共享计算机的软、硬资源，如 UNIX、Linux 操作系统。

（4）按系统管理的作业数分为单任务操作系统和多任务操作系统。

单任务操作系统一次只能管理运行一个作业，如 DOS 操作系统。多任务操作系统一次可以同时运行处理多个程序或多个作业，如 Windows 操作系统。

（5）根据存储器寻址的宽度，分为 8 位、16 位、32 位、64 位、128 位的操作系统。

早期的操作系统一般只支持 8 位和 16 位存储器寻址宽度，现代的操作系统如 Linux 和 Windows 7 都支持 32 位和 64 位。

3.2.5　操作系统的发展

操作系统的发展历程和计算机硬件的发展历程密切相关。从 1946 年诞生第一台电子计算机以来，计算机的每一代进化都以减少成本、缩小体积、降低功耗、增大容量和提高性能为目标，同时计算机硬件的发展，也加速了操作系统的形成和发展。

最初的计算机并没有操作系统，人们通过各种操作按钮来控制计算机。后来出现了汇编语言，并将它的编译器内置到电脑中。这些将语言内置的电脑只能由操作人员自己编写程序来运行，不利于设备、程序的共用。为了解决这些问题，人们编写了许多程序，随着这些程序功能的不断完善和扩充，逐步形成了较为实用的系统软件——操作系统，使人们可以从更高层次对电脑进行操作，而不用关心其底层的运作。特别是微型计算机的出现，加速了操作系统的不断发展。

从 20 世纪 60 年代后期开始，计算机操作系统的发展进入快车道，其发展经历了两个阶段。第一个阶段为单用户、单任务的操作系统，如美国 DIGITAL RESEARCH 软件公司研制出的 8 位 CP/M 操作系统，以及 C-DOS、M-DOS、TRS-DOS、S-DOS 和 MS-DOS 等磁盘操作系统。其中值得一提的是 MS-DOS，它是在 IBM-PC 及其兼容机上运行的操作系统，起源于 SCP86-DOS，是 1980 年基于 8086 微处理器而设计的单用户操作系统。后来，微软公司获得了该操作系统的专利权，配备在 IBM-PC 上，并命名为 PC-DOS，并在商业上取得了巨大成功。

随着社会的发展，早期的单用户操作系统已经远远不能满足用户的要求，各种新型的现代操作系统犹如雨后春笋一样出现了。现代操作系统是计算机操作系统发展的第二个阶段，它是以多用户多道作业和分时为特征的系统。其典型代表有 UNIX、Windows、Linux、OS/2 等操作系统。其中，UNIX 操作系统由贝尔实验室的 Ken Thompson 和 Dennis Ritchie 在 1968 年共同开发出来，后来又陆续衍生出多个版本，影响极其深远，被称作现代操作系统之母。

由于计算机软、硬件技术的飞速发展，图形界面 GUI 逐渐开始流行，Mac OS 是第一个商用的 GUI 界面系统。后来 UNIX 与 Linux 系统也陆续采用 GUI 界面系统，而 PC 领域最成功的是 Microsoft 公司的 Windows 系列产品，它使个人计算机开始进入了所谓的图形用户界面时代。

为了打破商用操作系统的藩篱，很多程序开发者都在不断努力，其中典型代表就是著名的 Linux 操作系统。Linux 基于 UNIX 核心编写，最初版本由芬兰人 Linus Torvalds 于 1991 年开发，其源程序在 Internet 上公布以后，引起了全球计算机爱好者的开发热情，许多人下载该源程序并按自己的意愿完善某一方面的功能，再发回到网上。Linux 也因此被雕琢成为一个全球最稳定的、最有发展前景的操作系统。它是一个可与商业 UNIX 和微软 Windows 系列相媲美的操作系统，具有包括完备的网络应用在内的各种功能。目前移动端操作系统的典型代表——Android 系统，就脱胎于 Linux。

近年来，操作系统的用户界面又迎来了数次飞跃，其中包括如今智能手机中所普遍采用的触摸界面、诸如 Siri 采用的语音界面和 Xbox Kinect 体感设备搭载的手势界面。当然，以上这些界面大多还处于发展的早期阶段，但未来不可限量，普及也将成必然。

总之，操作系统的发展十分迅速，且没有尽头，未来依托于更加完善的软硬件和网络环境，计算机操作系统的功能将不断延伸，带给人们更多期待和无限惊喜。

3.2.6 典型操作系统介绍

不同的用途、不同的计算机可以采用不同的操作系统。下面简要介绍几种比较普遍的操作系统。

1. Microsoft Windows

在 Windows 操作系统出现之前，在桌面计算机操作系统领域占统治地位的是微软开发的基于命令行界面的 DOS 操作系统。其依靠输入命令来进行人机对话，每个命令都需要用户强记，给用户的学习和使用带来了一定的困难。由于 DOS 操作系统命令行操作界面给用户带来的不便，Microsoft 公司自 1983 年开始开发 Windows 操作系统，并于 1985 年推出其第一个 Windows 产品 Windows 1.0。Microsoft Windows 是一系列基于图形界面、多任务的操作系统。Windows 正如它的名字一样，在计算机和用户之间打开了一个窗口，用户可以通过这个窗口直接使用、控制和管理计算机。在 Windows 1.0 之后，微软公司不断地对自己的产品进行升级，推出新的 Windows 版本，2012 年 10 月推出版本 Windows 8，2014 年 10 月微软推出了至今 Windows 系列的最新版本 Windows 10。不过现在用户使用的主流操作系统仍是 Windows XP 和 Windows 7。

Windows 是一个系列化的产品，但总的来说，Windows 之所以能取得巨大成功，主要在于其具有以下特点。

（1）多任务的图形化用户界面

Windows 中每个用户程序有一个窗口界面，各种功能和操作都可以用鼠标来完成。

（2）统一的窗口和操作方式

在 Windows 中，所有的应用程序都具有相同的外观和操作方式，一旦掌握了一种应用程序的使用方式，很容易掌握其他应用程序的使用方法。

（3）丰富的应用程序

Windows 提供了丰富的应用程序，如 Word、Excel、Media Player 以及画图等。

（4）事件驱动程序的运行方式

Windows 支持基于消息循环的程序驱动方式，外部消息产生于用户环境引发的事件（键盘、鼠标的动作等）。事件驱动方式对于用户交互操作比较多的应用程序，既灵活又直观。

（5）标准的应用程序接口

Windows 为应用程序开发人员提供了功能强大的应用程序接口（API），开发者可以调用它来轻松创建 Windows 标准应用程序的界面，不仅简化了开发过程，也使用户的学习和使用变得容易。

（6）实现数据共享

Windows 提供的剪贴板功能可以将一个应用程序中的数据通过剪贴板粘贴到另一个程序中。对象嵌入和链接技术也为应用程序的集成提供了一个在不同文档中交换数据的平台。

（7）支持多媒体和网络技术

Windows 系统提供了多种数据格式和丰富的外部设备驱动程序，为实现多媒体应用提供了理想的平台。在通信软件的支持下，可以共享局域网甚至整个 Internet 中的资源。

（8）先进的主存储器管理技术

Windows 采用了自动扩充内存和虚拟内存技术，使大程序也可以运行。

2. UNIX

UNIX 是一个强大的多用户、多任务操作系统，支持多种处理器架构，按照操作系统的分类，属于分时操作系统，最早由 Ken Thompson、Dennis Ritchie 和 Douglas McIlroy 于 1969

年在 AT&T 的贝尔实验室开发。经过长期的发展和完善，目前已成长为一种主流的操作系统技术和基于这种技术的产品大家族。由于 UNIX 具有技术成熟、可靠性高、网络和数据库功能强、伸缩性突出和开放性好等特色，虽然当前 Windows 系列的操作系统已经占据了 90%以上的桌面计算机，但在高档工作站和服务器领域，UNIX 却具有主导地位。尤其是在 Internet 服务器方面，UNIX 的高性能、高可靠性仍然不是 Windows 系列的服务器操作系统所能比拟的。

UNIX 操作系统的主要特点如下。

（1）功能强大

UNIX 是一个多用户的操作系统，适合将终端或工作站连接到小型机或主机的场合。其功能可由许多小的功能模块连接组装而成。

（2）提供可编程的命令语言

UNIX 提供了功能完备、使用灵活、可编程的命令语言（Shell 语言），用户可以使用该语言与计算机进行交互以及方便地进行程序设计。

（3）文件系统结构简练

UNIX 具有分层的、可装卸的文件系统，并提供了完整的文件保护功能。UNIX 的文件系统把普通文件、目录和各种外部设备统一定义为文件，统一进行管理，为用户提供了一个简单、一致的接口。

（4）输入/输出缓冲技术

UNIX 采用了输入/输出缓冲技术，主存储器和磁盘的分配与释放可以高效、自动地进行。

（5）提供了许多程序包

如文本编辑程序、Shell 语言解释程序、汇编程序、十几种程序设计语言的编译程序、连接装配程序、调试程序、用户间通信程序以及系统管理和维护程序等，给用户带来了方便。

（6）可移植性强

由于 UNIX 的代码大部分是用 C 语言编写的，因此有很好的可移植性。

（7）网络通信功能强

UNIX 系统有一系列网络通信工具和协议，TCP/IP 协议就是在 UNIX 上开发成功的。目前在 UNIX 环境下使用的协议更多。

3. Linux

最初的 UNIX 是为运行于大型机上而设计的，其对计算机的性能有着较高的要求。随着个人计算机的日益普及和性能的不断提高，人们也开始从事 UNIX 操作系统的个人计算机版本的开发，使 UNIX 在个人计算机上运行成为可能。Linux 是一种可以运行在微机上的免费使用和自由传播的类 UNIX 操作系统。它主要用于基于 Intel x86 系列 CPU 的计算机上。它是由芬兰赫尔辛基大学的学生 Linus Torvalds 在 1991 年开发的。Linus Torvalds 把 Linux 的源程序在 Internet 上公开，世界各地的编程爱好者自发组织起来对 Linux 进行改进并编写各种应用程序。今天，Linux 已经发展为功能很强的操作系统，是操作系统领域的一颗新星。

Linux 的开发及其源代码对每个人都是完全免费的。但是这不意味着 Linux 和它的一些周边软件也是免费的。Linux 有着广泛的用途，包括网络应用、软件开发、建立用户平台等，Linux 被认为是一种高性能、低开支的可以替换其他昂贵操作系统的软件系统。

现在主要流行的版本有 Red Hat Linux、Debian Linux、Ubuntu Linux 以及我国自己开发的红旗 Linux、Magic Linux 等。

Linux 有以下几个特点。

（1）Linux 属于自由软件

自由软件具有两个特点：一是开放源码并对外免费提供；二是爱好者可以按照自己的需要自由修改、复制和发布程序的源码，并公布在 Internet 上。

（2）极强的平台可伸缩性

Linux 可以运行在 386 以上及各种 RISC 体系结构的机器上。

（3）Linux 是 UNIX 的完整实现

Linux 是从一个比较成熟的操作系统 UNIX 发展而来的，UNIX 上的绝大多数命令都可以在 Linux 里找到并有所加强。

（4）真正的多任务、多用户

Linux 充分利用了 X86 CPU 的任务切换机制，实现了真正的多任务、多用户环境，允许多个用户同时执行不同的程序，并且可以给紧急任务以较高的优先级。

（5）完全符合 POSIX 标准

POSIX 是基于 UNIX 的第一个操作系统簇国际标准，Linux 遵循这一标准，这使 UNIX 下许多应用程序可以很容易地移植到 Linux 下。

（6）具有丰富的图形用户界面

Linux 的图形用户界面是 X Window 系统。X Window 可以完成 MS Windows 下的所有事情，而且更有趣、更丰富，用户甚至可以在几种不同风格的窗口之间来回切换。

（7）具有强大的网络功能

Linux 可以轻松地与 TCP/IP、LAN Manager、Windows for Workgroups、Novell Netware 或 Windows NT 网络集成在一起，还可以通过以太网或调制解调器连接到 Internet 上。Linux 不仅能够作为网络工作站使用，更可以胜任各类服务器，如 X 应用服务器、文件服务器、打印服务器、邮件服务器、新闻服务器等。

（8）开发功能强

Linux 支持一系列的 UNIX 开发，它是一个完整的 UNIX 开发平台，几乎所有的主流程序设计语言都已移植到 Linux 上并可免费得到，如 C、C++、JAVA、PYTHON、Perl 等。

4. Mac OS

Mac OS 是苹果公司为其生产的 Macintosh 系列计算机设计的操作系统，正常情况下，在普通 PC 上无法安装。Mac OS 是最早利用图形用户界面的操作系统，它具有很强的图形处理能力，被广泛地用在桌面出版和多媒体应用等领域，现行的版本为 Mac OS X。

Mac OS X 的特点如下。

（1）稳定的系统和良好的性能

Mac OS X 系统的稳定性来源于系统的开放资源核心 Darwin。Darwin 集成了多项技术，包括 Mach 3.0 内核，基于 BSD UNIX 的操作系统服务、高性能的网络工具，以及对多种集成的文件系统的支持。

（2）强大的图形功能

Mac OS X 集合了三个应用最广泛的图形技术：Quartz、OpenGL 和 QuickTime，可以将图形技术提高到用户在其他桌面操作系统中无法感受到的境界。

（3）漂亮的用户界面

Mac OS X 采用了先进的名为 Aqua 的新用户界面。艳丽的半透明窗口，水晶一般的按钮，活灵活现的 Dock 新功能键，以及窗口的最大和最小化时所产生的魔法效果，堪称技术和艺术的完美结合。

（4）便捷的文件系统和网络功能

Mac OS X 可以管理多种文件格式和网络协议。文件系统支持通用文件系统（UFS）、POSLX 文件系统以及通用磁盘格式（UDF）。网络方面支持 TCP/IP、PPP 及 UDP 等多种协议。

5. iOS

iOS 操作系统是由苹果公司开发的手持设备操作系统。苹果公司最早于 2007 年 1 月的 Macworld 大会上公布这个系统，最初是设计给 iPhone 使用的，后来陆续套用到 iPod touch、iPad 以及 Apple TV 等苹果产品上。iOS 与苹果的 OS X 操作系统一样，它也是以 Darwin 为基础的，因此同样属于类 UNIX 的商业操作系统。原本这个系统名为 iPhone OS，直到 2010 年 6 月 WWDC 大会上宣布改名为 iOS。

6. Android

Android 是一种以 Linux 为基础的开放源代码操作系统，主要使用于便携设备。尚未有统一中文名称，中国大陆地区较多人使用"安卓"。Android 操作系统最初由 Andy Rubin 开发，最初主要支持手机。2005 年由 Google 收购注资，并组建开放手机联盟开发改良，逐渐扩展到平板电脑及其他领域上。2011 年第一季度，Android 在全球的市场份额首次超过塞班系统，跃居全球第一。2012 年 11 月数据显示，Android 占据全球智能手机操作系统市场 76% 的份额，中国市场占有率为 90%。

3.3 程序设计语言与语言处理程序

著名计算机科学家沃斯（Nikiklaus Wirth）提出一个公式：

程序=算法+数据结构

更准确地说：

程序=算法+数据结构+计算机语言

数据结构关注的是问题的表示，即将问题抽象为一些对象及其对象之间关系的集合；算法关注的是问题的解决，即问题在某种数据结构之上的求解步骤；计算机语言关注的是如何将前两者在计算机上实现。三者的关系也构成了计算机求解问题的过程，如图 3-6 所示。

图 3-6 计算机求解问题的过程

1. 算法

算法是一个有穷规则的集合，它规定了解决某特定类型问题的运算序列，或者规定了任务执行、问题求解的一系列步骤。"是否会编程序"，本质上是"能否想出求解问题的算法",其次才是将算法用计算机可以识别的形式书写出来。

例如,求 1～100 这 100 个数的和的算法如下。

步骤 1:k=1,s=0

步骤 2:如果 k>100,则算法结束,s 即为所求的和,输出 s;否则转向步骤 3

步骤 3:s=s+k,k=k+1

步骤 4:转向步骤 2

对于这个问题,还存在别的算法,就像解决同一个数学问题有许多方法一样。现代计算机已远远突破了数值计算的范围,算法包括大量的非数值计算问题,如检索信息、表格处理、判断和决策、逻辑演绎等。

一个算法有以下 5 个重要特性。

(1)有穷性

算法必须在执行有穷步之后结束,且每一步都可在有穷时间内完成。

(2)确定性

算法的每一步都必须有明确的定义,不应该在理解时产生二义性,且算法只有唯一的执行路径,即对于相同的输入只能得出相同的输出。

(3)可行性

算法是可行的,即算法中描述的操作都是可以通过已经实现的基本运算执行有限次来实现的。

(4)输入

算法有零个或多个的输入,这些输入取自某个特定对象的集合。

(5)输出

算法有一个或多个的输出,这些输出是同输入有着某些特定关系的量。

2. 数据结构

数据结构是从问题中抽象出来的数据之间的关系,它代表信息的一种组织方式,用来反映一个数据的内部结构,即一个数据由哪些数据项构成,以什么方式构成,成什么结构。数据结构包括数据的逻辑结构和物理结构。数据的逻辑结构反映的是各数据项之间的逻辑关系,数据的物理结构反映的是各数据项在计算机内部的存储安排。典型的数据结构包括线性表、堆栈和队列等,如图 3-7 所示。

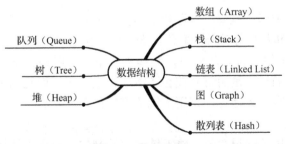

图 3-7　数据结构

求解简单的数值问题时,涉及的数据量少,数据处理逻辑简单,很少考虑数据结构的问题。当涉及图、表的复杂信息结构,涉及大量数据的处理时,就必须考虑数据结构问题。例如,大型的图书管理包括的图书信息非常多,如果不采取一定的数据结构,系统的实现是很困难的。所以数据结构是信息的一种组织方式，其目的是提高算法的效率，它通常与一组算法的集合相对应，通过这组算法集合可以对数据结构中的数据进行某种操作。

3. 程序设计语言的分类

程序设计语言是用户编写应用程序使用的语言，是人与计算机之间交换信息的工具，程序设计语言可以看作是计算机下达命令的工具，是数学算法的语言描述，它包括了一组用来定义计算机程序的语法规则，可以让程序设计员准确地定义计算机所需要使用的数据，并精确地定义在不同情况下所应当采取的操作。按照语言的等级划分，程序设计语言分为高级语言和低级语言，低级语言又分为汇编语言和机器语言，如图 3-8 所示（程序的功能都是求两个数 3+2 的和）。仔细观察，可以体会到描述同一个算法用不同等级的语言写出的程序完全不同。思考：用哪种语言书写程序更容易被人理解，更有效率？

高级语言程序	汇编语言程序	机器语言程序
void main( )	mov ax,3	0000101101010001
{　int x,y,z;	mov x,ax	0100010101110110
x=3;	mov ax,2	0101010111100011
y=2;	mov y,ax	1101000101010011
z=x+y;	mov ax,x	0001110100010101
}	mov bx,y	1010101110111000
	add ax,bx	1011110101001111
	mov z,ax	0111110110100001

图 3-8　三种不同等级语言的比较

（1）机器语言

机器语言是用二进制代码表示的计算机能直接识别和执行的一组机器指令的集合。它是计算机的设计者通过计算机的硬件结构赋予计算机的操作功能。机器语言具有灵活、直接执行和速度快等特点。

用机器语言编写程序，编程人员首先要熟记所用计算机的全部指令代码和代码的含义。编写程序时，程序员需处理每条指令和每组数据的存储分配以及输入/输出，还需记住编程过程中每步所使用的工作单元处在何种状态。这是一件十分繁琐的工作，编写程序花费的时间往往是实际运行时间的几十倍或几百倍。而且，编出的程序全是些 0 和 1 的指令代码，直观性差，还容易出错。现在，除计算机生产厂家的专业人员外，绝大多数程序员已经不再去学习机器语言了。

（2）汇编语言

为了克服机器语言难读、难编、难记和易出错的缺点，人们就用与代码指令实际含义相近的英文缩写词、字母和数字等符号来取代指令代码（如用 ADD 表示运算符号"＋"的机器代码），于是就产生了汇编语言。所以说，汇编语言是一种用助记符表示的仍然面向机器的计算机语言。汇编语言的特点是用符号代替了机器指令代码，而且助记符与指令代码一一对应，基本保留了机器语言的灵活性。使用汇编语言能面向机器并较好地发挥机器的特性，可以得到质量较高的程序。

汇编语言中由于使用了助记符号，将汇编语言编制的程序送入计算机，计算机不能像用机器语言编写的程序一样直接识别和执行，必须通过预先放入计算机的"汇编程序"的加工和翻译，才能变成能够被计算机识别和处理的二进制代码程序。用汇编语言等非机器语言书写好的符号程序称为源程序，运行时汇编程序要将源程序翻译成目标程序。目标程序是机器语言程序，它一经被安置在内存的预定位置上，就能被计算机的 CPU 处理和执行。

（3）高级语言

不论是机器语言还是汇编语言，都是面向硬件具体操作的，语言对机器的过分依赖，要求使用者必须对硬件结构及其工作原理都十分熟悉，这对非计算机专业人员来说是难以做到的，对于计算机的推广应用不利。计算机事业的发展，促使人们去寻求一些与人类自然语言相接近且能为计算机所接受的语意确定、规则明确、自然直观和通用易学的计算机语言。这种与自然语言相近并为计算机所接受和执行的计算机语言称为高级语言。高级语言是面向用户的语言。无论何种机型的计算机，只要配备上相应的高级语言的编译或解释程序，用该高级语言编写的程序就可以通用。

4. 程序的翻译处理

只要不是用机器语言编写的程序都有"翻译"的过程。对高级语言程序的翻译有两种方法，即解释和编译。解释型语言比较少，典型的解释型语言是 BASIC 语言。编译型语言占绝大多数，比如 C 语言、PASCAL 语言等。

（1）解释程序

解释程序（Interpreter）是将高级程序设计语言写的源程序作为输入，边解释边执行源程序本身，而不产生目标程序的翻译程序，如图 3-9 所示。

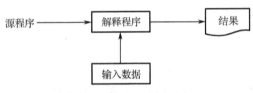

图 3-9　解释程序执行过程

（2）编译程序

编译程序（Compiler）是将高级程序设计语言程序翻译成逻辑上等价的低级语言（汇编语言，机器语言）程序的翻译程序。编译程序的执行过程如图 3-10 所示。

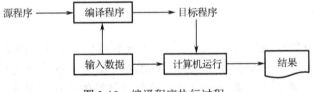

图 3-10　编译程序执行过程

编译程序和解释程序的区别在于前者将源程序翻译成目标代码，计算机再执行由此产生的目标程序，而后者则是检查高级语言书写的源程序，然后执行源程序所指定的动作。在大多数情况下，建立在编译基础上的系统在执行速度上都优于建立在解释基础上的系统。但是编译程序比较复杂，使得开发和维护费用较高；相反，解释程序比较简单，可移植性也好，缺点是执行速度慢。

3.4　软件工程概述

在以计算机为核心的信息时代中，人们对计算机的应用有着更多的需求，怎样才能开发出不同类型且符合用户要求的软件，是软件工程所要解决的问题。

3.4.1　软件工程的发端

20 世纪 60 年代以前，计算机刚刚投入实际使用，软件设计往往只是为了一个特定的应用而在指定的计算机上设计和编制，采用密切依赖于计算机的机器代码或汇编语言。软件的规模比较小，文档资料通常也不存在，很少使用系统化的开发方法，设计软件往往等同于编制程序，基本上是个人设计、个人使用、个人操作、自给自足的私人化软件生产方式。

20 世纪 60 年代中期，大容量、高速度计算机的出现，使计算机的应用范围迅速扩大，软件开发急剧增长。高级语言开始出现，操作系统的发展引起了计算机应用方式的变化，大量数据处理导致第一代数据库管理系统诞生。软件系统的规模越来越大，复杂程度越来越高，软件可靠性问题也越来越突出。原来的个人设计、个人使用的方式无法满足要求，于是出现了几个人协同完成一个软件的开发，即采用"生产作坊"的开发方式。随着软件需求量、规模及复杂度的进一步增大，"生产作坊"的方式也无法适应软件生产的需要，致使大量质量低劣的软件涌向市场。甚至有的花费大量人力、财力，而在开发过程中就夭折，出现所谓"软件危机"。

3.4.2　软件工程的概念

1. 软件工程的定义

自从 1968 年提出软件工程这个术语后，一直以来都缺乏一个统一的定义，很多学者、组织机构都分别给出了自己的定义，它们的基本思想都是强调在软件开发过程中应用工程化原则的重要性。

IEEE（国际电气与电子工程师协会）的定义是对软件开发、运作、维护的系统化的、有规范的、可定量的方法之应用，即对软件的工程化应用。

2. 软件工程的三要素

软件工程以关注软件质量为目标，由方法、工具和过程三个要素组成。

软件工程方法为软件开发提供了"如何做"的技术。它包括了多方面的任务，如项目计划与估算、软件系统需求分析、数据结构、系统总体结构的设计、算法过程的设计、编码、测试以及维护等。

软件工具为软件工程方法提供了自动的或半自动的软件支撑环境。目前，已经推出了许多软件工具，这些软件工具集成起来，建立起称为计算机辅助软件工程（CASE）的软件开发支撑系统。CASE 将各种软件工具、开发机器和一个存放开发过程信息的工程数据库组合起来，形成一个软件工程环境。

软件工程的过程则是将软件工程的方法和工具综合起来，以达到合理、及时地进行计算机软件开发的目的。过程定义了方法使用的顺序、要求交付的文档资料、为保证质量和协调变化所需要的管理及软件开发各个阶段完成的里程碑。

软件工程是一种层次化的技术。任何工程方法（包括软件工程）必须以有组织的质量保证为基础。全面的质量管理和类似的理念刺激了不断地改进过程，正是这种改进导致了更加成熟的软件工程方法的不断出现。支持软件工程的根基就在于对质量的关注。

3.4.3 软件工程研究的内容

作为一门独立的学科，软件工程的主要研究内容是与软件开发与维护有关的内容，主要包括标准和规范、过程和模型、方法和技术、工具和环境等 4 个方面，软件工程管理则始终贯穿于这 4 个方面。

标准和规范在工程中起着重要作用，可以使各项工作有章可循，进而提高软件的生产效率和软件产品的质量。软件工程的标准包括 5 个层次：国际标准、国家标准、行业标准、企业规范和项目规范。

软件工程的过程指的是软件开发过程中的一系列有序的活动。过程的研究是通过过程模型来实现的。目前已开发出的多种软件模型包括瀑布模型、演化模型、螺旋模型、喷泉模型等。

软件开发和维护方法体现了软件开发和维护人员对待软件系统的立场和观点，例如，结构化方法认为，所要开发的软件系统是由一些功能模块按照层次结构互相联系、相互作用而构成的；面向对象的方法则认为，所要开发的软件系统是由一些对象的相互联系、相互作用而构成的。技术是方法的具体实现，由若干个步骤组成，突出"如何做"。

软件工具是对人类在软件开发和维护活动中智力和体力的扩展和延伸，它为软件开发、维护和管理提供了自动的或半自动的支持，以提高软件生产效率和质量，降低软件开发和维护的成本，如编译程序、反编译工具、测试工具、项目管理工具、分析与设计工具等。软件开发环境是将方法和工具有机结合起来的软件系统，以支持软件开发。软件开发环境通过环境信息库和消息通信机制的实现，把支持某种软件开发方法的不同阶段的工具集成起来，从而实现软件开发中的某些过程或全程的自动化，如 J2EE 系统、Visual Studio 系统等。

软件工程这 4 个方面的研究内容构成了以软件质量为核心的层次结构，如图 3-11 所示。随着人们对软件系统认识的深入，软件工程的研究内容也将不断更新和扩展。

图 3-11 软件工程层次结构

3.4.4 软件工程过程

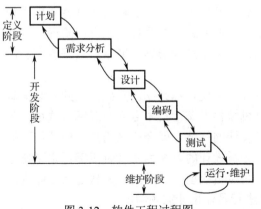

图 3-12 软件工程过程图

软件工程过程是输入转化为输出的一组彼此相关的资源和活动，主要包括定义阶段、开发阶段和维护阶段三个阶段，如图 3-12 所示。

1. 定义阶段：问题定义、可行性研究、需求分析

（1）问题定义

问题定义阶段必须回答的关键问题是"要解决的问题是什么？"如果不知道问题是什么就试图解决这个问题，显然是盲目的，只会白白浪费时间和金钱，最终得出的结果很可能是毫无意义的。尽管确切地定义问题的必要性是十分明显的，但是在实践中它却可能是最容易被忽视的一个步骤。

通过问题定义阶段的工作，系统分析员应该提出关于问题性质、工程目标和规模的书面报告。通过对系统的实际用户和使用部门负责人的访问调查，分析员扼要地写出他对问题的理解，并在用户和使用部门负责人的会议上认真讨论这份书面报告，澄清含糊不精的地方，改正理解不正确的地方，最后得出一份双方都满意的文档。问题定义阶段是软件生存周期中最简短的阶段，一般只需要一天甚至更少的时间。

（2）可行性研究

这个阶段要回答的关键问题是"对于上一个阶段所确定的问题有行得通的解决办法吗？"为了回答这个问题，系统分析员需要进行一次大大压缩和简化了的系统分析和设计的过程，也就是在较抽象的高层次上进行的分析和设计的过程。

可行性研究应该比较简短，这个阶段的任务不是具体解决问题，而是研究问题的范围，探索这个问题是否值得去解，是否有可行的解决办法。

在问题定义阶段提出的对工程目标和规模的报告通常比较含糊。可行性研究阶段应该导出系统的高层逻辑模型（通常用数据流图表示），并且在此基础上更准确、更具体地确定工程规模和目标。然后分析员更准确地估计系统的成本和效益，对建议的系统进行仔细的成本/效益分析是这个阶段的主要任务之一。

可行性研究的结果是使用部门负责人做出是否继续进行这项工程的决定的重要依据，一般说来，只有投资可能取得较大效益的那些工程项目才值得继续进行下去。可行性研究以后的那些阶段将需要投入更多的人力物力。及时中止不值得投资的工程项目，可以避免更大的浪费。

（3）需求分析

这个阶段的任务仍然不是具体地解决问题，而是准确地确定"为了解决这个问题，目标系统必须做什么"，主要是确定目标系统必须具备哪些功能。

用户了解他们所面对的问题，知道必须做什么，但是通常不能完整准确地表达出他们的要求，更不知道怎样利用计算机解决他们的问题；软件开发人员知道怎样使用软件实现人们的要求，但是对特定用户的具体要求并不完全清楚。因此系统分析员在需求分析阶段必须和用户密切配合，充分交流信息，以得出经过用户确认的系统逻辑模型。通常用数据流图、数据字典和简要的算法描述表示系统的逻辑模型。

在需求分析阶段确定的系统逻辑模型是以后设计和实现目标系统的基础，因此必须准确完整地体现用户的要求。系统分析员通常都是计算机软件专家，技术专家一般都喜欢很快着手进行具体设计，然而，一旦分析员开始谈论程序设计的细节，就会脱离用户，使他们不能继续提出他们的要求和建议。软件工程使用的结构分析设计的方法为每个阶段都规定了特定的结束标准，需求分析阶段必须提供完整准确的系统逻辑模型，经过用户确认之后才能进入下一个阶段，这就可以有效地防止和克服急于着手进行具体设计的倾向。

2. 开发阶段：概要设计、详细设计、实现、测试

（1）概要设计

这个阶段必须回答的关键问题是："概括地说，应该如何解决这个问题？"

首先，应该考虑几种可能的解决方案。例如，目标系统的一些主要功能是用计算机自动完成还是用人工完成；如果使用计算机，那么是使用批处理方式还是人机交互方式；信息存储使用传统的文件系统还是数据库系统等。

系统分析员应该使用系统流程图或其他工具描述每种可能的系统，估计每种方案的成本和效益，还应该在充分权衡各种方案的利弊的基础上，推荐一个较好的系统（最佳方案），并且制定实现所推荐的系统的详细计划。如果用户接受分析员推荐的系统，则可以着手完成本阶段的另一项主要工作。

上面的工作确定了解决问题的策略以及目标系统需要哪些程序，但是怎样设计这些程序呢？结构设计的一条基本原理就是程序模块化，也就是一个大程序应该由许多规模适中的模块按合理的层次结构组织而成。总体设计阶段的第二项主要任务就是设计软件的结构，也就是确定程序由哪些模块组成以及模块间的关系。通常用层次图或结构图描绘软件的结构。

（2）详细设计

总体设计阶段以比较抽象概括的方式提出了解决问题的办法。详细设计阶段的任务就是把解法具体化，也就是回答下面这个关键问题："应该怎样具体地实现这个系统呢？"

这个阶段的任务还不是编写程序，而是设计出程序的详细规格说明。这种规格说明的作用类似于其他工程领域中工程师经常使用的工程蓝图，它们应该包含必要的细节，程序员可以根据它们写出实际的程序代码。通常用 HIPO 图（层次图加输入/处理/输出图）或 PDL 语言（过程设计语言）描述详细设计的结果。

（3）实现

这个阶段的关键任务是写出正确的、容易理解、容易维护的程序模块。程序员应该根据目标系统的性质和实际环境，选取一种适当的高级程序设计语言（必要时用汇编语言），把详细设计的结果翻译成用选定的语言书写的程序。

（4）测试

这个阶段的关键任务是通过各种类型的测试（及相应的调试）使软件达到预定的要求。

最基本的测试是集成测试和验收测试。所谓集成测试是根据设计的软件结构，把经过单元测试检验的模块按某种选定的策略装配起来，在装配过程中对程序进行必要的测试。所谓验收测试则是按照规格说明书的规定（通常在需求分析阶段确定），由用户（或在用户积极参加下）对目标系统进行验收。

为了使用户能够积极参加验收测试，并且在系统投入生产性运行以后能够正确有效地使用这个系统，通常需要以正式的或非正式的方式对用户进行培训。

3. 维护阶段：维护

维护阶段的关键任务是，通过各种必要的维护活动使系统持久地满足用户的需要。

通常有四类维护活动：改正性维护，也就是诊断和改正在使用过程中发现的软件错误；适应性维护，即修改软件以适应环境的变化；完善性维护，即根据用户的要求改进或扩充软件使它更完善；预防性维护，即修改软件为将来的维护活动预先做准备。

虽然没有把维护阶段进一步划分成更小的阶段，但是实际上每一项维护活动都应该经过提出维护要求（或报告问题），分析维护要求，提出维护方案，审批维护方案，确定维护计划，修改软件设计，修改程序，测试程序，复查验收等一系列步骤，因此实质上是经历了一次压缩和简化了的软件定义和开发的全过程。

习 题 三

1. 软件和程序有何区别？
2. 计算机软件可以分为哪几类？
3. 操作系统可以分为哪几类？
4. 典型的操作系统有哪些？
5. 程序设计语言可以分为哪几类？
6. 翻译程序和编译程序有何区别？
7. 软件工程包括哪几个要素？
8. 软件工程过程分为哪几个阶段，具体内容有哪些？

第 3 章扩展习题

第4章

计算机网络基础

计算机网络是计算机技术和通信技术紧密结合的产物，是随着社会对信息共享和信息传递日益增强的需求而发展起来的。计算机网络的诞生，促进了经济的发展和社会的进步。计算机网络在当今社会中起着非常重要的作用，对人类的生产、经济、生活、学习等各方面都产生了巨大的影响。本章主要介绍计算机网络的基本概念和 Internet 的基础知识。

4.1　计算机网络概述

1969 年由美国国防部主持研制的第一个远程分组交换网 ARPANET（阿帕网）的诞生，标志着计算机网络时代的开始。20 世纪 70 年代出现的计算机局部网络（简称局域网），从 20 世纪 80 年代开始得到了飞速发展。现在，计算机网络早已成为人类社会最重要的信息基础设施。

4.1.1　计算机网络的概念

计算机网络是指利用通信设备及传输媒体将处于不同地理位置的多台具有独立功能的计算机连接起来，在通信软件（网络协议、网络操作系统等）的支持下，来实现计算机间资源共享和信息交换或协同工作的系统。

"不同地理位置"是一个相对的概念，小到一个房间内，大至全球范围内。"独立功能"是指在网络中计算机都是独立的，没有主从关系，一台计算机不能启动、停止或控制另一台计算机的运行。"通信设备"是在计算机和通信线路之间按照通信协议传输数据的设备。"资源共享"是指在网络中的每一台计算机都可以使用系统中的硬件、软件和数据等资源。

4.1.2　计算机网络的组成

计算机网络从逻辑功能上可以将计算机网络划分为两部分：一部分是对数据信息的收集和处理，称为资源子网；另一部分则专门负责信息的传输，称为通信子网，如图 4-1 所示。

计算机网络物理上包括主机、终端、联网部件和通信介质等。

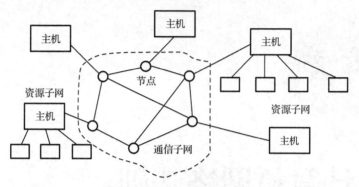

图4-1　资源子网和通信子网

（1）主机

主机是网络中的主要资源，也是数据资源和软件资源的拥有者，可以是大型机、小型机或局域网中的微型计算机，其任务是进行信息的采集、存储和加工处理。

（2）终端

终端是用户访问网络的直接界面，可以是由键盘和显示器组成的简单终端，也可以是微型计算机系统。

（3）联网部件

联网部件是为网络中的计算机提供通信功能的设备。联网部件包括网卡、调制解调器、ADSL设备、集线器、交换机、路由器、中继器、网桥、网关等。

（4）通信介质

通信介质是指在网络中负责通过各种信号为计算机传输数据的媒体，包括有线和无线两种。有线介质包括电话线、双绞线、同轴电缆、光线等；无线介质包括无线电、红外线、微波、卫星等。

4.1.3　计算机网络的分类

由于计算机网络的广泛使用，目前在世界上已出现了各种形式的计算机网络。网络类型的划分标准各种各样，从不同的角度出发，计算机网络可以有不同的分类方法。

1. 按网络的覆盖范围划分

局域网（Local Area Network，LAN），其传输距离一般在几公里以内，覆盖范围通常是一层楼、一个房间或一座建筑物。一个单位、学校内部的联网多为局域网。局域网传输速率高，可靠性好，适用各种传输介质，建设成本低。

城域网（Metropolitan Area Network，MAN），其作用范围介于局域网和广域网之间，传输距离通常为几公里到几十公里，如覆盖一座城市，一般可将同一城市内不同地点的主机、数据库以及LAN等互相连接起来。

广域网（Wide Area Network，WAN），用于连接不同城市之间的局域网或城域网，其传输距离通常为几十到几千公里，覆盖范围常常是一个地区或国家。

国际互联网，又叫因特网（Internet），是覆盖全球的最大的计算机网络，但实际上不是一种具体的网络技术，它将世界各地的局域网、广域网等互联起来，形成一个整体，实现全球范围内的数据通信和资源共享。

2. 按网络的拓扑结构划分

"拓扑结构"是指通信线路连接的方式。通常把网络中的计算机等设备抽象为点，网络中的通信媒体抽象为线，就形成了由点和线组成的几何图形，即用拓扑学方法抽象出的网络结构。计算机网络按拓扑结构可以分成星形网络、环形网络、总线形网络、树形网络、网状网络和混合型网络等。

3. 按网络的使用性质划分

公用网（Public Network），又称为公众网，是一种付费网络，属于经营性网络，由商家建造并维护，消费者付费使用，它是为全社会所有的人提供服务的网络。

专用网（Private Network），是一个或几个部门根据本系统的特殊业务需要而建造的网络，它只为拥有者提供服务，这种网络一般不对外提供服务。例如军队、电力、交通等系统的网络就属于专用网。

4. 按传输介质划分

计算机按传输介质的不同可以划分为有线网和无线网两大类。

有线网采用的介质主要有双绞线、同轴电缆和光导纤维。采用双绞线和同轴电缆连成的网络经济且安装简便，但传输距离相对较短，传输速率和抗干扰能力一般；以光纤为介质的网络传输距离远，传输速率高，抗干扰能力强，安全好用，但成本较高。

无线网络技术是网络发展的热门方向之一，它主要以无线电波为传输介质，联网方式灵活方便，但联网费用较高。另外，还有卫星数据通信网，它是通过卫星进行数据通信的。

无线网络还可以分为无线局域网和无线广域网两大类。其中，无线局域网使用 WiFi、蓝牙、ZigBee 等技术，而无线广域网则包含：

- 1G 网络：主要提供一般的语音通话服务；
- 2G 网络：有 GSM 和 CDMA2000，数字语音通话网络，主要承载语音或低速通信服务；
- 2.5G 网络：语音为主兼顾数据的通话网络；
- 3G 网络：有 CDMA2000、WCDMA、TD-SCDMA 等，数字语音和数据网络，能够处理图像、音乐、视频流等多种媒体形式，提供包括网页浏览、电话会议、电子商务等多种信息的网络服务；
- 4G 网络：有 LTE、HSPA+和 WiMax 等，能够以 100Mbps 的速度下载，上传的速度也能达到 20Mbps，预期能满足几乎所有用户对无线服务的需求。

另外，按照通信传输的介质来划分，可以分为双绞线网、同轴电缆网、光纤网和卫星网等。

5. 按传输带宽方式划分

按照网络能够传输的信号带宽，可以分为基带网和宽带网。

基带网，由计算机或者终端产生的一连串的数字脉冲信号，未经调制所占用的带宽频率范围称为基本频带，简称基带。这是最简单的一种传输方式，这种网络称之为基带网，适用于近距离传输。

宽带网，在远距离通信时，由发送端通过调制器将数字信号调制成模拟信号在信道中传输，再由接收端通过解调器还原成数字信号，所使用的信道是普通的电话通信信道，这种方式称为频带传输。在频带传输中，经调制器调制而成的模拟信号频率域较宽，故称之为宽带传输，使用这种技术的网络称之为宽带网。

4.1.4　计算机网络的功能

计算机网络不仅使计算机的作用范围超越了地理位置的限制，而且也大大加强了计算机本身的能力。随着计算机网络技术的发展及应用需求层次的日益提高，计算机网络功能的外延也在不断扩大。归纳起来说，计算机网络主要有如下功能。

1. 数据通信

数据通信是计算机网络的基本功能之一，用于实现计算机之间的信息传送。在计算机网络中，传递文字、图像、声音、视频等信息。网上电话、视频会议等通信方式正在迅速发展。

2. 资源共享

资源共享功能是组建计算机网络的驱动力之一，使得网络用户可以克服地理位置的差异性，共享网络中的计算机资源。计算机资源主要是指计算机的硬件、软件和数据资源。共享硬件资源可以避免贵重硬件设备的重复购置，提高硬件设备的利用率；共享软件资源可以避免软件开发的重复劳动与大型软件的重复购置，进而实现分布式计算的目标；共享数据资源可以促进人们相互交流，达到充分利用信息资源的目的。

3. 提高系统可靠性

在计算机网络系统中，可以通过结构化和模块化设计将大的、复杂的任务分别交给几台计算机处理，用多台计算机提供冗余，以使其可靠性大大提高。当某台计算机发生故障，不至于影响整个系统中其他计算机的正常工作，使被损坏的数据和信息能够得到恢复。

4. 易于进行分布处理

对于综合性大型科学计算和信息处理问题，可以采用一定的算法，将任务分交给网络中不同的计算机，以达到均衡使用网络资源、实现分布处理的目的。各计算机连成网络也有利于共同协作进行重大科研课题的开发和研究。利用网络技术还可以将许多小型机或微型机连成具有高性能的分布式计算机系统，使它具有解决复杂问题的能力，而费用大为降低。

4.2　网络协议与网络体系结构

网络协议与网络体系结构是网络技术中两个最基本的概念。网络协议是计算机网络的基本要素，是实现网络中计算机之间通信的必要条件。不同网络体系结构的计算机网络，其网络协议不仅影响着网络的系统结构、网络软件和硬件设计，而且影响着网络的功能和性能。

4.2.1 协议

1. 协议的概念

网络协议是指计算机网络中相互通信的对等实体之间交换数据或通信时所必须遵守的通信规程或标准的集合。实体是指能完成某一特定功能的进程或程序；对等实体则是指在计算机网络体系结构中处于不同系统中相同层次的实体；通信规程或标准明确规定了所传输数据的格式、控制信息的格式和控制功能以及通信过程中时间执行的顺序等。

现在使用的协议是由一些国际组织制定的，生产厂商按照协议开发产品，把协议转化成相应的硬件或软件，网络用户根据协议选择适当的产品组建自己的网络。

2. 协议的组成

网络协议主要由以下三个要素组成。
（1）语法：规定通信双方交换的数据格式、编码和电平信号等。
（2）语义：规定用于协调双方动作的信息及其含义等。
（3）时序：规定动作的时间、速度匹配和事件发生的顺序等。

3. 协议分层

网络协议对计算机来说是不可缺少的。对于结构复杂的网络协议，最好的组织方式是层次结构，计算机网络协议就是分层的，各层之间相对独立，完成特定的功能，每层都为上层提供服务，最高层为用户提供网络服务。

协议分层的优点主要是有助于网络的实现和维护、有助于网络技术发展和网络产品的生产、能促进标准化工作。

4.2.2 网络体系结构

计算机网络的协议是按照层次结构模型来组织的，并将网络层次结构模型与计算机网络各层协议的集合称为网络的体系结构。世界上第一个网络体系结构是 IBM 公司于 1974 年提出的，命名为"系统网络体系结构 SNA"。在此之后，许多公司纷纷提出了各自的网络体系结构，如 DEC 公司的"数字网络体系结构 DNA"，Honeywell 公司的"分布式系统体系结构 DSA"等。这些网络体系结构的共同之处在于它们都采用了分层技术，但层次的划分、功能的分配与采用的技术术语均不相同，结果导致了不同网络之间难以互连。因此，1977 年，国际标准化组织（International Organization for Standardization, ISO）成立了专门的组织，试图让所有的计算机都能互连，并提出了著名的开放系统互连参考模型（Open System Interconnection, OSI），但直到 20 世纪 90 年代初期，整套 OSI 国际标准才制定出来。

1. OSI 体系结构

OSI 参考模型采用了分层的描述方法，将整个网络的功能划分为 7 个层次。由低层到高层分别称为物理层（Physical Layer）、数据链路层（Data Link Layer）、网络层（Network Layer）、传输层（Transport Layer）、会话层（Session Layer）、表示层（Presentation Layer）和应用层（Application Layer）。OSI 的参考模型如图 4-2 所示。

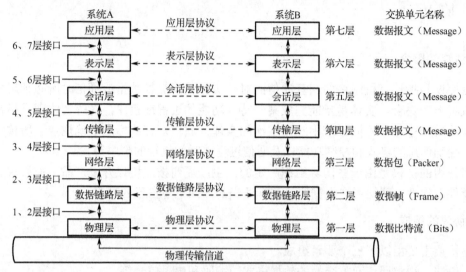

图 4-2　ISO 的 OSI 参考模型

在 OSI 参考模型中，每层完成一个明确定义的功能并按协议相互通信。低层向上层提供所需服务，在完成本层协议时使用下层提供的服务。各层的服务是相互独立的，层间的相互通信通过层接口实现，只要保证层接口不变，则任何一层实现技术的变更均不影响其余各层。

2. Internet 体系结构（TCP/IP 体系结构）

TCP/IP 是 Transmission Control Protocol/Internet Protocol（传输控制协议/互联网协议）的缩写。美国国防部高级研究计划局 DARPA 为了实现异种网络之间的互连与互通，大力资助互联网技术的开发，于 1977 年到 1979 年间推出目前形式的 TCP/IP 体系结构和协议。1980年左右，ARPA 开始将 ARPANET 上的所有机器转向 TCP/IP 协议，并以 ARPANET 为主干建立 Internet。

OSI 由于体系比较复杂，而且设计先于实现，有许多设计过于理想，不太方便计算机软件实现，因而完全实现 OSI 参考模型的系统并不多，应用的范围有限。而 TCP/IP 协议最早在计算机系统中实现，在 UNIX、Windows 平台中都有稳定的实现，并且提供了简单方便的编程接口（API），可以在其上开发出丰富的应用程序，因此得到了广泛的应用。

TCP/IP 定义了电子设备如何连入 Internet，以及数据如何在它们之间传输的标准。协议采用了 4 层的层级结构，每一层都呼叫它的下一层所提供的网络来完成自己的需求。通俗而言：TCP 负责发现传输的问题，一有问题就发出信号，要求重新传输，直到所有数据安全正确地传输到目的地。而 IP 是给 Internet 的每一台电脑规定一个地址。

3. OSI 参考模型与 TCP/IP 参考模型的比较

OSI 参考模型与 TCP/IP 参考模型的共同之处是它们都采用了层次结构的概念，如图 4-3所示，但二者在层次划分与使用的协议上是有很大区别的。OSI 参考模型概念清晰，但结构复杂，实现起来比较困难，特别适合用来解释其他的网络体系结构。TCP/IP 参考模型在服务、接口与协议的区别尚不够清楚，这就不能把功能与实现方法有效地分开，增加了 TCP/IP 协议利用新技术的难度。但经过 30 多年的发展，TCP/IP 协议赢得了大量的用户和投资，伴随着 Internet 的发展而成为目前公认的工业标准。尽管如此，OSI 参考模型仍然具有重要的指导意义。OSI 参考模型与 TCP/IP 参考模型各层的功能如表 4-1 所示。

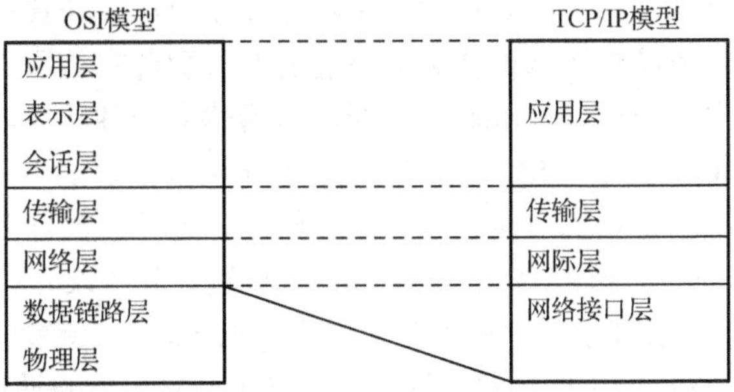

图 4-3　OSI 参考模型与 TCP/IP 参考模型的对比

表 4-1　OSI 参考模型与 TCP/IP 参考模型各层的功能

OSI 中的层	功　　能	TCP/IP 协议族
应用层	文件传输，电子邮件，文件服务，虚拟终端	TFTP，HTTP，SNMP，FTP，SMTP，DNS，Telnet
表示层	数据格式化，代码转换，数据加密	没有协议
会话层	解除或建立与别的接点的联系	没有协议
传输层	提供端对端的接口	TCP，UDP
网络层	为数据包选择路由	IP，ICMP，OSPF，EIGRP，IGMP，RIP，ARP，RARP
数据链路层	传输有地址的帧以及错误检测功能	SLIP，CSLIP，PPP，MTU
物理层	以二进制数据形式在物理媒体上传输数据	ISO2110，IEEE802，IEEE802.2

4.3　Internet 基础知识

Internet（国际互联网或称互联网、互连网，我国科技词语审定委员会推荐为"因特网"）是建立在各种计算机网络之上的、最为成功和覆盖面最大、信息资源最丰富、当今世界上最大的国际性计算机网络，Internet 被认为是未来全球信息高速公路的雏形。在短短二十几年的发展过程中，特别是最近几年的飞跃发展中，其正逐渐改变着人们的生活，并将远远超过电话、电报、汽车、电视等对人类生活的影响。

4.3.1　Internet 的产生

Internet 的诞生在某种意义上说是战争的产物。美国为了战争的需要，将全国集中的军事指挥系统设计成一种分散的指挥系统，在 20 世纪 60 年代末 70 年代初，由国防部高级研究计划局资助并主持研制，建立了用于支持军事研究的计算机实验网络 ARPANET（阿帕网）。该网络把位于洛杉矶的加利福尼亚大学分校、位于圣芭芭拉的加利福尼亚大学分校、斯坦福大学、位于盐湖城的犹他州州立大学的计算机主机连接起来，采用分组交换技术，保证这四所大学之间的某条通信线路因某种原因被切断以后，信息仍能够通过其他线路在各大学主机之间传递，这个阿帕网就是今天的 Internet 的雏形。

1972 年，ARPANET 网上连接的主机数已有 40 个，彼此之间可以发送文本文件（现在的电子邮件或称 E-mail）和利用文件传输协议发送数据文件（即现在的 FTP），同时发现了通过把一台计算机模拟成另一台远程计算机的一个终端而使用远程计算机上资源的方法，这种方法称为 Telnet。这一年全世界计算机业和通信业的专家学者在美国华盛顿举行了第一届国际计算机通信会议并成立了一个 Internet 工作组，负责建立一种能保证计算机之间进行通信的标准规范（这种标准规范称为"通信协议"）。1973 年美国国防部也开始了一个 Internet 项目，研究如何实现各种不同计算机网络之间的互连问题。这两个项目促使 Internet 中最关键的两个协议产生和发展，这两个通信协议就是 TCP（传输控制协议）和 IP（Internet 协议），合起来称为 TCP/IP 协议。现在说一个网络是否属于 Internet，关键看它在通信时是否采用了 TCP/IP 协议。当今世界 90%以上的计算机网络在和其他计算机网络通信时都采用 TCP/IP 协议，所以这些网络都属于 Internet 网络，这就是 Internet 如此之大的原因。

20 世纪 80 年代中期，美国国家科学基金会（NSF）为鼓励大学与研究机构共享他们非常昂贵的 4 台计算机主机，希望通过计算机网络将各大学和研究机构的计算机连接起来，并出资建立了名为 NSFnet 的广域网。使得许多大学、研究机构将自己的局域网连入 NSFnet 中，1986—1991 年并入的计算机子网从 100 个增加到 3000 多个，第一次加速了 Internet 的发展。Internet 的第二次飞跃应归功于 Internet 的商业化。以前都是大学和科研机构使用，1991 年以后商业机构一踏入 Internet，很快就发现了它在通信、资料检索、客户服务等方面的巨大潜力，其势一发不可收。世界各地无数的企业及个人纷纷加入 Internet，从而使 Internet 的发展产生了一个新的飞跃。到 1996 年初，Internet 已通往全世界 180 多个国家和地区，连接着上千万台计算机主机，直接用户超过 6000 万，成为全世界最大的计算机网络。

4.3.2　Internet 的组成

Internet 是一个全球范围的广域网，又可以将它看成是由无数个大小不一的局域网连接而成的。整体而言，Internet 由复杂的物理网络通过 TCP/IP 协议将分布世界的各种信息和服务连接在一起。

1. 物理网络

物理网络由各种网络互连设备、通信线路以及计算机组成。网络互连设备的核心是路由器，Internet 是通过路由器将各种不同类型的网络互连在一起所组成的，而每台计算机均具体地连到其中一个网络上，这就体现了 Internet 的含义——"网际网"。当一个网络中的一台计算机与另一个网络中的计算机进行通信时，这两台计算机的分组就是通过路由器传送的。

通信线路是传输信息的媒体，可用带宽来衡量一条通信线路的传输速率，用户上网快和慢的感觉就是传输带宽大和小的直接反映。

2. 通信协议

Internet 采用的协议是 TCP/IP 协议，其所使用的通信方式是分组交换方式。所谓分组交换，简单地说就是数据在传输时分成若干段，每个数据段称为一个数据包。TCP/IP 协议的基本传输单位是数据包。TCP/IP 协议中的两个主要协议，即 TCP 协议和 IP 协议，可以联合使用，也可以与其他协议联合使用，它们在数据传输过程中主要完成以下功能。

首先根据 TCP 协议把数据分成一定大小的若干数据包,并给每个数据包标上序号及说明信息(类似装箱单),使接收端接收到数据后,在还原数据时,按数据包序号把数据还原成原来的格式。IP 协议给每个数据写上发送主机和接收主机的地址(类似将信装入了信封),一旦写上源地址和目的地址,数据包就可以在物理网上传送了。IP 协议还具有利用路由算法进行路由选择的功能。

这些数据包可以通过不同的传输途径进行传输。由于路径不同,加上其他的原因,可能出现顺序颠倒、数据丢失、数据失真甚至数据重复的现象。这些问题都由 TCP 协议来处理,它具有检查和处理错误的功能,必要时还可以请求发送端重发,即如果发现某数据包有损坏,则要求发送方重新发送该数据包。IP 协议重点解决的是两台计算机的连接过程,即"点到点"(Point to Point)的通信问题,至于信息数据可靠性的保证就由 TCP 协议来完成。

总之,IP 协议负责数据的传输,而 TCP 协议负责数据的可靠传输。

3. 信息资源和网络应用程序

人们使用 Internet 是为了方便沟通和获得各种信息,在 Internet 里,实现人与网络或人与人之间相互联系的是各种应用程序和软件工具,如通过浏览器进行 WWW 网页的访问就是一个与信息资源沟通的简单例子。

计算机之间的通信实际上是程序之间的通信。Internet 上参与通信的计算机可以分为两类:一类是提供服务的程序,叫做服务器(Server);另一类是请求服务的程序,称之为客户机(Client)。Internet 采用了客户机/服务器(C/S)模式,连接到 Internet 上的计算机不是客户机就是服务器。

使用 Internet 提供服务的用户要运行客户端的软件。通常,Internet 的用户利用客户端软件与服务器进行交互,提出请求,并通过 Internet 将请求发送到服务器,然后等待回答。

服务器由另一些更为复杂的软件组成,它在接收到客户机发送来的请求后,进行分析,并给予回答,然后通过网络发送到客户机。客户机在接到结果后显示给用户。一般情况下,服务器程序必须始终运行着,并且要有多个副本同时运行,以便响应不同的用户。

在 Internet 中,一个客户机可以同时向不同的服务器发出请求,一个服务器也可以同时为多个客户机提供服务。客户机请求服务器和服务器接收、应答请求的各种方法就是前面讲过的协议。

4.3.3 Internet 地址管理

Internet 是通过路由器将物理网络互连在一起的虚拟网络。全球连接于 Internet 上的主机有几千万台乃至上亿台,怎样识别每个主机呢?在一个具体的物理网络中,每台计算机都有一个物理地址(Physical Address),物理网络靠此地址来识别其中每一台计算机。在 Internet 中,为解决不同类型的物理地址的统一问题,在 IP 层采用了一种全网通用的地址格式,为全网中的每一台主机分配一个 Internet 地址,从而将主机原来的物理地址屏蔽掉,这个地址就叫做 IP 地址。

1. IP 地址

前面已介绍了连接互联网的主机都采用 TCP/IP 协议,在 TCP/IP 协议网络上的每一台设备和计算机（称为主机或网络节点）都由一个唯一的 IP 地址来标识。IP 地址由一个 32 位二进制的值（4B）表示，这个值一般用 4 个十进制数组成，每个数值之间用"."号分隔，如 210.44.195.88。一个 IP 地址由两部分组成：网络 ID 和主机 ID。网络 ID 表示在同一物理子网上的所有计算机和其他网络设备。在互联网（由许多物理子网组成）中每个子网有一个唯一的网络 ID。主机 ID 在一个特定网络 ID 中代表一台计算机或网络设备（一台主机是连接到 TCP/IP 网络中的一个节点）。连接到 Internet 上的网络必须从互联网管理中心（NIC）或 Internet 接入服务商（ISP）分配一个网络 ID，以保证网络 ID 号的唯一性。在得到一个网络 ID 后，本地子网的网络管理员必须为本地网络中的每一台网络设备和主机分配一个唯一的 ID 号。

2. IP 地址的分类

Internet 是网中网，每个网络所含的主机数互不相同，网络的规模大小不一，为了对 IP 地址进行管理，充分利用 IP 地址以适应主机数目不同的各种计算机网络，对 IP 地址进行了分类。IP 地址通常分为五类，即 A 类地址、B 类地址、C 类地址、D 类地址和 E 类地址。

（1）A 类地址

IP 地址的前 8 位表示网络号，最高位为 0，后 24 位表示主机号。其有效范围为 1.0.0.1～127.255.255.254。其中，127.0.0.1 是一个特殊的 IP 地址，表示主机本身，用于本地计算机上的测试和进程间通信。

（2）B 类地址

IP 地址的前 16 位表示网络号，最高 2 位为 10，后 16 位表示主机号。其有效范围为 128.0.0.1～191.255.255.254。

（3）C 类地址

IP 地址的前 24 位表示网络号，最高 3 位为 110，后 8 位表示主机号。其有效范围为 192.0.0.1～223.255.255.254。

（4）D 类地址

最高 4 位为 1110，在 RFC1112 中规定将其留作 IP 多路复用使用。

（5）E 类地址

按 IP 协议规定，也是留作将来使用，其中最高 4 位设置为 1111。

在图 4-4 中分别说明了上述五类 IP 地址的详细情况。

	0	1	2	3	4	5	6	7	8	16	24	31
A类	0	网标标识（1～127）								主机标识		
B类	1	0	网标标识（128～191）							主机标识		
C类	1	1	0	网标标识（192～223）							主机标识	
D类	1	1	1	0	网标标识（224～239）组播地址							
E类	1	1	1	1	网标标识（240～255）保留为今后使用							

图 4-4 IP 地址的分类

在上述五类地址中，目前大量使用的 IP 地址是 A 类、B 类和 C 类三种。

IP 地址的最高管理机构称为 InterNIC（Internet 网络信息中心，位于美国），它专门负责向提出 IP 地址申请的组织分配网络地址。另外，InterNIC 的下设机构 RIPE，位于荷兰，负责欧洲地区网络地址的分配，而亚太地区 IP 地址的分配则由位于日本的 APNIC 负责。近几年来，由于我国申请 IP 地址的单位日益增多，APNIC 将权力下放到我国的互联网，例如，CERNet（教育科研网）对加入 CERNet 的用户单位发放 IP 地址。

在 IP 地址具体使用中，为了识别网络 ID 和主机 ID，采用了子网掩码。它也是一个 32 位二进制值（常用 4 位以"."分隔的十进制数表示），其用于"屏蔽" IP 地址的一部分，使得 IP 包的接收者从 IP 地址中分离出网络 ID 和主机 ID。它的形式类似于 IP 地址。子网掩码中二进制数为"1"的位可分离出网络 ID，而为"0"的位分离出主机 ID，如图 4-5 所示。

地址类型	子网掩码位（二进制）				子网掩码
A类	11111111	00000000	00000000	00000000	255.0.0.0
B类	11111111	11111111	00000000	00000000	255.255.0.0
C类	11111111	11111111	11111111	00000000	255.255.255.0

图 4-5　标准 IP 地址类的子网掩码

允许将一个 IP 网络地址进一步划分为若干个子网地址，分别分配给不同的物理网络。网络的主机号部分借用若干比特作为子网号，主机号相应减少若干比特。网络号和子网号共同构成标识网络位置的网络地址，如图 4-6 所示。

图 4-6　子网掩码中子网号的划分

一个 C 类 IP 网络进一步划分子网，其中框起来的部分对应子网号，而划分的子网个数、子网内的主机数量等信息，如图 4-7 所示。

子网掩码		子网个数	子网内主机个数
点分十进制	二进制		
255.255.255.0	11111111 11111111 11111111 00000000	1	254
255.255.255.192	11111111 11111111 11111111 11000000	4	62
255.255.255.224	11111111 11111111 11111111 11100000	8	30
255.255.255.240	11111111 11111111 11111111 11110000	16	14

图 4-7　子网划分示意图

3. 域名系统

（1）域名系统的概念

IP 地址这种纯数字的地址使人们难以一目了然地认识和区别互联网上的千千万万个主机。为了解决这个问题，人们设计了用"."分隔的一串英文单词来标识每台主机的方法，按照美国地址取名的习惯，小地址在前、大地址在后的方式为互联网的每一台主机取一个见名知义的地址，形成了网络域名系统（Domain Name System，DNS）。在网络域名系统中，Internet 上的每台主机不但具有自己的 IP 地址（数字表示），而且还有自己的域名（字符表示），例如，微软公司为 www.microsoft.com，我国清华大学为 tsinghua.edu.cn 等。为使网络能够识别域名，还需要将字串式的地址翻译成对应的 IP 地址，这一命名方法及名字→IP 地址翻译系统构成域名系统。域名系统是一个分布式数据库，为 Internet 网上的名字识别提供一个分层的名字系统。该数据库是一个树形结构，分布在 Internet 网的各个域及子域中。

（2）域名系统的结构

域名系统的结构是一种分层次结构，每个域名是由几个域组成的，域与域之间用小圆点"."分开，最末的域称为顶级域，其他的域称为子域，每个域都有一个有明确意义的名字，分别叫做顶级域名和子域名，域名地址从右向左分别用以说明国家或地区的名称、组织类型、组织名称、单位名称和主机名等，其一般格式为：

主机名.商标名（企业名）.单位性质或地区代码.国家代码

其中，商标名或企业名是在域名注册时确定的。例如，有一个域名为 news.cernet.edu.cn，在该域名地址中，最左边的 news 表示主机名，cernet 表示中国教育科研网，edu 表示教育机构，cn 表示中国。

顶级域名通常具有最一般或最普通的含义，它又分为地理类顶级域名（如图 4-8 所示）和组织类顶级域名（如图 4-9 所示）。

域名	国家和地区	域名	国家和地区	域名	国家和地区	域名	国家和地区
au	澳大利亚	nl	荷兰	ca	加拿大	no	挪威
be	比利时	ru	俄罗斯	dk	丹麦	se	瑞典
fl	芬兰	es	西班牙	fr	法国	cn	中国
de	德国	ch	瑞士	in	印度	us	美国
ie	爱尔兰	uk	英国	il	以色列	kp	韩国
it	意大利	at	奥地利	jp	日本		

图 4-8　地理类顶级域名

域名	含义
com	商业机构
edu	教育机构
gov	政府部门
int	国际机构（主要指北约组织）
mil	军事机构
net	网络机构
org	非盈利组织

图 4-9　组织类顶级域名

（3）域名系统的解析

域名解析就是域名到 IP 地址的转换过程，由域名服务器完成域名解析工作。在域名服务器中存放了域名与 IP 地址的对照表。实际上它是一个分布式的数据库。各域名服务器只负责解析其主管范围的解析工作。

当用户输入主机的域名时，负责管理的计算机就把域名送到服务器上，由域名服务器把域名翻译成相应的 IP 地址，然后连接到该主机。主机的 IP 地址等于主机的域名，或者说主机的域名就是主机的 IP 地址。用户在连接网络时，既可以使用域名，也可以使用 IP 地址，它们连接的过程不一样，但效果是一样的。

4. IPv6

IPv6 是 IETF（Internet Engineering Task Force，互联网工程任务组）设计的用于替代现行版本 IP 协议 IPv4 的下一代 IP 协议，它由 128 位二进制数码表示。

我们使用的第二代互联网 IPv4 技术，核心技术属于美国。它的最大问题是网络地址资源有限，从理论上讲，编址 1600 万个网络、40 亿台主机。但采用 A、B、C 三类编址方式后，可用的网络地址和主机地址的数目大打折扣，以至 IP 地址已于 2011 年 2 月 3 日分配完毕。其中北美占有 3/4，约 30 亿个，而人口最多的亚洲只有不到 4 亿个，中国截止 2010 年 6 月，IPv4 地址数量约 2.5 亿，远落后于 4.2 亿网民的需求。IP 地址不足，严重制约了互联网的应用和发展。

一方面是地址资源数量的限制，另一方面是随着电子技术及网络技术的发展，计算机网络将进入人们的日常生活，可能身边的每一样东西都需要连入全球因特网。在这样的环境下，IPv6 应运而生。单从数量级上来，IPv6 所拥有的地址容量是 IPv4 的约 $8×10^{28}$ 倍，达到 2^{128}（算上全零的）个。这不但解决了网络地址资源数量的问题，同时也为除电脑外的设备连入互联网在数量限制上扫清了障碍。

但是与 IPv4 一样，IPv6 一样会造成大量的 IP 地址浪费。准确地说，使用 IPv6 的网络并没有 2^{128} 个能充分利用的地址。首先，要实现 IP 地址的自动配置，局域网所使用的子网的前缀必须等于 64，但是很少有一个局域网能容纳 2^{64} 个网络终端；其次，由于 IPv6 的地址分配必须遵循聚类的原则，地址的浪费在所难免。

但是，如果说 IPv4 实现的只是人机对话，而 IPv6 则扩展到任意事物之间的对话，它不仅可以为人类服务，还将服务于众多硬件设备，如家用电器、传感器、远程照相机、汽车等，它将是无时不在，无处不在的深入社会每个角落的真正的宽带网。而且它所带来的经济效益将非常巨大。

当然，IPv6 并非十全十美，也不可能在一夜之间发生。要想完全推广 IPv6，需要从骨干网到终端用户的所有设备都进行一次升级，这里的骨干网不仅仅是电信、联通等 ISP 的网络，还包括银行、铁路、军队等的内部网路，还包括移动、联通的移动通信的数据网络，不管是哪一个网络的改造，都需要付出巨大的成本。尤其是 NAT 等网络协议，很好地解决了公网 IP 地址不足的问题，延迟了对 IPv6 的需求。但从长远看，IPv6 有利于互联网的持续和长久发展，普及只是时间问题。

4.3.4 World Wide Web

1. WWW 简介

Internet 已经成为世界上最大的信息资源宝库，它包含了从教育、科技、政策、法规到艺术、娱乐以及商业等各方面的信息。但在 WWW（World Wide Web，也称万维网）出现之前，Internet 的信息资源既没有统一的目录，也没有统一的组织和系统，这些信息分布在世界各地的计算机中，以文件、数据库、公告牌、目录文档和超文本文档等多种形式进行存储。

WWW 是由 Tim Berners-Lee 于 1989 年正式提出的。WWW 的出现被认为是 Internet 发展史上的一个重要里程碑，它对于 Internet 的发展起到了巨大的推动作用。WWW 的蓬勃发展，使 Internet 进入了一个新的时代。WWW 功能强大，不但能展现文字、图像、声音、动画、视频等各种媒体信息，还可以让用户通过浏览器使用多种网络资源服务。

2. WWW 的工作原理

WWW 将 Internet 中的无数信息用网页的形式组织起来，人们通过网络浏览器浏览网页，获得大量的信息或得到更多的服务。例如，到 FTP 服务器下载软件，订阅电子刊物，参加新闻讨论，实时聊天，玩在线游戏等。

·万维网实际上是分布式超媒体（hypermedia）系统，是超文本（hypertext）系统的扩充，包含各种媒体资源的超链接。一个超文本由多个信息源链接而成，利用一个链接可以找到多个文本，这些文本可以定位世界上任何一个接入 Internet 的资源。

WWW 系统由 WWW 客户机、WWW 服务器和超文本传输协议（HTTP）三部分组成，以客户机/服务器方式进行工作。实际工作过程是：客户机向服务器发送一个请求，并从服务器得到一个响应，服务器负责管理信息并对来自客户机的请求做出回答，客户机与服务器使用 HTTP 协议传送信息，信息的基本单位是网页，当选择网页中的一个超链接时，WWW 客户机就把超链接所附的地址读出来，然后向相应的服务器发出一个请求，要求相应的文件，最后服务器对此做出响应，将超文本传过来。其工作原理框图如图 4-10 所示。

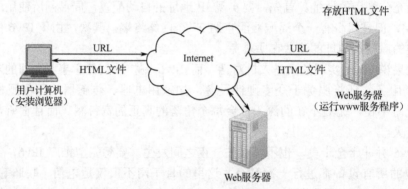

图 4-10　WWW 工作原理框图

3. 基本概念

（1）网页

在 WWW 上将信息一页一页地呈现给用户，类似于图书的页面，称为网页（Web Page），网页上是一些连续的数据片断，包含普通文字、图形、图像、声音、动画等多媒体信息，还包含指向其他网页的链接。WWW 服务器上的第一个页面，称为主页（Homepage），引导用户访问本地或其他 WWW 网址上的页面。

（2）HTML

HTML（Hypertext Mark-up Language，超文本标记语言）构成了 Internet 应用程序的基础，用来编写 Web 网页。之所以叫"超文本"，是因为它所编写的对象不仅仅有普通的文字、字符元素，还有声音、图形等其他"超越"普通文字字符的对象元素。HTML 语言是一种描述文档结构的语言，而不能描述实际的表现形式。HTML 语言使用标签指明文档中的不同内容。标签是区分文本各个组成部分的分界符，用来把 HTML 文档划分成不同的逻辑部分（或结构），如段落、标题和表格等。标签描述了文档的结构，它向浏览器提供该文档的格式化信息，以传送文档的外观特征。

（3）HTTP、URL

超文本传输协议（HTTP，Hypertext Transfer Protocol）是 WWW 服务程序所用的网络传输协议。Internet 中的网站成千上万，为了能够在 Internet 中方便地找出所需要的网站及所需要的信息资源，采用了全球统一资源定位器（Uniform Resource Locator，URL）来唯一标识某个网络资源。事实上，URL 就是某个网站或网页的地址，它由协议名、主机名、路径和文件名四部分组成，其格式为：

协议名：//主机名/路径和文件名

例如，http://www.Microsoft. com/home.html，其中，协议名 http：表示信息的服务方式为使用超文本传输协议。常见的协议还有很多，如 ftp：使用文件传输协议提供服务的信息资源空间等。

4.3.5　Internet 的发展应用

Internet 的出现固然是人类通信技术的一次革命，然而，如果仅仅从技术的角度来理解 Internet 的意义显然远远不够。Internet 的发展早已超越了当初 ARPANET 的军事和技术目的，几乎从一开始就是为人类的交流服务的。

进入 21 世纪，尤其是最近十年，互联网对人类生活的改变远远超过以往任何一项技术或平台，如国家提倡的"互联网+"便是创新互联网发展的新业态，是知识社会创新推动下的互联网形态演进及其催生的经济社会发展新形态。"互联网+"是互联网思维的进一步实践成果，推动经济形态不断地发生演变，从而带动社会经济实体的生命力，为改革、创新、发展提供广阔的网络平台。

通俗来说，"互联网+"就是"互联网+各个传统行业"，但这并不是简单的两者相加，而是利用信息通信技术以及互联网平台，让互联网与传统行业进行深度融合，创造新的发展生态。它代表一种新的社会形态，即充分发挥互联网在社会资源配置中的优化和集成作用，将互联网的创新成果深度融合于经济、社会各领域之中，提升全社会的创新力和生产力，形成更广泛的以互联网为基础设施和实现工具的经济发展新形态。

1. 通讯传媒

即使是在 ARPANET 的创建初期，美国国防高级研究计划署指令与控制研究办公室（CCR）主任利克里德尔就已经强调电脑和电脑网络的根本作用是为人们的交流服务，而不单纯是用来计算。

后来，麻省理工学院电脑科学实验室的高级研究员 David Clark 也曾经写道："把网络看成是电脑之间的连接是不对的。相反，网络把使用电脑的人连接起来了。Internet 的最大成功不在于技术层面，而在于对人的影响。电子邮件对于电脑科学来说也许不是什么重要的进展，然而对于人们的交流来说则是一种全新的方法。Internet 的持续发展对我们所有的人都是一个技术上的挑战，可是我们永远不能忘记我们来自哪里，不能忘记我们给更大的电脑群体带来的巨大变化，也不能忘记我们为将来的变化所拥有的潜力。"（RFC：第 1336 期）很明显，从 Internet 迄今的发展过程看，网络即是传媒（Communication）。

Internet 是一个能够相互交流，相互沟通，相互参与的互动平台。Internet 迄今为止的发展，完全证明了网络的传媒特性。一方面，作为一种狭义的小范围的、私人之间的传媒，Internet 是私人之间通信的极好工具。在 Internet 中，电子邮件始终是使用最为广泛也最受重视的一项功能。由于电子邮件的出现，人与人的交流更加方便，更加普遍了。

另一方面，作为一种广义的、宽泛的、公开的、对大多数人有效的传媒，Internet 通过大量的、每天至少有几千人乃至几十万人访问的网站，实现了真正的大众传媒的作用。Internet 可以比任何一种方式都更快、更经济、更直观、更有效地把一个思想或信息传播开来。

移动网络的迅猛发展，让基于移动互联设备的应用插上了腾飞的翅膀。以各种手机 APP 定位功能为例，当你逛商场时会收到很多你定制的购物优惠信息；或者当你在驾驶车的时候，收到地图导航信息；或者你周五晚上跟朋友在一起的时候收到玩乐信息。而基于移动端的自媒体功能进一步放大，各种信息的传播几乎不再有时空的限制。

2. 电子商务

电子商务通常是指是在全球各地广泛的商业贸易活动中，在 Internet 开放的网络环境下，基于浏览器/服务器应用方式，买卖双方异地进行各种商贸活动，实现消费者的网上购物、商户之间的网上交易和在线电子支付以及各种商务活动、交易活动、金融活动和相关的综合服务活动的一种新型的商业运营模式。电子商务是利用微电脑技术和 Internet 通讯技术进行的商务活动。

电子商务涵盖的范围很广，一般可分为企业对企业（Business-to-Business，B2B），企业对消费者（Business-to-Consumer，B2C），个人对消费者（Consumer-to-Consumer，C2C），企业对政府（Business-to-Government）这 4 种模式，其中主要的有企业对企业（B2B），企业对消费者（B2C）2 种模式。随着国内 Internet 使用人数的增加，利用 Internet 进行网络购物并以银行卡付款的消费方式已日渐流行，市场份额也在迅速增长，电子商务网站也层出不穷。据统计，仅在中国，2015 年电子商务交易额就高达 18 万亿元人民币。

3. 医疗服务

随着人工智能和大数据技术的兴起，互联网医疗已经逐渐深入人心。无论是苹果、谷歌、微软等全球的高科技公司，还是 BAT 等国内互联网巨头，都在觊觎移动健康市场，从移动挂号到日常健康管理服务，从健康监测到慢病预防和慢病管理，互联网健康浪潮正在掀起。

阿里巴巴的布局从医院到药店，从挂号到缴费几乎已涵盖了医疗行业的方方面面。阿里巴巴投资医药电商中信 21 世纪科技有限公司 10 个月之后，后者日前正式更名为"阿里健康"；支付宝公布"未来医院"计划，宣布将对医疗机构开放其平台能力；阿里启动药品电子平台，"阿里健康"客户端在石家庄就首次介入医院电子处方环节，通过"处方电子化"试点，以期实现在医院外购买处方药。

腾讯公司对互联网医疗也非常重视，斥资 7000 万美元战略投资医疗健康互联网公司丁香园；手机 QQ 最新版中推出了健康中心，希望基于手机 QQ 的社交用户数据，来对产业链的软硬件厂商做整合；打造微医平台，与微信、QQ 打通，让医院医生接入即可为挂号网、微信、QQ 用户提供便捷的就医服务。

"智能硬件+数据增值"的模式在专业医疗智能硬件领域已开始探索，如获得国家药监部门医疗器械认证的 Cardio Watch 利用心电、血压、脉搏、体温数据开展专业的医疗服务。百度公司与北京市政府合作，搭建健康云平台，整合上游的智能医疗设备商和下游的远程医疗服务商，基于智能硬件设备来提供个性化的健康服务。

在这些科技巨头的人工智能产品中，以 IBM Watson 和医疗结合得最为紧密，Watson 是一个通过自然语言处理和机器学习，从非结构化数据（包括电子病历、化验结果、医学影像、视频以及病患传感器）中揭示洞察的技术平台，在利用医疗大数据资源进行长期学习和训练后，Watson Health 项目已经可以支持与临床试验匹配的药物研发解决方案，帮助医生对医学影像图片进行解读和诊断，帮助医疗保险的稽查以及监控分析患者可穿戴医疗设备上采集的数据，做出疾病预测与诊断。截至 2016 年 10 月前，IBM Watson 肿瘤机器人进入中国 23 家医院，并计划收费服务，这是全球最早进入临床的智能医生之一。未来，人类的大多数疾病或许可由机器诊断治疗。

4．网络学习

在知识经济和信息化时代，教育教学的根本目标是提高教育教学的效益和效率，通过 Internet 提供的 Web 技术、视频传输技术、实时交流等功能可以开展远程学历教育和非学历教育，举办各种培训，提供各种自学和辅导信息。

其中，基于互联网的知识付费分享于 2016 年快速发展，培养了大批用户的付费习惯，2017 年将呈现出以下发展趋势。

一是知识生产和传播的方式正向以音频和视频为主要载体的富媒体化发展，并且依靠微信、微博、直播等社会化媒体进行去中心化分发及品牌传播，实现知识分享 O2O 闭环。

二是围绕优质内容的市场竞争将更为激烈。随着人口红利的消失，增量市场受影响，优质内容的流量入口地位越发明显，知识网红和专业性的机构将成为各大型平台的争夺重点。

三是知识分享向平台化、融合化和垂直化发展。知识分享者向知识分享经济平台转变，为个体提供闲置时间和知识技能的分享，服务品类、潜在交易规模和供需匹配将大幅提升，并推动金融、医疗、科技、教育等专业知识分享平台快速发展。

5．工业企业

企业通过建立信息网络并与 Internet 互联，可以实现企业内部、本地与分支机构、企业与客户的全面信息化管理，企业家甚至可以足不出户，通过移动端企业 ERP 对公司进行高效的直接管理。

基于互联网的工业控制系统，能够深入到设备层面，对设备行为进行智能调度，大大降低工厂的管理成本和运营成本，实现生产自动化，真正做到互联网+制造业。

6．生活娱乐

网络可以看成是一个虚拟的社会空间，每个人都可以在这个网络社会上充当一个角色，可以在网上与别人聊天、交朋友、玩游戏、听音乐、看电影等。而互联网对娱乐行业的颠覆，则远不止此，首先是来自渠道的变化。数字化对于文化的意义，并不只是多了一条传播渠道，而是意味着成千上万新渠道诞生。网络上成长起来的一代人，早已习惯用比特化的方式，消费社交、游戏、音乐、影视、动漫、文学。在"泛娱乐"概念的推动下，这些领域的文化资源，将在不同板块之间自由传递。

其次，是互联网对于娱乐产品的改变。美国在线视频内容提供商 Netflix 通过海量用户的数据分析，预测出了著名美剧《纸牌屋》的热映。这些数据对节目的调整提供了支撑，如同互联网上的其他产品，娱乐内容也在以更快的速度迭代。

第三，基于互联网的游戏已经成为游戏行业的主流。计算机游戏从 PC 发展到了移动互联网时代，由于网友大部分情况下是利用碎片化的时间玩游戏，因此大部分手机上的游戏由过去的重度 PK 类游戏演变成为轻度社交类游戏，随着云计算平台和网络带宽的进一步完善，将来基于普通终端的重度游戏可能再度兴盛。总之，网络的迅猛发展和普遍应用使得网络游戏已蓬勃发展并形成大规模产业，它是新经济的产物，并且将有效促进互联网等数字通讯业和 IT 制造业的发展，成为带动相关产业发展的新的经济增长点。

● 习 题 四

1. 什么是计算机网络？计算机网络的功能是什么？

2. 计算机网络的拓扑结构主要有哪几种？

3. 计算机网络是如何分类的？

4. OSI 参考模型与 TCP/IP 参考模型有什么不同？各有什么优、缺点？

5. 什么是 IP 地址？Internet 中的域名是如何表示的？IP 地址和域名之间的关系如何？

6. 一个 32 位的 IP 地址分为哪三部分？常用的 A 类、B 类、C 类地址中，用来表示类别的编码分别是什么？每一类的网络号占几位？主机占几位？

7. 什么是域名系统？域名系统如何解析？

8. 什么是 WWW？什么是 FTP？它们分别使用什么协议？

9. B 类 IP 地址 168.195.162.123 划分若干子网，每个子网内有主机 700 台，其子网掩码是什么？

第 4 章扩展习题

第5章

多媒体技术基础

伴随着计算机技术的飞速发展，数字多媒体技术被广泛应用并渗透到社会生活的各个方面。可以说，多媒体技术是现在信息技术领域发展最快、应用最广、变化最快的技术，是电子技术发展和商业竞争的热点。多媒体技术融声音、图像、视频、虚拟现实、大数据、人工智能和通信等多种技术于一体，借助日益普及的高速信息网，可实现数据资源的全球联网和共享，以更直观、更生动、更自然的交互方式呈现在人们面前，因此被广泛应用于服务、教育、传媒、娱乐、通信、工程、金融等各行各业。

5.1 多媒体概述

5.1.1 媒体和多媒体

1. 媒体

媒体（Media），一种是指用以存储信息的实体，如磁带、磁盘、光盘和半导体存储器等；另一种是指信息的载体，如数字、文字、图像和声音等。多媒体中的"媒体"是指后者。

国际电报电话咨询委员会定义了下列5种类型的媒体。

（1）感觉媒体

能直接作用于人的感觉器官、使人产生直接感觉的媒体。如图像、文字、动画、音乐等均属于感觉媒体。

（2）显示媒体

在通信中使电信号和感觉媒体之间产生转换用的媒体。如键盘、鼠标、显示器、打印机等均属于显示媒体。

（3）表示媒体

为了传送感觉媒体而研究出来的媒体。如电报码、语言编码等均属于表示媒体。

（4）存储媒体

用于存储信号的媒体。如磁盘、光盘、磁带等均属于存储媒体。

（5）传输媒体

用于传输信号的媒体。如光缆、电缆等均属于传输媒体。

2．多媒体

多媒体（Multimedia）就是指多种媒体的综合。"多媒体"译自英文的"Multimedia"，它是 20 世纪 20 年代初新出现的一个英文名词，当人们还来不及对它进行系统的分析和总结时，它已经对人类表达、获取和使用信息的方式产生了巨大的影响。

由于人们所处的角度和理解上的不同，对多媒体的描述也不尽相同，常见的描述方法有如下几种：

（1）多媒体就是能同时获取、处理、编辑、存储和展示两个以上不同的类型信息媒体的技术。上述信息媒体包括图像、动画、活动影像、图形、文字、声音等。

（2）多媒体就是把多种媒体如文字、音乐、声音、图形、图像、动画、视频等综合集成在一起，产生一种传播和表现信息的全新媒体。

（3）多媒体的深刻含义在于计算机控制下，信息可以综合使用文字、声音、图形、图像、动画、影视等媒体来表示。

（4）多媒体实际上是多种技术通过交互式表达而实现的一种组合，这些技术包括声音、图像、影像、动画、文字等。

（5）多媒体是以计算机为中心把处理多种媒体信息的技术集成在一起，它是用来扩展人与计算机交互方式的多种技术的综合。

相信随着多媒体技术的不断发展，人们对它的描述会更加系统而准确。目前，人们普遍认为多媒体就是指将文字、声音、图形、图像等多种媒体集成应用，并与计算机技术相结合融会到数字环境中的应用。

5.1.2　多媒体的分类

多媒体中包含的媒体包括文字、声音、图形、图像、视频、动画、超文本和超媒体。下面对各个媒体元素进行简要介绍。

1．文字

文字是组成计算机文本文件的基本元素。文字在计算机内部用二进制进行编码，英文字符常用 ASCII 码编码，占 8 位（bit），汉字用 2 个字节的编码来表示。

字符和汉字的显示有两种方式："位图"和"矢量"表示法。

2．声音

声音是人们用来传递信息、交流感情最方便、最熟悉的方式之一。如同图像、动画一样，都是重要的信息表达方式，由于数字化音频在加工、存储、传递方面的方便性，它正成为信息化社会人们进行信息交流的重要手段。

音频信息数字化，用二进制数字序列表示声音信息，是利用现代信息技术处理和传递声音信号的前提。最基本的声音信号数字化方法是采样—量化法。

采样：把时间连续的模拟信号转换成时间离散、幅度连续的信号。每隔相等的时间间隔采样一次称为均匀采样，否则为非均匀采样，其时间间隔称为采样周期，其倒数称为采样频率。

采样定理是选择采样频率的理论依据，为了不产生失真，采样频率不应低于声音信号最高频率的两倍，采样定理又称奈奎斯特定理，由美国电信工程师奈奎斯特（Harry Nyquist）在 1928 年提出。因此，语音信号的采样频率一般为 8kHz，音乐信号的采样则应在 40kHz 以上。采样频率越高，可恢复的声音信号越丰富，其声音的保真度越好。所以在多媒体技术中常用的标准采样频率为 44.1kHz，即所谓的 CD 音质。

量化处理：把幅度上连续取值（模拟量）的每一个样本转换为离散值（数字值）表示，因此量化过程也称为 A/D 转换（模数转换）。量化后的样本是用若干位二进制数来表示的，位数的多少反映了度量声音波形幅度的精度，称为量化精度，也称为量化分辨率。比如，每个声音样本若用 16 位表示，则声音样本的取值范围是 0～65536，精度是 1/65536；若只用 8 位表示，则样本的取值范围是 0～255，精度是 1/256。

对比不同的采样和量化精度，如图 5-1 所示。

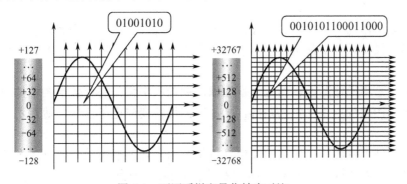

图 5-1　不同采样和量化精度对比

采样频率越高，量化精度越高，声道数越多，则数字化后的数据量也就越大。量化精度常用 16 位，质量更高的有用 24 位的。为了取得立体声音响效果，有时候需要进行"多声道"录音，最起码有左右两个声道，较好的则采用 5.1 或 7.1 声道的环绕立体声。所谓 5.1 声道，是指含有左、中、右、左环绕和右环绕 5 个方向性的声道，以及一个无方向性的低速加强声道。例如，采用 44.1kHz 采样，精度为 16 位，在左右两声道的情况下，每秒声音所占数据量为 44.1 千次×2 字节/次×2 声道=176.4 千字节。一秒钟的声音就占 176KB 容量，所以必须对声音数据进行压缩，到播放时再进行解压。

在计算机系统中常用的存储声音文件有如下几种。

WAV：是 PC 使用的声音文件，体积很大。

MP3：是根据 MPEG-1 视像压缩标准中对立体声伴音进行第三层压缩的方法所得到的声音文件，它保持了 CD 激光唱片的立体声高音质，压缩比达到了 12∶1。

MID：称为 MIDI 音乐数据文件，这是 MIDI 协会设计的音乐文件标准。MIDI 文件并不记录声音的采样数据，而是包含了编曲的数据，它需要具有 MIDI 功能的乐曲的配合才能编曲和演奏。由于不存储声音采样数据，所以所需要的存储空间非常小。

3. 图形

图形，又称矢量图，它是对图像进行抽象化的结果，以指令集合的形式来描述反映图像最重要的特征，这些指令描述一幅图中所包含的直线、圆、弧线、矩形的大小和形状，也可以用更为复杂的形式来表示图像中的曲面、光照、材质等效果。在计算机上显示一副矢量图时，需要使用专门的软件读取并解释相应的指令，然后将这些指令表示的内容还原到计算机屏幕上，由于矢量图采用数学方法描述，不仅能对图形进行随意的移动、旋转、放大、缩小、扭曲、变形等操作而保持图形的不失真，而且去掉了一些不相关的信息，使得图形的数据量大大减少。

但矢量图也有缺陷，其表现力相对较差，而且不像位图处理可以硬编码至 GPU，矢量图只能靠 CPU 处理，一旦数据量大，处理器的负担较重。

AutoCAD 是著名的图形设计软件，它使用的 DXF 图形文件就是典型的矢量化图形文件。在实际应用中，有些图形文件既可以存储位图，也可以存储矢量图形。而有些图形文件里面存储的都是一些绘图命令。新的图形设计软件在增加亮度和色彩效果后，使所设计的图形与图像已经非常接近。

4. 图像

人类视觉系统作为人类获取和处理信息的第一途径，直接影响到我们与外界交换的信息量。而图像是多媒体软件中最重要的信息表现形式之一，它是决定一个多媒体软件视觉效果的关键因素。

图像数字化是将模拟图像转换为数字图像。图像数字化是进行数字图像处理的前提。图像数字化必须以图像的电子化作为基础，把模拟图像转变成电子信号，随后才将其转换成数字图像信号。

采样是把空域上或时域上连续的图像（模拟图像）转换成离散采样点（像素）集合（数字图像）的操作。采样越细，像素越小，越能精细地表现图像。

量化是把像素的灰度（浓淡）变换成离散的整数值的操作。最简单的量化是用黑（0）白（255）两个数值（即 2 级）来表示，称为二值图像。量化越细致，灰度级数（浓淡层次）表现越丰富。计算机中一般用 8bit（256 级）来量化，这意味着像素的灰度（浓淡）是 0～255 之间的数值。

而将 RGB 三原色组成的三个通道叠加，便形成了彩色图像，所以，一个彩色图像像素用 24bit 来量化，称之为真彩色，如果再加 8 位保存 Alpha 通道（透明度）信息，则称之为 32 位最高色。

图像又称位图，最典型的图像是照片，一幅图像就是一个矩阵，矩阵中的每一个元素（称为一个像素）对应于图像中的一个点，而相应的值对应于该点的灰度（或颜色）等级，当灰度（颜色）等级越多时，图像就越逼真。位图适合表现层次和色彩比较丰富的，包含大量细节，具有复杂的颜色、灰度或形状变化的图。分辨率是影响位图质量的重要因素，它有三种形式：

- 屏幕分辨率，指某一特定显示方式下，以水平的和垂直的像素表示全屏幕的空间；
- 图像分辨率，以在水平和垂直方向的像素多少表示一幅图；
- 像素分辨率，指一个像素的长和宽的比例。由于位图是采用像素点阵组成画面，图像的数据量通常比较大，而且对其进行缩放时会引起图像的明显失真，如放大到一定程度会出现"马赛克"现象。

在微型计算机系统中，最常用的图像文件有如下几种：

- BMP，是 Bitmap 的缩写，即位图文件。它是图像文件的最原始也是最通用的格式，其存储量极大。
- JPG，即 JPEG（Joint Photographic Experts Group，联合图像专家组），代表一种图像压缩标准。这个标准的压缩算法用来处理静态的影像，去掉冗余的信息（即人眼无法察觉和识别的信息），比较适合用来存储自然景物的图像。它具备两大优点：文件明显变小以及可以保存 24 位真彩色的能力，而且可用参数调整压缩倍数，以便在保持图像质量和争取文件尽可能小两个方面进行权衡。
- GIF（Graphic Interchange Format），该格式是由美国最大的增值网络公司 CompuServe 研制的，适合在网上传输交换。它采用交错法来编码，使用户在传送 GIF 文件时就可以提前粗略地看到图像内容，并决定是否要放弃传输。GIF 采用 LZW 法进行无损压缩，减小了传输量，但压缩倍数不大（压缩到原来的 1/2～1/4）。
- TIF，这是一个设计用作工业标准的文件格式，应用较普遍（例如某些扫描仪扫描生成的图像文件的默认扩展名为.TIF）。

此外，还有较常用的 JP2、PCX、PCT 和 TGA 等许多格式。

5. 视频（Video）

视频图像是一种活动影像，它与电影（Movie）和电视的原理是一样的，都是利用人眼的视觉暂留现象，将足够多的帧（Frame）连续播放，只要能够达到每秒 20 帧以上，人的眼睛就觉察不出画面之间的不连续性。活动影响如果帧率在 15 帧/秒以下，则将产生明显的闪烁感甚至停顿感；相反，若提高到 50 帧/秒，则感觉到图像极为稳定。在 2016 年，著名华人导演李安推出的电影《比利林恩的中场战事》，其帧率高达 120 帧每秒，彻底改变了人们的观影体验。

目前，最高等级的高清数字电视格式标准 1080P，分辨率为 1920×1080，可以达到 207.36 万个像素点，帧速率通常为 60 帧/秒（FPS）。这种格式可以给消费者带来超高画质的享受，即生活中常说的"全高清"——"Full HD"。

视频图像的每一帧实际上就是一副静态图像，所以存储量大的问题更加严重。幸运的是，视频中的每幅图像之间往往变化不大，因此，在对每幅图像进行 JPEG 压缩之后还可以采用移动补偿算法去掉时间方向上的冗余信息，这就是 MPEG 动态图像压缩技术。

有时为了进一步减小存储量，把视频的尺寸（点阵数）缩小，从全屏显示减小到 1/4 屏幕甚至 1/16 屏幕大小。

视频图像文件的格式在 PC 中主要有两种：

AVI，即 Audio Video Interleaved 的缩写，是 Microsoft 公司开发的数字音频与视频文件格式，它允许视频和音频交错在一起同步播放，支持 256 色彩色，数据量巨大。AVI 文件主要用在多媒体光盘上保存电影、电视等各种影像信息。它提供无硬件视频回放功能，其开放的 AVI 数字视频结构可实现同步控制和实时播放，可方便地对文件进行再编辑处理。

MPEG，是 MPEG（Motion Pictures Experts Group，运动图像专家组）制定出来的压缩标准所确定的文件格式，采用有损压缩方法减少运动图像中的冗余信息。

MPEG 标准包括 MPEG 视频、MPEG 音频和 MPEG 系统 3 部分，MP3 文件就是 MPEG 音频的一个典型应用，而 VCD、DVD、SVCD 则全面采用 MPEG 标准。VCD 采用 MPEG-1 标准，DVD 采用 MPEG-2 标准。

6．动画

动画是一种活动影响，它与视频影像不同的是，视频影像一般是指生活上所发生的事件的记录，而动画通常是指人工创造出来的连续图形所组合成的动态影像。

动画也需要每秒 20 个以上的画面。每个画面可以是逐幅绘制出来的，也可以是"计算"出来的。二维动画相对简单，而三维动画就复杂得多，常需要告诉计算机或图形加速卡及时地计算出下一个画面，才能产生较好的立体动画效果。

PCI/FLC 是 AutoCAD 的设计厂商设计的动画文件格式。MPG 和 AVI 也可以用于动画。

7．超文本与超媒体（Hypertexts and Hypermedia）

所谓超文本实际上是一种描述信息的方法，文本中的内容可以进行扩展。通常的做法是只需要用鼠标对准链接单击一下，就可以直接调出和这个链接相关的内容。链接的内容可以是文本、图像、声音、动画等。也就是说：一个超文本文件，含有多个指针，这一指针可以指向任何形式的文件。正是这些指针的指向"纵横交错"，"穿越网络"，使得本地的、远程服务器上的各种形式的文件如文本、图像、声音、动画等连接在一起。

如果把超文本的概念加以延伸，就是超媒体了。超媒体不仅可以包含文字，而且可以包含图形、图像、动画、声音和电视片段，这些媒体之间也是用超级链接组织的，而且他们之间的链接也是错综复杂的。

超媒体和超文本之间的不同之处在于，超文本主要是以文字的形式表示信息，建立的链接关系主要是文本之间的链接关系。而超媒体除了使用文本外，还使用图形、图像、声音、动画和影视片断等媒体之间的链接关系。

5.1.3　多媒体技术的含义

多媒体技术是指利用计算机技术把文本、声音、图形和视频等多媒体信息综合一体化，使它们建立起逻辑联系，并能进行加工处理的技术。这里所说的"加工处理"主要是指对这些媒体的信息采集、压缩和解压缩、存储、显示、传输等。一般来讲，多媒体技术有两层含义：

（1）计算机以预先编制好的程序控制多种信息载体，如 CD、VCD、DVD 以及蓝光 DVD、立体声设备等。

（2）计算机处理信息种类的能力，即把数字、文字、声音、图形、图像和动态视频信息融为一体的能力。

此处多媒体技术是指后者。

5.1.4　多媒体技术的特点

多媒体技术的出现，使人们摆脱了以前枯燥的信息传递方式，使信息的表现形式多样化，更加符合人类的表达方式。多媒体技术区别于以文本、图像为主的静态信息表达技术，有自身的特点。

1．多样性

指信息的多样化。多媒体技术使计算机具备了在多维化信息空间下实现人机交互的能力。计算机中信息的表达方式不再局限于文字和数字，而是广泛采用图像、图形、视频、音频等多种信息形式。通过多媒体信息的捕获、处理与展现，使人机交互过程更加直观自然，充分满足了人类感官空间全方位的多媒体信息需求，也使计算机变得更加人性化。

2. 交互性

没有交互性的系统不算是多媒体系统。它集成了计算机技术、多媒体技术和网络通信技术，可向用户提供交互使用、加工和控制信息的手段，用户不再只是被动地接受，而是可以主动地进行控制和管理，这增加了对信息的注意力，为应用开辟了更加广阔的领域。

3. 集成性

包括信息的集成（声、图、文、像等多媒体信息按照一定的数据模型和结构集成为一个有机整体，便于资源共享）和操作/开发环境的集成（多媒体各种相关软/硬件技术的集成，为多媒体系统的创作建立了理想的开发平台）两个方面。

4. 实时性

多媒体系统，不仅能够处理离散媒体，如文本、图像等，更重要的是能够综合处理带有时间关系的媒体，如音频、活动视频和动画，甚至是实况信息媒体。所以多媒体系统在处理信息时有着严格的时序要求和很高的速度要求，有时是强实时的。

5. 数字化

数字化是指多媒体中的各个单媒体都以数字形式存放在计算机中。信息不会随时间的推移而减弱，并可以无限复制传播。

多媒体技术是基于计算机技术的综合技术，它是正处于发展过程中的一门跨学科的综合性高新技术。多媒体技术涉及多个技术领域，包括数字信号处理技术、音频和视频技术、计算机硬件和软件技术、人工智能和模式识别技术、通信和图像技术等。多媒体技术具有信息直观、信息量大、易于接受等显著特点，因此已经在电子出版物、影视娱乐、商业广告、过程模拟、通信等多个领域得到了广泛应用。目前，在多媒体技术发展和应用中仍有许多难点需要解决，如多媒体信息丰富但数据量大就不利于其在网络上传播等。多媒体技术的关键技术是计算机技术、网络技术、信息存储技术、压缩技术等。

5.2 多媒体关键技术

5.2.1 数据压缩技术

1. 多媒体数据压缩的必要性

众所周知，多媒体数据包括视频数据、音频数据、文本数据等。视频数据包括图像数据和图形数据；而图像数据又包括静止图像数据和运动图像数据，图形数据包括单幅图形和动画。音频数据是指语音数据、音乐数据、声音数据。文本数据主要是文字和字符进行编码而得到的数据。

根据数据的来源，可以把多媒体数据分为三类：一类是对现实世界的模拟信号进行数字化后得到的数据（简称为数字化数据，例如声音、图像），另一类是对文字和字符进行编码而得到的数据（简称文本数据），第三类是计算机依照某种规则生成的数据（简称计算机生成数据）。在这三种数据中，数字化数据对多媒体技术的形成起着极其重要的作用。

但是，一些重要的信号像声音、音乐电视、电影，数字化后需要每秒更多的比特数去存储或传输，这样就造成了高成本。例如，一副中等分辨率（640×480 像素）的彩色（24 位/像素）图像数据量约为 0.922MB，为了使影像画面连续，每秒钟应至少包含 25 帧图像，一秒的活动影像约占 25MB，一分钟 1500MB，约合 1.5GB。单片 CD-ROM 也仅能存储播放 20 多秒的数据量。这就给信息的存储和传输带来了很大的困难，尤其在网络、通信等信息传输速率受限的环境中几乎不可能进行传输。所以，多媒体的信息采集过程后，数据必须经过处理，即进行数据压缩。

所谓数据压缩技术，就是对采集的数字信号按照一定规则进行重新编码，以减少所需要的存储空间。数据压缩是一个可逆的过程，在需要时可以被还原，称为解压缩。压缩技术是多媒体技术中极其重要的一环。

2. 多媒体数据压缩方法

数据压缩的方法很多，根据数据压缩的原理可以分为无损压缩和有损压缩两大类。

无损压缩是利用数据冗余进行压缩，可以完全恢复原始数据，不失真，但压缩率受到数据统计冗余度的限制，压缩比一般在 2:1～5:1。这类方法广泛应用于文本数据、程序和特殊应用场合的图像数据（如指纹图像、医学图像等）的压缩。

有损压缩是利用人类视觉对图像中的某些频率成分不敏感的特性，允许压缩过程中损失一定的信息。虽然不能完全恢复数据，但是所损失的部分对理解原始图像的影响较小，压缩率较高。有损压缩广泛应用于语音、图像和视频数据的压缩。

3. 多媒体数据压缩标准

为了适应不同的应用，国际上形成了许多标准多媒体信息格式和压缩标准。常用的压缩标准如下：

（1）静止图像压缩标准

- JPEG。JPEG 是国际标准化组织（ISO）和国际电报电话咨询委员会（CCITT）关于静止图像编码的联合专家组（Joint Photographic Experts Group）名称的缩写。该专家组的任务是开发一种用于连续色调的（黑白的或真彩色的）静止图像压缩编码的通用算法的国际标准。JPEG 标准采用混合编码方法，可以支持很高的图像分辨率和量化精度。JPEG 算法的平均压缩比为 15:1，当压缩比大于 50 时将可能出现方块效应。这一标准可用于黑白及彩色照片、传真和印刷图片，但不适用于二值图像。
- JPEG 2000。为了解决 JPEG 无法只下载图片的一部分、JPEG 格式的图像文件体积仍然嫌大、JPEG 是有损压缩且不能满足高质量图像的要求等问题，2000 年 3 月推出了彩色静态图像的新一代编码方式"JPEG 2000"。JPEG 2000 采用了离散小波变换算法为主的多解析编码方式，统一了面向静态图像和二值图像的编码方式，既支持低比率压缩又支持高比率压缩的通用编码方式。与 JPEG 相比具有高压缩率、无损压缩、渐进传输、感兴趣区域压缩几方面的优势，在数码相机、扫描仪、网络传输、无线通信、医疗影像等领域得到广泛应用。

（2）动态图像压缩标准

● 动态图像压缩标准 MPEG-1。动态图片专家组（Moving Pictures Experts Group，MPEG）于 1992 年提出的"用于数字存储媒体运动图像及其伴音率为 1.5Mb/s 的压缩编码"，简称 MPEG-1，它包括 MPEG 视频、MPEG 音频和 MPEG 系统三部分，平均压缩比为 50∶1，其处理能力可达到 360 像素×240 像素。

● 动态图像压缩标准 MPEG-2。MPEG-2 标准引用了 MPEG-1 的基本结构并作了扩展。它可以直接对隔行扫描视频信号进行处理；空间分辨率、时间分辨率和信噪比可分级，以适应不同用途的解码要求；输出码流速率可以是恒定的，也可以是变化的，以适应同步和异步传输。MPEG-2 标准的处理能力达到广播级水平，即 720 像素×480 像素。MPEG-2 标准也是高清晰度电视（HDTV）全数字方案和 DVD 方案所采用的数据压缩标准。

● 动态图像压缩标准 MPEG-4。MPEG-4 是 ISO 为传输码率低于 64KB/s 的实时图像设计的。该标准采用基于模型的编码、分形编码等方法，以获得低码率的压缩效果。它在信息描述中首次采用了"对象"（Object）的概念，是以内容为中心的描述方法，对信息的描述更符合人的心理，不仅获得了比原有的标准更优越的压缩性能，也提供了各种新功能的应用。

● 多媒体信息内容描述接口 MPEG-7。继 MPEG-4 之后，要解决的矛盾就是对日渐庞大的图像、声音信息的管理和迅速搜索。针对这个矛盾，MPEG 提出了解决方案 MPEG-7。MPEG-7 力求能够快速且有效地搜索出用户所需的不同类型的多媒体资料。MPEG-7 将对各种不同类型的多媒体信息进行标准化的描述，并将该描述与所描述的内容相联系，以实现快速有效的搜索。该标准不包括对描述特征的自动提取，它也没有规定利用描述进行搜索的工具或任何程序。

5.2.2　多媒体专用芯片技术

多媒体专用芯片基于大规模集成电路（VLSI）技术，它是多媒体硬件体系结构的关键技术，为了实现音频、视频信号的快速压缩、解压缩和播放处理，实现图像的特殊效果，如改变比例尺、淡入淡出等，图像的生成、绘制等处理以及音频信号的处理等，都需大量的快速计算，而只有采用专用芯片进行处理，才能取得满意的效果。

多媒体计算机专用芯片可归为两类：一类是固定功能的芯片；另一类是可编程的数字信号处理器 DSP 芯片。最早推出的固定功能的专用芯片是图像处理的压缩处理芯片，即将实现静态图像的数据压缩/解压缩/算法做在一个专用芯片上，从而大大提高其处理速度。以后，许多半导体厂商或公司又推出执行国际标准压缩编码的专用芯片，例如支持用于运动图像及其伴音压缩的 MPEG 标准芯片，芯片的设计还充分考虑到 MPEG 标准的扩充和修改。由于压缩编码的国际标准较多，一些厂家和公司还推出多功能视频压缩芯片，例如美国集成信息公司（Integrated InformationTechnology）推出的视频压缩芯片 VP（Video Processor）。而 Intel 公司的 750 芯片，不仅为多媒体应用提供了足够的计算能力，而且已达到 1BIPS（Billion Lnstructions Per Second）的运算速度。还有高效可编程多媒体处理器，由于采用了多处理器并行技术，计算能力可达到 2BIPS。这些高档的专用多媒体处理器芯片，不仅大大提高了

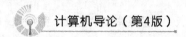

音、视频信号处理速度，而且在音频、视频数据编码时增加了特技效果。

除专用处理器芯片外，多媒体系统还需要其他集成电路芯片支持，如数模（D/A）和模数（A/D）转换器、音频、视频芯片、彩色空间变换器及时钟信号产生器等。

5.2.3　多媒体存储技术

从本质上说，多媒体系统是具有严格性能要求的大容量对象处理系统，因为多媒体的音频、视频、图像等信息虽经压缩处理，但仍需相当大的存储空间，即使大容量的硬盘，也存储不了许多媒体信息。

只有在大容量只读光盘存储器，即 CD-ROM 问世后，才真正解决了多媒体信息存储空间的问题。在 CD-ROM 基础上，还开发有 CD-I 和 CD-V，即具有活动影像的全动作与全屏电视图像的交互可视光盘。在只读 CD 家族中还有称为"小影碟"的 VCD、可录式光盘 CD-R、画质和音质较高的光盘 DVD 以及用数字方式把传统照片转存到光盘，使用户在屏幕上可欣赏高清晰度照片的 Photo CD。

EVD（Enhanced Versatile Disk）的意思是增强型多媒体盘片系统，俗称"新一代高密度数字激光视盘系统"，是 DVD 的升级产品，EVD 的解像度是 DVD 的五倍，在声音效果方面首次同时实现高保真和环绕声，一张 EVD 影碟目前可存储约一百一十分钟的影音节目，有关专家指出，EVD 将震撼音效和亮丽画质完美结合，首次基于光盘实现了高清晰度数字节目的存储和播放。

20 世纪 80 年代初，一次写入型光盘问世，随后可读/写光盘被研制出来，使其具有了同硬盘竞争的有利条件。现在，硬盘、光盘、大容量活动存储器以及网络存储系统的不断升级换代为多媒体存储提供了便利的条件。

5.2.4　多媒体输入/输出技术

媒体输入/输出技术包括多媒体输入/输出设备、媒体显示和编码技术、媒体变换技术、媒体识别技术、媒体理解技术和综合技术。

1. 媒体变换技术

媒体变换技术是指改变媒体的表现形式，如当前广泛使用的视频卡、音频卡（声卡）都属媒体变换设备。

2. 媒体识别技术

媒体识别技术是对信息进行一对一的映像过程。例如语音识别是将语音映像为一串字、词或句子；触摸屏是根据触摸屏上的位置识别其操作要求。

3. 媒体理解技术

媒体理解技术是对信息进行更进一步的分析处理和理解信息内容，如自然语言理解、图像语音模式识别这类技术。

4. 媒体综合技术

媒体综合技术是把低维信息表示映像成高维的模式空间的过程，例如语音合成器就可以把语音的内部表示综合为声音输出。

媒体变换技术和媒体识别技术相对比较成熟，应用较广泛。而媒体理解和综合技术目前还不成熟，只在某些特定场合用，但这些课题的研究正在受到普遍重视。

输入与输出技术进一步发展趋势有：

● 人工智能输入/输出技术

主要包括语音识别、语音合成、语言翻译、语言和文本间转换；图像识别和处理，图/文/表分离技术；笔式输入技术和智能推理技术等。围绕实用过程均需进一步解决压缩、集成和交互、同步等处理。

● 外围设备控制技术

主要包括多媒体文件存储、数据格式转换、控制界面、外围设备驱动程序、调色板控制、高分辨率全彩色显示、三维彩色、声音效果处理、通信效果处理、多媒体窗口程序等。

● 多媒体网络传输技术

主要包括网络管理技术、高速网络协议、开放式文件结构、视像会议、不同网络间的传输技术、ISDN 通信技术、电子邮件传送等。多媒体信息传输对网络的基本要求是同步、不间断。

5.2.5 多媒体软件技术

多媒体软件技术主要包括以下六个方面的内容。

1. 多媒体操作系统

多媒体操作系统是多媒体软件的核心。它负责多媒体环境下多任务的调度、保证音频、视频同步控制以及信息处理的实时性，提供多媒体信息的各种基本操作和管理；具有对设备的相对独立性与可扩展性。

早期的操作系统如 UNIX、MS-DOS 等不支持多媒体。现在许多操作系统，如 UNIX、Linux、Windows、OS/2 和 Macintosh 等都支持多媒体，但是都是在原来操作系统内核基础上修改的，且基于 CD-ROM 的单机多媒体，不支持分布式多媒体。支持分布式多媒体的操作系统是正在研究的热点。

2. 多媒体素材采集与制作技术

素材的采集与制作主要包括采集并编辑多种媒体数据，如声音信号的录制编辑和播放，图像扫描及预处理，全动态视频采集及编辑，动画生成编辑，音/视频信号的混合和同步等。

3. 多媒体编辑与创作工具

多媒体编辑与创作工具，是多媒体专业人员在多媒体操作系统之上开发的，供特定应用领域的专业人员组织编排多媒体数据，并把它们连接成完整的多媒体应用系统的工具。

高档的创作工具用于影视系统的动画制作及特技效果，中档的用于培训、教育和娱乐节目制作，低档的用于商业简介、家庭学习材料的编辑。

4. 多媒体数据库技术

多媒体信息是结构型的，传统的关系数据库已不适用于多媒体的信息管理，需要从下面四个方面研究数据库：多媒体数据模型、媒体数据压缩和解压缩的模式、多媒体数据管理及存取方法、用户界面。

5. 超文本/超媒体技术

超文本是一种新颖的文本信息管理技术，它提供的方法是建立各种媒体信息之间的网状链接结构，这种结构由节点组成。

对超文本进行管理使用的系统称为超文本系统，即浏览器，或称为导航图。超文本中节点的数据不仅可以是文本，还可以是图像、动画、音频、视频，称为超媒体。

6. 多媒体应用开发技术

多媒体应用的开发会使一些采用不同问题解决方法的人集中到一起，包括计算机开发人员、音乐创作人员、图像艺术家等，他们的工作方法以及思考问题的方法都将是完全不同的。对于项目管理者来说，研究和推出一个多媒体应用开发方法学将是极为重要的。

5.2.6 多媒体数据的组织与管理

数据的组织和管理是任何信息系统都要解决的核心问题。随着计算机网络、社交媒体、数字电视和多媒体获取设备的快速发展，多媒体数据的生成、处理和获取变得越来越方便，多媒体应用日益广泛，数据量呈现出爆炸性的增长，已经成为大数据时代的主要数据对象。然而由于多媒体数据本身的非结构化特性，使得多媒体数据的处理和检索相对困难。如何有效地存储、组织和管理这些数据，如何有效地按照多媒体的内容和特性去存取和检索这些数据，已经成为一种迫切的需求。

数据量大、种类繁多、关系复杂是多媒体数据的基本特征。以什么样的数据模型表达和模拟这些多媒体信息空间？如何组织存储这些数据？如何管理这些数据？如何操纵和查询这些数据？这是传统数据库系统的能力和方法难以胜任的。目前，人们利用面向对象（Object Oriented，OO）的方法和机制开发了新一代面向对象数据库（Object Oriented Data Base，OODB），结合超媒体（Hypermedia）技术的应用，为多媒体信息的建模、组织和管理提供了有效的方法。与此同时，市场上也出现了多媒体数据库管理系统。但是 OODB 和多媒体数据库的研究还很不成熟，与实际复杂数据的管理和应用要求仍有较大的差距。

对媒体信息的索引和检索的终极目标是实现类似文本搜索的搜索引擎，通过文本可以找到任何想要的多媒体内容。在视频智能管理和智能视觉监控需求的推动下，事件识别与标注分析技术蓬勃发展，虽然有很多的系统实现了对简单事件的分析与理解，但是视频中复杂场景下复杂的事件分析一直没有得到很好的解决。随着数据量的增加，现有的高维索引结构仍然无法彻底克服"维度灾难"，无法达到文本倒排索引的效果，更无法满足搜索引擎的实际需求。跨媒体搜索为跨越"语义鸿沟"提供了很好的解决思路并已经取得了很好的效果，但远远无法满足基于内容搜索的需要。随着大数据时代的到来，多媒体信息的索引与检索的需求将日益迫切，面对众多挑战的同时，该研究领域将迎来前所未有的重大机遇，将会有越来越多的研究者关注该领域，也必将产生越来越多可以实用的研究成果。

5.2.7　多媒体信息的展现与交互

在传统的计算机应用中，大多数都采用文本媒体，所以对信息的表达仅限于"显示"。在未来的多媒体环境下，各种媒体并存，视觉、听觉、触觉、味觉和嗅觉媒体信息的综合与合成，就不能仅仅用"显示"完成媒体的表现了。各种媒体的时空安排和效应，相互之间的同步和合成效果，相互作用的解释和描述等都是表达信息时所必须考虑的问题。有关信息的这种表达问题统称为"展现"。尽管影视声响技术广泛应用，但多媒体的时空合成、同步效果、可视化、可听化以及灵活的交互方法等仍是多媒体领域需要研究和解决的棘手问题。

5.2.8　多媒体通信与分布处理

多媒体通信对多媒体产业的发展、普及和应用有着举足轻重的作用，构成了整个产业发展的关键和瓶颈。在现行的通信网络中，如电话网、广播电视网和计算机网络，其传输性能都不能很好地满足多媒体数据数字化通信的需求。从某些意义上讲，现行的数据通信设施和能力严重地制约着多媒体信息产业的发展，因而，多媒体通信一直作为整个产业的基础技术来对待。当然，真正解决多媒体通信问题的根本方法还有待于"信息高速公路"的最终实现。宽带综合业务数字网（B-ISDN）是目前解决这个问题的一个比较完整的方法，其中ATM（异步传输模式）是近年来研究的一个重要成果。

多媒体的分布处理是一个十分重要的研究课题。因为要想广泛地实现信息共享，计算机网络及其在网络上的分布式与协作操作就不可避免。多媒体空间的合理分布和有效的协作操作将缩小个体与群体、局部与全球的工作差距。超越时空限制，充分利用信息，协同合作，相互交流，节约时间和经费等是多媒体信息分布的基本目标。

5.3　虚拟现实技术

5.3.1　虚拟现实的概念

虚拟现实技术也称虚拟灵境或人工环境，是一种可以创建和体验虚拟世界的计算机系统。它充分利用计算机硬件与软件资源的集成技术，提供了一个逼真的具有视、听、触等多种感知的、实时的、三维的虚拟环境（Virtual Environment），使用者完全可以进入虚拟环境中，观看计算机产生的虚拟世界，听到逼真的声音，在虚拟环境中交互操作，有真实感，可以讲话，并且能够嗅到气味。它是一种先进的数字化人机接口技术。

5.3.2　虚拟现实技术的主要特征

虚拟现实技术与传统的模拟技术相比，其主要特征如下。

1. 多感知性（Multi-Sensory）

所谓多感知是指除了一般计算机技术所具有的视觉感知和听觉感知外，还有力觉感知、触觉感知、运动感知，甚至包括味觉感知、嗅觉感知等。理想的虚拟现实技术应该具有一切人所具有的感知功能。由于相关技术，特别是传感技术的限制，目前虚拟现实技术所具有的感知功能仅限于视觉、听觉、力觉、触觉、运动等几种。

2. 浸没感（Immersion）

浸没感又称临场感，指用户感到作为主角存在于模拟环境中的真实程度。理想的模拟环境应该使用户难以分辨真假，使用户全身心地投入到计算机创建的三维虚拟环境中，该环境中的一切看上去是真的，听上去是真的，动起来是真的，甚至闻起来、尝起来等一切感觉都是真的，如同在现实世界中的感觉一样。

3. 交互性（Interactivity）

交互性指用户对模拟环境内物体的可操作程度和从环境得到反馈的自然程度（包括实时性）。例如，用户可以用手去直接抓取模拟环境中虚拟的物体，这时手有握着东西的感觉，并可以感觉物体的重量，视野中被抓的物体也能立刻随着手的移动而移动。

4. 构想性（Imagination）

强调虚拟现实技术应具有广阔的可想像空间，可拓宽人类认知范围，不仅可再现真实存在的环境，也可以随意构想客观不存在的甚至是不可能发生的环境。

自从虚拟现实技术诞生以来，它已经在军事模拟、先进制造、城市规划/地理信息系统、医学生物、游戏娱乐等领域显示出巨大的经济和社会效益，与大数据、人工智能并称为未来20年最具应用前景的三大技术。

5.3.3 虚拟现实系统的分类

虚拟现实系统就是要利用各种先进的硬件技术与软件工具，设计出合理的硬件、软件及交互手段，使参与者能交互式地观察与操纵系统生成的虚拟世界。

根据用户参与虚拟现实的不同形式，可把虚拟现实系统划分成四类。

1. 桌面式虚拟现实系统

桌面式虚拟现实系统也称为简易型虚拟现实系统，它是利用个人计算机和低级工作站进行仿真，计算机的屏幕用来作为用户观察虚拟境界的一个窗口，各种外部设备一般用来驾驭虚拟境界，并且有助于操纵在虚拟情景中的各种物体。这些外部设备包括鼠标、追踪球、力矩球等。它要求参与者使用位置跟踪器和另一个手控输入设备，如鼠标、追踪球等，坐在监视器前，通过计算机屏幕观察 360 度范围内的虚拟境界，并操纵其中的物体，但这时参与者并没有完全投入，因为它仍然会受到周围现实环境的干扰。桌面式虚拟现实系统的最大特点是缺乏完全投入的功能，但是成本也相对低一些，因而应用面比较广。

2. 沉浸式虚拟现实系统

沉浸式虚拟现实系统是一种高级的虚拟现实系统，它具有完全投入的功能，使用户有一种置身于虚拟境界之中的感觉。它利用头盔式显示器或其他设备，把参与者的视觉、听觉和其他感觉封闭起来，并提供一个新的、虚拟的感觉空间，并利用位置跟踪器、数据手套、其他手控输入设备、声音等使得参与者产生一种身在虚拟环境中、并能全心投入和沉浸其中的感觉。沉浸式虚拟现实系统是一种比较复杂的系统，它的优点是用户全身心地沉浸到虚拟世界中去，缺点是系统设备价格高昂，难以普及推广。

3. 增强式虚拟现实系统

增强式虚拟现实系统是把真实环境和虚拟环境组合在一起的一种系统，它仅是利用虚拟现实技术来模拟现实世界、仿真现实世界，而且要利用它来增强参与者对真实环境的感受，也就是增强现实中无法感知或不方便感知的感受。这种系统既可减少对构成复杂真实环境的计算，又可对实际物体进行操作，真正达到亦真亦幻的境界。

4. 分布式虚拟现实系统

分布式虚拟现实系统是利用远程网络，将异地的不同用户连结起来，多个用户通过网络同时参加一个虚拟空间，共同体验虚拟经历，对同一虚拟世界进行观察和操作，达到协同工作的目的，从而将虚拟现实的应用提升到了一个更高的境界。

5.3.4 虚拟现实系统的组成

虚拟现实系统由输入部分、输出部分、虚拟环境库、虚拟现实软件组成。

1. 输入部分

虚拟现实系统通过输入部分接收来自用户的信息。用户基本输入信号包括用户的头、手位置及方向、声音等。其输入设备主要有以下几种。

（1）数据手套：用来监测手的姿态，将人手的自然动作数字化。用户手的位置与方向用来与虚拟环境进行交互。如在使用交互手套时，手势可用来启动或终止系统。类似地，手套可用来拾起虚拟物体，并将物体移到别的位置。

（2）三维球：用于物体操作和飞行控制。

（3）自由度鼠标：用于导航、选择及与物体交互。

（4）生物传感器：用来跟踪眼球运动。

（5）头部跟踪器：通常装在 HMD 头盔上跟踪头部位置，以便使 HMD 显示的图像随头部运动而变化。用户头的位置及方向是系统重要的输入信号，因为它决定了从哪个视角对虚拟世界进行渲染。

（6）语音输入设备：通过话筒等声音输入设备将语音信息输入，并利用语音识别系统将语音信号变成数字信号。

2. 输出系统

虚拟现实系统根据人的感觉器官的工作原理，通过虚拟现实系统的输出设备，使人对虚拟现实系统的虚拟环境得到虽假犹真、身临其境的感觉。主要是由三维图像视觉效果、三维声音效果和触觉（力觉）效果来实现的。

（1）三维图像生成与显示：利用图形处理器、立体图像显示设备、高性能计算机系统将计算机数字信号变成三维图像。最简单的一种是计算机监视器加上一副眼镜，另一种就是VR头盔显示器，如 HTC Vive 与 Oculus Rift 以及侧重于混合现实的微软 HoloLens.

（2）三维声音处理：虚拟现实系统声音效果包括音响和语音效果。通过有关的声音设备使电子信号变成立体声，并提供识别立体声声源和判定其空间方位的功能。

（3）触觉、力觉反馈：触觉提供手握物体时获得的丰富感觉信息，包括分辨表面材质及温度、湿度、厚度、张力等。用户的手是与虚拟环境进行自然交互时的重要途径。当手与虚拟物体发生碰撞时，我们自然希望有接触感和压力感。

3．虚拟环境数据库

虚拟环境数据库的作用是存放整个虚拟环境中所有物体的各方面信息（包括物体及其属性，如约束、物理性质、行为、几何、材质等）。

虚拟环境数据库由实时系统软件管理。虚拟环境数据库中的数据只加载用户可见部分，其余留在磁盘上，需要时导入内存。

4．虚拟现实软件

虚拟现实软件的任务是设计用户在虚拟环境中遇到的景和物。构建虚拟环境的过程及典型软件包括如下两个方面。

（1）三维物体的建模。典型的建模软件有 AutoCAD、3ds Max、Multigen、VRML 等。

（2）虚拟物体和场景的建立、集成以及脚本编写、输出。典型的虚拟现实软件有 Vega、OpenGVS、VRT、Vtree、Unity 3D 等。

5．分布式虚拟现实系统

分布式虚拟现实系统在远程教育、工程技术、建筑、电子商务、交互式娱乐、远程医疗、大规模军事训练等领域都有着极其广泛的应用前景。

（1）教育应用

把分布式虚拟现实系统用于建造人体模型、电脑太空旅游、化合物分子结构显示等领域，由于更加逼真，大大提高了人们的想象力、激发了受教育者的学习兴趣，学习效果十分显著。同时，随着计算机技术、心理学、教育学等多种学科的相互结合、促进和发展，系统能够提供更加协调的人机对话方式。

（2）工程应用

当前的工程很大程度上要依赖于图形工具，以便直观地显示各种产品，目前，CAD/CAM 已经成为机械、建筑等领域必不可少的软件工具。分布式虚拟现实系统的应用将使工程人员能通过全球网或局域网按协作方式进行三维模型的设计、交流和发布，从而进一步提高生产效率并削减成本。

（3）商业应用

对于那些期望与顾客建立直接联系的公司，尤其是那些在他们的主页上向客户发送电子广告的公司，Internet 具有特别的吸引力。分布式虚拟系统的应用有可能大幅度改善顾客购买商品的经历。例如，顾客可以访问虚拟世界中的商店，在那里挑选商品，然后通过 Internet

办理付款手续，商店则及时把商品送到顾客手中。

（4）娱乐应用

娱乐领域是分布式虚拟现实系统的一个重要应用领域。它能够提供更为逼真的虚拟环境，从而使人们能够享受其中的乐趣，带来更好的娱乐感觉。

5.4 多媒体技术的应用

多媒体技术借助日益普及的高速信息网，可实现计算机的全球联网和信息资源共享，因此被广泛应用在咨询服务、图书、教育、通信、军事、金融、医疗等诸多行业，并正潜移默化地改变着我们生活的面貌。

多媒体技术的开发和应用，使人类社会工作和生活的方方面面都沐浴着它所带来的阳光，新技术所带来的新感觉、新体验是以往任何时候都无法想象的。

1. 教育和培训

教育和培训可以说是最需要多媒体的场合。带有声音、音乐和动画的多媒体软件不仅更能吸引学生的注意力，也使他们身临其境。它可将过去的知识、别人的感受变成像自己的亲身经历一样来学习，也使得抽象和不好理解的基本概念转变为具体和生动的图片来解释。

当多媒体技术与网络技术相结合时，可将传统的以校园教育为主的教育模式变为以家庭教育为主的教育模式，更能体现和适应现代社会发展的教育新方式，使得教育和培训完全走向家庭。这种新的教育模式使被教育者不仅能学到图、文、声并茂的新知识、新信息，也可在家跨越时间和国界学到国际上的各种最新知识。如今，通过虚拟现实（VR）、增强现实（AR）技术，仿真教学手段已经走出实验室，走向民用，卓有成效。

2. 商业和出版业

在商业上，多媒体技术可用于商品展示和展览会。比如，百货公司利用多媒体，可以让消费者通过触摸屏或者 VR 技术，就可了解商场中商品的具体形态，从而起到商品广告、导购、指导消费的作用。

利用多媒体，出版商将一些历史人物、文学传记、剧情评论以及采访录像等信息，存入电子出版物中发行，使得用户能够方便地阅读和剪贴其中的内容，将它们排版到报纸、杂志或文章中。电子出版物信息容量大、体积小、成本低，除了文字图表外还可以配以声音解说、背景音乐和视频图像，形式生动活泼，易于检索和保存，具有广阔的应用和发展前景。

在针对家庭用户出版的许多电子版本的多媒体电子地图中，既有世界上每个国家的地理位置、相应的人口、国土面积，还有该国的风俗习惯、当地方言等；与普通地图相比，电子地图可以精确到每一个城镇中的每一街道，这不仅为在当地旅游的游客提供了具体的方便，而且还使坐在计算机旁的异国他乡的"游客"，足不出户就可同样领略到当地的民俗与风貌。

基于增强现实（AR）的电子出版物已经上市，人们可以通过更加形象直观的方式来阅读以及分享。

3. 服务业

以多媒体为主体的综合医疗信息系统，已经使医生远在千里就可为病人看病，病人不仅可身临其境地接受医生的询问和诊断，还可从计算机中及时得到处方。因此，不管医生身处何方，只要家中的多媒体机已与网络相连，人们在家就可从医生那里得到健康教育和医疗等指导。

在医院里，专家们使用终端和医疗信息中心相连，并得到患者的各种资料，以此作为医疗和手术方案的实施依据，这不仅为危重病人赢得了宝贵的时间，同时也使专家们节约了大量的时间和精力，对于实习或年轻的医生还可使用多媒体软件学习人体组织、结构和临床经验。

在家居设计与装潢业，房地产公司使用多媒体 VR 技术，不仅可以展现整个居室的平面结构，还可把购房人带到"现场"，让他们"身临其境"地看到整幢房屋的室外和室内情况。

4. 家庭娱乐

在家里人们可以自行制作工作和家庭生活的多媒体记事簿，将工作经历、值得留念的事件等记录下来，以供他人和子女欣赏和借鉴。而对于人人熟知的多媒体游戏更是以其动听悦耳的声音、别开生面的场面极大地赢得了成年人和儿童的欢心。

基于虚拟现实头盔的沉浸感获得手段、基于 Kinect 红外摄像头、基于光学和惯性传感器的各种最新人机交互手段，都大大促进了游戏产业的进一步发展，真正做到了虚拟即现实。

5. 过程模拟

在设备运行、化学反应、火山喷发、海洋洋流、天气预报、天体演变、生物进化等自然现象的诸多方面，采用多媒体技术模拟其发生发展的过程可以使人们能轻松、形象地了解事物变化的原理和关键环节，并且能够建立必要的感性认识，使复杂、难以用语言准确描述的变化过程变得形象而具体。

6. 多媒体通信

采用多媒体视听会议，同时进行数据、话音、有线电视等信号的传输，不仅使与会者共享图像和声音信息，也共享存储在计算机内的有用数据，这对于相互合作尤为实用。特别是对于已在网络上的每个与会者，他们都可通过计算机的窗口来建立共享会议的工作空间，互相通报和传递各种多媒体信息。

多媒体技术的产生赋予计算机新的含义，它标志着计算机将不仅仅应用于办公室和实验室，还会进入家庭、商业、旅游、娱乐、教育乃至艺术等几乎所有的社会和生活领域。

习 题 五

1. 所谓"多媒体"包括哪些媒体元素？
2. 音频信号数字化的过程是什么？
3. 图形和图像有何区别和联系？
4. 多媒体技术数据为什么要压缩？无损和有损压缩的区别是什么？JPEG基于什么原理？
5. 假设一帧图像的分辨率为 1920×1080 像素，8 位量化，四通道，帧频为 25 帧/秒，如果不压缩，一秒钟视频的存储空间为多少 MB（兆字节）？
6. 虚拟现实的基本特征是什么？分类有哪些？包含什么组成部分？
7. 举例说明多媒体技术的应用领域有哪些。

第 5 章扩展习题

第二部分

办公自动化应用技术

第6章

Windows 7 操作系统

6.1　Windows 7 概述和基础

6.1.1　Windows 7 概述

在微机上，操作系统经历了一个漫长的发展过程，从 UNIX 到 Linux、Mac OS、DOS 等产品极大地丰富和改善了人机交互界面。在全球微机市场上，微软公司的操作系统产品逐渐占据了绝对优势，如 MS-DOS 就是一款非常著名和经典的产品，其具有字符型用户界面，采用命令行方式进行操作和管理，但这种方式操作起来很不方便，而且需要用户记忆大量的 DOS 命令。随着计算机软、硬件技术的飞速发展，1995 年 8 月，微软公司推出了采用图形化用户界面的操作系统——Windows 95，从此，微机用户摆脱了单调的命令行操作方式，只要用鼠标点击屏幕上的形象化图标，就可以轻松完成大部分操作。后来，微软公司又相继推出了 Windows 98、Windows NT、Windows 2000、Windows Vista、Windows 7、Windows 8、Windows 8.1、Windows10 等操作系统，且还在不断持续更新。

微软 Windows 系列产品的延续性较强，版本代差不大，目前最稳定、用户最多的是 Windows 7 操作系统。

1. Windows 7 的版本

Windows 7 主要有 6 个可用的版本，包含初级版、家庭普通版、家庭高级版、专业版、企业版、旗舰版。其中只有家庭高级版、专业版和旗舰版广泛地在零售市场贩售，其他的版本则针对特别的市场，企业版是给企业用户使用的，家庭普通版则是提供给发展中国家的基础功能版本。每一个 Windows 7 版本皆会包含前一个较低版本的所有功能，且都支持 32 位的核心架构，除初级版外也都提供针对 64 位架构的支持。

根据微软规定，安装 Windows 7，无论安装的是什么版本，皆会将旗舰版的完整功能安装至机器上，然后依照版本限制功能。当用户想要使用更多功能的 Windows 7 版本时，就可以使用 Windows Anytime Upgrade 购买高级版本，解除功能的限制。

（1）Windows 7 初级版（Starter）

初级版是 Windows 7 功能最少的版本；不包含 Windows Aero 主题、不能更换桌面背景且不支持 64 位核心架构，系统主存储器最大支持 2GB。这个版本只会经由系统制造商预装在机器上，不会在零售市场贩卖。

（2）Windows 7 家庭普通版（Home Basic）

家庭普通版只在阿根廷、巴西、智利、中国大陆、哥伦比亚、印度、巴基斯坦、巴拿马、菲律宾、墨西哥、俄罗斯、泰国和土耳其等新兴市场出售。西欧与中欧地区、北美地区、中国香港、沙特阿拉伯和台湾等发达地区并不出售此版本。这个版本主要针对中、低级的家庭电脑，所以 Windows Aero 功能不会在这个版本中开放。

（3）Windows 7 家庭高级版（Home Premium）

家庭高级版主要是针对家用主流电脑市场而开发的版本，是微软在零售市场中的主力产品，包含各种 Windows Aero 功能、Windows Media Center 媒体中心还有触控屏幕的控制功能。

（4）Windows 7 专业版（Professional）

专业版向电脑热爱者以及小企业用户靠齐，包含了家庭高级版的所有功能，同时还加入了可成为 Windows Server domain 成员的功能，新增的功能还包括远程桌面服务器、位置识别打印、加密的文件系统、展示模式、软件限制方针（不是 Windows Server 2008 R2 中的 AppLocker 功能）以及 Windows XP 模式。

（5）Windows 7 企业版（Enterprise）

这个版本主要针对企业级用户——与微软签订软件授权合约的公司；同时一个大量授权的产品密钥完成企业用户的激活。这个版本不会通过零售以及 OEM 贩卖。它提供的功能包含多国语言用户界面包、BitLocker 设备加密以及 UNIX 应用程序的支持。

（6）Windows 7 旗舰版（Ultimate）

旗舰版与企业版的功能几乎完全相同，但是提供授权给一般的用户。家庭高级版以及专业版的用户若是希望升级到旗舰版，可使用 Windows Anytime Upgrade 升级。这个版本与 Windows Vista 旗舰版不同，Windows 7 旗舰版不会包含 Ultimate Extra 服务。

本章主要介绍 Windows 7 Professional（专业版）的基本操作。

2. 系统特色

Windows 7 的设计主要围绕五个重点：针对笔记本电脑的特有设计，基于应用服务的设计，用户的个性化，视听娱乐的优化，用户易用性的新引擎。这些新功能使 Windows 7 成为最易用的 Windows 操作系统。

（1）易用

Windows 7 简化了许多设计，如快速最大化，窗口半屏显示，跳转列表（JumpList），系统故障快速修复等。

（2）简单

Windows 7 将会让搜索和使用信息更加简单，包括本地、网络和互联网搜索功能，直观的用户体验将更加高级，还会整合自动化应用程序提交和交叉程序数据透明性。

（3）效率

Windows 7 中，系统集成的搜索功能非常强大，只要用户打开开始菜单并开始输入搜索内容，无论要查找应用程序还是文本文档，搜索功能都能自动运行，给用户的操作带来极大的便利。

（4）小工具

Windows 7 的小工具没有了像 Windows Vista 的边栏，这样，小工具可以单独在桌面上放置。

3. Windows 7 的安装

（1）Windows 7 的运行环境

安装 Windows 7 计算机的最低配置要求为：

CPU：1GHz 及以上（32 位或 64 位处理器）

内存：512MB 以上，基于 32 位（64 位 2GB 内存）

硬盘：16GB 以上可用空间，基于 32 位（64 位 20GB 以上）

显卡：有 WDDM1.0 或更高版驱动的显卡，64MB 以上，128MB 为打开 Aero 最低配置，不打开的话 64MB 也可以。

其他硬件：DVD-R/RW 驱动器或者 U 盘等其他储存介质，安装时使用。如果需要可以用 U 盘安装 Windows 7，这需要制作 U 盘引导。

当前主流配置的计算机应该都具备这样的条件。

（2）Windows 7 的安装过程

安装 Windows 7 既可以从 CD-ROM 安装（个人用户最常用的方式），也可以从网络安装（需有网卡）。可以通过升级安装（以前有低于 Windows 7 的操作系统，通过升级安装可保留以前的设置和程序），也可以全新安装（新微机初装操作系统或废除原有系统重新安装 Windows 7 操作系统）。

掌握操作系统的安装方法是必要的。安装 Windows7 的普遍方式是从 CD-ROM 使用 Windows 7 操作系统安装光盘全新安装。整个安装过程通过一个安装向导来完成，用户只需要仔细阅读每一步的提示并做出相应的选择或输入必要的信息。整个过程比较简单，下面简单介绍一下整个过程。

第一步：BIOS 启动项调整

在安装系统之前首先需要在 BIOS 中将光驱设置为第一启动项。

第二步：选择系统安装分区

从光驱启动系统后，我们就会看到 Windows 7 安装欢迎页面。接着会看到 Windows 的用户许可协议页面，如果要继续安装 Windows 7，就必须按"F8"同意此协议。在分区列表中选择 Windows 7 将要安装到的分区，一般是安装到 C 盘。

第三步：选择文件系统

Windows 7 只能安装在 NTFS 文件系统中，即系统盘必须是 NTFS 格式，非系统盘可以是 FAT32 或 NTFS。因此电脑中的安装操作系统的磁盘格式如果不是 NTFS，而是 FAT32，就需要对磁盘格式进行转换。进行完这些设置之后，安装向导开始向硬盘复制文件，Windows 7 正式开始安装，整个过程几乎不需要人工干预。

6.1.2　Windows 7 基础

Windows 7 操作系统是一个单用户、多任务操作系统，在 Windows 系统下，运行一个应用程序，就会打开一个窗口，应用程序之间的切换可以通过窗口之间切换进行。

1. 桌面

桌面（Desktop）是指屏幕工作区，Windows 7 启动后的屏幕画面就是桌面。桌面上放置许多图标，其中有系统自带的，也有在该平台下安装的程序的快捷方式，就如同摆放了各种各样办公用具的桌子一样，所以将它形象地称为桌面，如图 6-1 所示。桌面元素包含了桌面图标、开始菜单、任务栏等对象。

图 6-1　Windows 7 的桌面

（1）图标

图标是 Windows 中的小图像。不同的图标代表不同的含义，有的代表应用程序，有的代表文件，有的代表快捷方式。双击图标就可以打开所代表的程序、窗口或文件。

（2）任务栏

任务栏是桌面底部（默认）的水平长条部分，它由快捷按钮栏、窗口切换区和系统提示区组成，它是 Windows 7 中的重要操作区，用户在使用各种程序时，通过任务栏来切换程序、管理窗口及了解系统与程序的状态。当运行程序时，会在任务栏创建相应的图标，可以通过这些图标快速切换程序。在以往的操作系统中，任务栏的结构基本是一成不变的，而在 Windows 7 操作系统中，任务栏不仅变得更加灵活，而且作用也更加多样化。

在 Windows 7 中，用户可以根据使用习惯对任务栏进行属性设置。比如，设置任务栏的外观样式、设置任务栏的位置、设置任务栏按钮的显示方式、设置通知区域内图标的出现和通知等。

拖动任务栏可以改变其在屏幕中的位置，拖动任务栏的边框可以改变任务栏的大小。

系统提示区位于任务栏右侧，在通知区域会显示时钟及一些图标，例如，网络、语言等一些后台运行的程序，用户可以根据需要来调整通知区域中图标的显示与隐藏。

（3）"开始"菜单

"开始"按钮位于桌面的左下角，是一个级联式的菜单，是 Windows 7 的应用程序入口。若要启动程序、打开文档、改变系统设置、搜索等，都可在"开始"菜单中选择特定的命令来完成。"开始"菜单有如下选项：

● 常用程序快捷方式列表：显示用户最近运行过的程序，如果要运行的程序显示在列表中，直接选择程序即可运行。

● "所有程序"菜单：如果要运行的程序没有显示在常用程序快捷方式列表中，则选择"所有程序"菜单，然后选择相应命令就可运行程序。

● 常用系统程序菜单：在常用系统程序菜单中列出了经常使用的 Windows 程序链接，如"文档"、"计算机"、"控制面板"等，通过常用系统程序菜单可以快速打开相应程序进行相应的操作。

● "搜索"框：遍历用户的程序和个人文件夹，快速找到用户所需要的程序或文件。

（4）小工具

桌面小工具是 Windows 7 为用户带来的非常实用的功能，用户可以根据需要将一些实用小工具显示在电脑桌面上，便于快速进行一些常用操作，如天气、日历、时钟等。如下操作可以添加实用小工具到桌面上：

方法一：在桌面空白处右击→在弹出的快捷菜单中选择"小工具"命令→在弹出的对话框中双击所需要的小工具，即可将其添加到桌面，如图 6-2 所示。

方法二：单击"开始"按钮→"所有程序"菜单→"桌面小工具库"，在弹出的对话框中双击需要的小工具，将其添加到桌面。

图 6-2 "小工具"窗口

2. 窗口

窗口是屏幕中可见的矩形区域，当运行一个程序或对象时，系统同时打开一个与之对应的窗口。窗口分为应用程序窗口和文档窗口两大类，Windows 的窗口不论是在外观上还是在操作上都是一致的，如图 6-3 所示。

在 Windows 7 中，几乎所有的操作都是在窗口中进行的，因此了解窗口的基本知识与基本操作非常重要。几乎所有的窗口都具有相同的组成部分，包括标题栏、地址栏、搜索栏、菜单栏、工具栏、导航窗格、工作区、细节窗格、状态栏和预览窗格等，下面以资源管理器为例来介绍其组成，如图 6-4 所示。

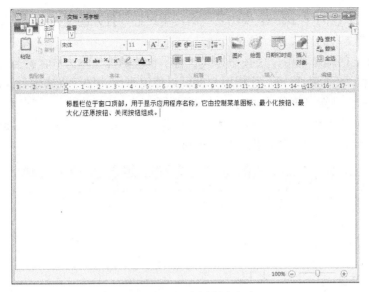

图 6-3 Windows 应用程序主窗口

图 6-4 资源管理器窗口

（1）标题栏：位于窗口顶部，用于显示应用程序名称，它由控制菜单图标、自定义快速访问工具栏、"最小化"按钮、"最大化/还原"按钮、"关闭"按钮组成。

- 控制菜单图标：位于窗口左上角，单击该图标可打开该窗口的"控制菜单"，用于对窗口进行改变尺寸和位置等操作。
- 自定义快速访问工具栏：可以自定义显示常用的工具图标。
- "最小化"按钮：单击该按钮，窗口最小化为任务栏中的一个图标。
- "最大化"按钮：单击该按钮，窗口最大化为整个屏幕，按钮变为"还原"按钮。
- "还原"按钮：单击该按钮，将窗口还原成原来窗口大小和位置，按钮变成"最大化"按钮。
- "关闭"按钮：单击该按钮，将关闭窗口及对应的应用程序。

（2）地址栏：以往的 Windows 操作系统中，用户把要打开的文件路径复制到地址栏中，或以手动修改目录文本的方式进行目录跳转。

在 Windows 7 的地址栏中，用按钮方式代替了传统的纯文本方式，并且在地址周围也仅有"前进"按钮和"返回"按钮，这样用户就可以使用不同的按钮来实现目录的跳转。

如图 6-5 所示，资源管理器中当前目录为"计算机"→"软件"→"云计算"，此时地址栏中的几个按钮为"计算机"、"软件"和"云计算"。如果返回"软件"目录或"计算机"目录，只需单击"软件"或"计算机"按钮即可。

图 6-5　地址栏窗口

（3）搜索栏：在 Windows 7 的资源管理器中，用户随时可以在搜索框中输入关键字，搜索结果与关键字匹配的部分会以黄色高亮显示，让用户能很容易地找到需要的结果。

（4）菜单栏：显示用户所能使用的各类命令。

（5）工具栏：其中包括了一些常用的功能按钮，当打开不同类型的窗口或选中不同类型的文件时，工具栏中的按钮就会发生变化，但"组织"按钮、"视图"按钮以及"显示预览窗格"按钮时始终不会改变。

（6）导航窗格：可以使用导航窗格来选择文件和文件夹，在 Windows 7 操作系统中，"资源管理器"窗口的左侧窗格提供了"收藏夹"、"库"、"计算机"等选项，用户可以单击任意选项跳转到相应目录。

（7）工作区：窗口的内部区域，在其中可进行文件或文件夹的编辑、处理等操作。

（8）细节窗格：用于显示选中对象的详细信息。

（9）滚动条：当窗口内的信息在垂直方向上的长度超过工作区时，便出现垂直滚动条，通过单击滚动箭头或拖动滚动块可控制工作区中内容的上下滚动；当窗口内的信息在水平方向上的宽度超过工作区时，便出现水平滚动条，单击滚动箭头或拖动滚动块可控制工作区中内容的左右滚动。

（10）状态栏：状态栏位于窗口最下方的一行，用于显示应用程序的有关状态和操作提示。

（11）预览窗格：Windows 7 操作系统虽然能通过大尺寸图标实现文件的预览，但会受到文件类型的限制，比如查看文本文件时，图标就无法起到实际作用。

这时，用户就可以单击工具栏右边的"显示预览窗格"按钮▢，展开预览窗格，当选中文本文件时，预览窗格就会调用与文件相关联的应用程序进行预览，如图 6-6 所示。

图 6-6 预览窗格

3. 对话框和控件

（1）对话框

对话框是系统和用户之间交互的界面，是窗口的一种特殊形式，没有"最大化"、"最小化"按钮，其由标题栏、选项卡、文本框、列表框、下拉列表框、命令按钮、单选按钮盒复选框等控件组成，可以使用对话框向应用程序输入信息完成特定的任务或命令。

在 Windows 系统中，对话框分为模式对话框和非模式对话框两种类型。

模式对话框是指当该种类型对话框打开时，主程序窗口被禁止，只有关闭该对话框后，才能处理主程序窗口，如图 6-7 所示。

非模式对话框是指当该类型对话框出现时，仍可处理主窗口的有关内容，如图 6-8 所示。

图 6-7 模式对话框

图 6-8 非模式对话框

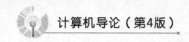
（2）控件

控件是一种具有标准的外观和标准的操作方法的对象。控件不能单独存在，只能存在于某个窗口中。对话框中的各种控件及使用情况和功能如图6-9所示，下面介绍几个常用控件。

图6-9　对话框控件

- 文本框控件：可在其中输入文本内容。
- 复选框控件：单击复选框中出现"√"符号，选项就被选中。可选择多个选项。
- 单选框控件：单选框有多个选项，同一时间只能选择其中一项。
- 列表框控件：单击箭头按钮可以查看选项列表，再单击要选择的选项。
- 上下控件：单击其中的小箭头按钮，可以更改其中的数字值，或从键盘输入数值。
- 组合控件：一般同时包含一个文本框控件和列表框控件。
- 滑块控件：用鼠标拖动滑块设置可连续变化的量。

4. 菜单

菜单是提供一组相关命令的清单。大多数程序包含有许多使其运行的各种命令。菜单有一些特殊的标记，不同的标记表示不同的含义，常用的标记及含义如下：

- "▶"标记：表明此菜单项目下还有下一级菜单。
- "…"标记：表明此菜单项目会打开一个对话框。
- "✓"标记：复选标记，在菜单组中，单击某菜单项时出现"✓"，表明该项处于选中状态，再次单击该项时，标记会消失，表明该项被取消。
- "●"标记：单选标记，在菜单组中，同一时刻只能有一项被选中。
- 当一个菜单项呈现灰色时，表明该菜单项当前不能用。
- 菜单名后带组合键表示此命令可以按键盘上的组合键来代替，如复制可以用"Ctrl+C"组合键来代替。

（1）"开始"菜单

通过单击"开始"按钮弹出的菜单。

（2）窗口菜单

应用程序窗口所包含的菜单，为用户提供应用中可执行的命令。通常以菜单栏形式提供。当用户单击其中一个菜单项时，系统就会弹出一个相应的下拉菜单，如图6-10所示。

图6-10　窗口菜单

（3）控制菜单

当单击窗口中的控制菜单按钮时，会弹出下拉菜单，称为控制菜单。

（4）快捷菜单

当鼠标右击某个对象时，就可以弹出一个可用于对该对象进行操作的菜单，称为快捷菜单。右击的对象不同，系统所弹出的菜单也不同。

5. 剪贴板

剪贴板（Clip Board）是 Windows 操作系统在内存中设置的一段公用的暂时存储区域，它好像是数据的中间站，可以在不同的磁盘或文件夹之间做文件（或文件夹）的移动或复制，也可以在不同的应用程序之间交换数据。简单地说，剪贴板就是被移动或复制的信息暂时存放的地方。它可以暂时存放某个或多个文件和文件夹，也可以是文件中的某段文字，或图片中的部分图像。剪贴板的操作有三种：

● 剪切（Cut）：将所选择的对象移动至剪贴板（快捷键：Ctrl+X）。

● 复制（Copy）：将所选择的对象复制到剪贴板（快捷键：Ctrl+C）。

● 粘贴（Paste）：将剪贴板中存放的内容复制到当前位置（快捷键：Ctrl+V）。

按键盘上的"Print Screen"键，可以将当前屏幕的内容作为图像复制到剪贴板中；按"Alt+PrintScreen"键，可以将当前活动窗口作为图像复制到剪贴板中；然后用户可以在Windows 自带的"画图"应用程序中（也可以是其他图形图像处理程序），执行"粘贴"命令，剪贴板中的图像会出现在编辑窗口中。

6. 库

Windows 7 引入库的概念并非传统意义上的用来存放用户文件的文件夹，它还具备了方便用户在计算机中快速查找所需文件的作用。

在 Windows XP 时代，文件管理的主要形式是以用户的个人意愿，用文件夹的形式作为基础分类进行存放，然后再按照文件类型进行细化。但随着文件数量和种类的增多，加上用户行为的不确定性，原有的文件管理方式往往会造成文件存储混乱、重复文件多等情况，已经无法满足用户的实际需求。而在 Windows 7 中，由于引进了"库"，文件管理更方便，可以把本地或局域网中的文件添加到"库"，把文件收藏起来。

简单地讲，文件库可以将我们需要的文件和文件夹统统集中到一起，就如同网页收藏夹一样，只要单击库中的链接，就能快速打开添加到库中的文件夹，而不管它们原来深藏在本地电脑或局域网当中的任何位置。另外，它们都会随着原始文件夹的变化而自动更新，并且可以以同名的形式存于文件库中。

打开"库"的方式：

（1）在任务栏右边区域，单击"库"按钮，打开"库"窗口，如图 6-11 所示。

（2）在"计算机"或"Windows 资源管理器"窗口左侧窗格，单击"库"按钮打开。

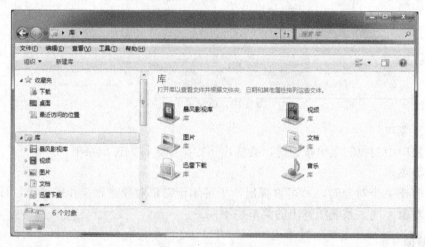

图 6-11 "库"窗口

6.2 文件管理

6.2.1 文件和文件夹的概念

1. 文件和文件名

计算机中所有的信息（包括程序和数据）都是以文件的形式存储在外存储器（如磁盘、光盘等）上的。文件是一组相关信息的集合，可以是程序、文档、图像、声音、视频等。任何文件都有文件名，文件名是存取文件的依据。

文件名由主文件名和扩展文件名两部分组成，它们之间以小数点间隔，格式为：

<主文件名>[.<扩展名>]

主文件名是文件的唯一标识，扩展名用于表示文件的类型，Windows 7 规定：主文件名必须有，扩展名是可选的。

Windows 7 的文件命名规则：

（1）支持长文件名（最多可达 255 个字符）。

（2）可以使用汉字。

（3）文件名中不能出现\、/、*、?、〈,〉、|等字符，可以包含空格、下划线等。

（4）不区分英文字母大小写。

在 Windows 7 中，根据文件存储内容的不同，把文件分成各种类型，一般用文件的扩展名来表示文件的类型。

常用的文件类型及对应的扩展名如表 6-1 所示。

表 6-1　常用文件类型的扩展名

文 件 类 型	扩 展 名	文 件 类 型	扩 展 名
应用程序文件	.exe 或.com	Excel 电子表格文件	.xls
系统文件	.sys	位图文件	.bmp
文本文件	.txt	声音文件	.wav
Web 页文件	.htm 或.html	批处理文件	.bat
Word 文档文件	.doc	压缩文件	.rar 或.zip
帮助文件	.hlp	系统配置文件	.ini

注：可执行文件的扩展名包括.exe、.com 和.bat。

WinRAR 压缩应用程序完全支持市面上最通用的 RAR 及 ZIP 压缩格式，并且可以解开 ARJ、CAB、LZH、TGZ 等压缩格式。

2. 文件夹及路径

磁盘中可以存放大量的文件，为便于管理，可以将文件分门别类地组织在不同的文件夹中。Windows 7 采用树形结构以文件夹的形式组织和管理文件。

在文件夹的树形结构中，一个文件夹可以存放文件，又可以存放其他文件夹（称为子文件夹），同样，子文件夹又可以存放文件和子文件夹，但在同一目录（文件夹）中，不能有同名的文件和文件夹。无论是文件还是文件夹都有相应的名字和图标。图标 代表文件夹，其他图标都代表文件。

如何表示一个文件的具体存储位置呢？通常用路径来表示。所谓文件路径，是从磁盘分区出发，到达目标文件所经过的文件夹列表，中间用"\"连接，如文件 cmd.exe 的路径为 C：\Windows\System32。

6.2.2　文件管理的环境

Windows 7 提供了两个管理文件和文件夹的应用程序："资源管理器"和"计算机"。

1. 资源管理器

资源管理器是 Windows 中的一个重要的资源管理工具，它可以迅速地提供关于磁盘文件的信息，并可将文件分类，以树形结构清晰地显示文件夹的层次及内容，完成绝大多数的文件管理任务。

资源管理器的启动可以使用如下方法：

方法 1：单击"开始"→"程序"→"附件"→"Windows 资源管理器"。

方法 2：右击"开始"→打开"Windows 资源管理器"。

资源管理器的窗口分为左、右两部分，也称为左右两个窗格。左窗格显示磁盘驱动器和文件夹的树形结构，右窗格显示当前文件夹中包含的子文件夹或文件。资源管理器窗口的左右窗格中各有自己的滚动条，在某窗格中滚动内容并不影响另一窗格中所显示的内容，如图 6-12 所示。

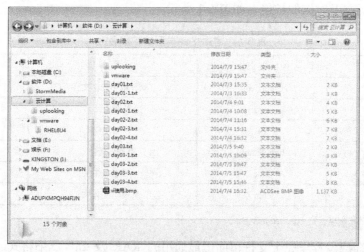

图 6-12 "资源管理器"窗口

Windows7 资源管理器的预览窗格可以在不打开文件的情况下直接预览文件内容，这个功能对预览和查找文本、图片和视频等文件特别有用。在 Windows7 资源管理器的工具栏右侧单击"显示预览窗格"图标，在资源管理器右侧即可显示预览窗格；再次单击则可关闭。当"预览窗格"处于显示状态时，选择某个文件，预览窗格中便会预览该文件的内容。

另外，通过"组织"→"布局"级联菜单的设置，可以在 Windows7 资源管理器窗口中显示"细节窗格"。当"细节窗格"处于显示状态时，在资源管理器中选中文件、文件夹或者某个对象时，其详细信息就会显示在细节窗格中，如图 6-13 所示。

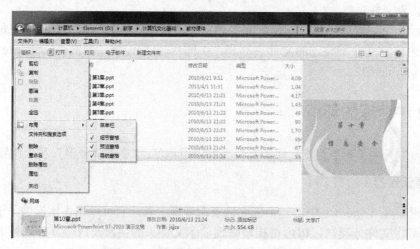

图 6-13 "预览窗格"和"细节窗格"

2. 计算机

在桌面上双击"计算机"图标，可以打开"计算机"窗口，如图6-14所示。

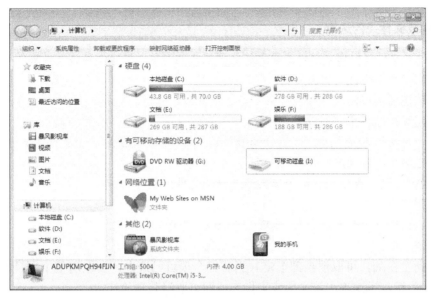

图6-14　"计算机"窗口

窗口中列出了计算机中所有的驱动器、"可移动存储设备"等。可以通过"计算机"浏览文件或文件夹，并进行各种各样的操作。也可以从"计算机"中打开"控制面板"，进行计算机的相关配置操作。

在"计算机"和"资源管理器"的窗口内，通过菜单栏的"查看"命令，既可以选择当前文件或文件夹的显示格式（有大图标、小图标、列表等五种格式，如图 6-15 所示），也可以选择当前文件或文件夹的排列方式（有按名称、按类型、按大小等四种方式，如图6-15 所示）。

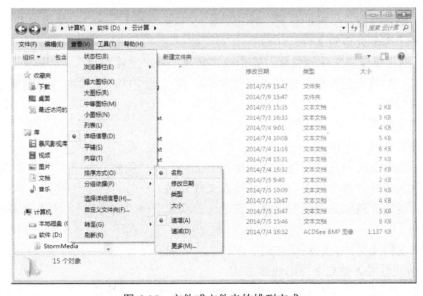

图6-15　文件或文件夹的排列方式

6.2.3 文件或文件夹的操作

1. 文件或文件夹的选定

在对文件或文件夹操作之前，必须先选定要操作的对象。选定文件或文件夹的操作如下。

（1）选定单个文件或文件夹

用鼠标单击要选择的文件或文件夹，使之反向显示即可。

（2）选定连续的多个文件或文件夹

单击第一个文件或文件夹，按住"Shift"键，然后再单击最后一个文件或文件夹。

（3）选定多个不连续的文件或文件夹

按住"Ctrl"键，再用鼠标逐个单击要选择的文件或文件夹。

（4）全部选定

单击"编辑"→"全部选定"，或者按"Ctrl+A"键。

（5）取消选定

单击任何空白处，可取消全部选定。当若干个项目已选定，要取消某个项目的选定时，可按住"Ctrl"键，再次单击该文件或文件夹，即可取消某项的选定。

2. 文件、文件夹和快捷方式的创建

（1）新建文件

文件有两类：可执行文件和非可执行文件。

可执行文件是存放计算机可以识别、能够执行的命令和程序的文件，可执行文件的扩展名为.com、.exe、.bat 和.cmd 等。非可执行文件往往是为应用程序提供的相关数据，一般是在相应的应用程序中建立的。

创建文件有以下方法：

方法1：用相应的应用程序软件建立文件，如记事本、Word 等。

方法 2：确定要建立文件的位置，单击"文件"→"新建"→"文件类型"（计算机的操作系统中注册了许多类型的文件）。

方法 3：确定要建立文件的位置，右击→"新建"→"文件类型"。

用方法 2、3 建立的文件只是定义了文件名，内容是空的，文件的内容需要用相应的应用程序来编辑产生。

（2）新建文件夹

创建文件夹有以下方法：

方法 1：确定要建立文件夹的位置，单击"文件"→"新建"→"文件夹"，输入文件夹名（此时文件夹名处于修改状态，可直接输入文件夹名）→按"回车"键。

方法 2：确定要建立文件夹的位置，右击→"新建"→"文件夹"，输入文件名→按"回车"键。

（3）建立文件或文件夹的快捷方式

● 在当前文件夹下建立文件的快捷方式

选择要建立快捷方式的文件或文件夹，右击→"新建"→"快捷方式"，如图 6-16 所示。

● 为当前文件夹中的文件建立桌面快捷方式

选择要建立快捷方式的文件或文件夹，右击→"发送到"→"桌面快捷方式"，便在桌面上创建了该文件的快捷方式，如图 6-17 所示。

图 6-16　创建快捷方式对话框　　　　图 6-17　建立桌面快捷方式命令

3. 文件和文件夹的复制与移动

日常所做的大部分文件和文件夹的管理工作，就是在不同的磁盘和文件夹之间复制和移动有关文件或文件夹。

（1）文件或文件夹的复制

文件或文件夹的复制是将源文件或文件夹复制一份，并将"复制件"放置在不同的位置。文件与文件夹的复制步骤完全相同，只是文件夹在复制时，文件夹内的所有文件和子文件夹都将被复制。文件或文件夹的复制常用以下方法：

方法 1：选定要复制的文件或文件夹，单击"组织"→"复制"按钮，再确定目标位置，单击"组织"→"粘贴"按钮即可。

方法 2：选定要复制的文件或文件夹，单击"编辑"→"复制"，再确定目标位置，单击"编辑"→"粘贴"按钮。

方法 3：（同一驱动器内）选定要复制的文件或文件夹，按住"Ctrl"键，拖动至目标位置；（不同驱动器之间）选择要复制的文件或文件夹，直接拖动至目标位置即可。

（2）文件或文件夹的移动

文件或文件夹的移动与复制的方法相类似，常用以下方法：

方法 1：选定要移动的文件或文件夹，单击"组织"→"剪切"按钮，再确定目标位置，单击"组织"→"粘贴"按钮。

方法 2：选定要移动的文件或文件夹，单击"编辑"→"剪切"按钮，再确定目标位置，单击"编辑"→"粘贴"按钮。

方法 3：（同一驱动器内）选定要移动的文件或文件夹，直接拖动至目标位置。（不同驱动器之间）选定要移动的文件或文件夹，按住"Shift"键，拖动至目标位置。

4. 文件或文件夹的删除

磁盘中的文件或文件夹不再需要时，可将它们删除以释放磁盘空间。为防止误操作，

Windows 设立了一个特殊的文件夹——"回收站"，在删除文件或文件夹时，一般情况下，系统先将删除的文件或文件夹移动到"回收站"（只对硬盘有效），一旦误操作，还可以从"回收站"中恢复被误删的文件或文件夹。

（1）文件或文件夹的删除

选定要删除的文件或文件夹，单击"文件"→"删除"（或单击工具栏上的"组织"→"删除"按钮，或按"Delete"键，或右击→"删除"），在弹出的"删除"对话框中，单击"是"按钮，可将选定的文件或文件夹移动到回收站。

如果要将选定的文件或文件夹不经过回收站而直接彻底地删除，可在删除前先按住"Shift"键，再单击"删除"按钮，在弹出的对话框中单击"是"按钮即可（或按"Shift+Del"键）。

（2）回收站的操作

双击桌面"回收站"图标，打开回收站窗口，如图6-18所示。

图6-18　回收站操作下拉式菜单

在回收站窗口中，选定要恢复的文件或文件夹，单击"文件"菜单，可选择"还原"、"删除"或"清空回收站"等操作，"清空回收站"可将回收站中的全部文件和文件夹彻底删除，删除的文件或文件夹将不能再恢复；也可在选定文件或文件夹之后，右击，在快捷菜单中选择"还原"或"删除"操作。

5. 文件或文件夹的重命名

文件或文件夹重命名的操作方法：

方法1：选定要改名的文件或文件夹，右击→"重命名"，此时的文件或文件夹处于修改状态，键入新文件名→按"回车"键。

方法2：选定要改名的文件或文件夹，单击"组织"→"重命名"。

方法3：选定要改名的文件或文件夹，再单击文件或文件夹的名。

注意： 一次只能给一个文件或文件夹改名。

6. 文件及文件夹的属性

通过右击某文件或文件夹，选取"属性"命令，可进行属性的设置，如图6-19所示。

文件及文件夹一般都有"只读"和"隐藏"属性，除此之外，单击"高级"按钮，打开"高级属性"对话框，还可以设置存档属性、索引文件内容、压缩内容、加密内容属性，如图6-20所示。

图 6-19 文件或文件夹的"属性"

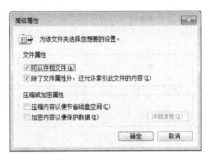

图 6-20 高级属性

7. 文件或文件夹的显示和隐藏

为了避免文件或文件夹被意外地删除或修改，可以将它们隐藏起来，需要编辑时再显示出来，方法如下：

在"计算机"或"资源管理器"窗口中，单击"组织"→"文件夹和搜索选项"，出现"文件夹选项"对话框，单击"查看"标签，如图 6-21 所示。

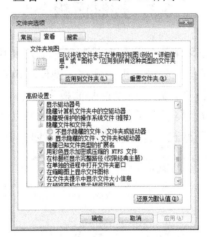

图 6-21 "文件夹选项"对话框

当"隐藏受保护的操作系统文件（推荐）"复选框被选中时，系统文件被隐藏，反之显示。如果要查看所有文件和文件夹，则选"显示隐藏的文件、文件夹和驱动器"选项，如果不显示隐藏的文件和文件夹，则选"不显示隐藏的文件、文件夹或驱动器"选项。设置完毕，单击"确定"按钮。

8. 文件或文件夹的查找

Windows 7 提供了"搜索"框，完成文件或文件夹的查找。

可以在"计算机"或"资源管理器"窗口中的"搜索"框中输入要查找的文件或文件夹的名称，然后系统自动进行模糊查找，如图 6-22 所示。

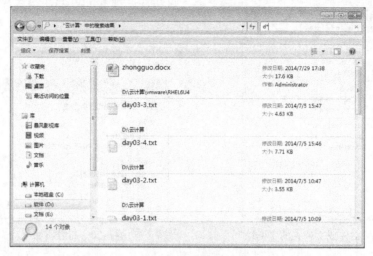

图 6-22　搜索框

注意： 在查找文件或文件夹时，可以使用通配符"*"和"？"。"*"代表任意多个任意字符，"？"代表一个任意字符，如*.DAT 表示所有扩展名为 DAT 的文件，A？.*表示主文件名由两个字符组成，且文件名的第一个字符是"A"的文件。

6.3　控制面板

控制面板是对计算机的系统环境进行设置和控制的地方，集中了调整和配置系统的全部工具，如外观和个性化、时钟、语言和区域、用户帐户、硬件和声音、程序、系统和安全等。

打开控制面板的方法：单击"开始"→"控制面板"按钮。

图 6-23 所示为查看方式为"类别"下的控制面板，本书以"类别"方式进行介绍。还可以选择"大图标"和"小图标"方式，此两种方式下功能划分更细致。

图 6-23　"控制面板"窗口

6.3.1 外观和个性化

Windows 7 具有极为人性化的操作界面，并且提供了丰富的自定义选项，用户可以根据自己的爱好和需要选择美化桌面的背景图案，设置桌面的外观、屏幕显示的颜色和分辨率等。

在"控制面板"窗口中，单击"外观和个性化"选项（或右击桌面空白处后，从快捷菜单中选择"个性化"命令），系统弹出"外观和个性化"窗口。

该窗口共有个性化、显示、桌面小工具、任务栏和"开始"菜单、文件夹选项和字体 6 个选项卡，用于对 Windows 操作系统的外观及其个性化进行设置，其中桌面小工具请参考 6.2.2 节的介绍。

"个性化"选项卡：对操作系统的主题、桌面背景、窗口颜色和声音方案、屏幕保护程序，根据用户的喜好进行自定义设置，满足用户个性化设置的需求，可以选择系统默认的或者用户从网络上下载的图片作为桌面背景，当用户长时间不对计算机进行操作时，可使计算机执行屏幕保护程序，达到省电和保护屏幕的目的，如图 6-24 所示。

图 6-24 "个性化"设置

"显示"选项卡：用以对显示器的分辨率以及文本大小进行设置。分辨率越高就越清晰，颜色质量越高颜色就越饱满。

任务栏和"开始"菜单：自定义任务栏里出现的快捷图标，通知区域出现的图标和通知。自定义开始菜单中图标、链接的外观和行为，以及选择要添加到任务栏的工具栏的选项，如图 6-25 所示。

文件夹选项：可以设置浏览文件夹、查看文件夹里面内容以及搜索的方式，它也被用来修改 Windows 中文件类型的关联；这意味着使用何种程序打开何种类型的文件，如图 6-26 所示。

图 6-25 "任务栏和'开始'菜单"对话框

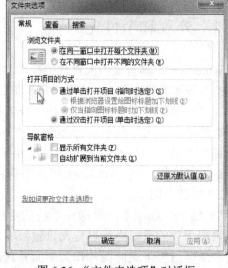
图 6-26 "文件夹选项"对话框

字体：可以预览、删除或者显示和隐藏计算机上安装的字体，如图 6-27 所示。

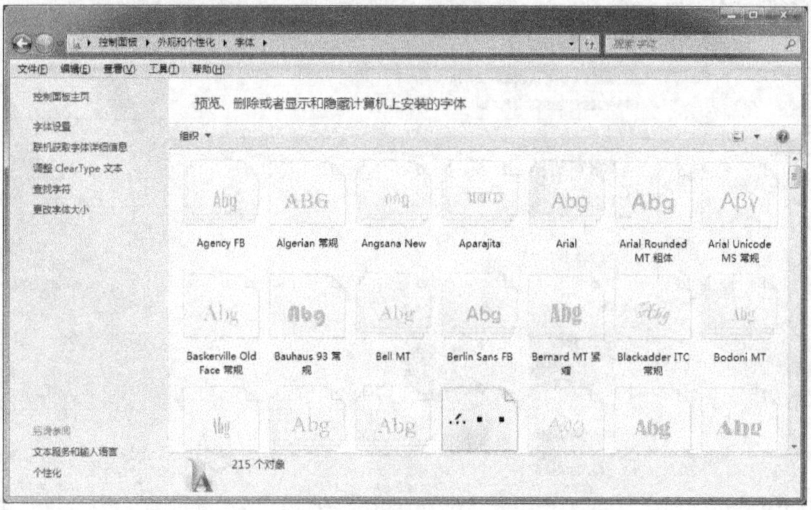

图 6-27 "字体"对话框

6.3.2 程序

计算机的正常工作需要大量程序，有些软件是操作系统自带的，大多数软件是通过光盘或网上下载安装上的。一般来说，Windows 7 中的正规软件是指必须安装到系统文件夹下，需要向系统注册表写入信息才能运行的软件。软件一般都有一个专门安装的程序（setup.exe），用户运行安装程序实现软件的安装，卸载时也必须通过卸载程序才能彻底删除程序。

Windows 7 提供了"程序"来帮助用户完成软件的安装和卸载。

在"控制面板"中，单击"程序"选项，打开"程序"窗口。在此窗口中，用户可以根据需要选择"程序和功能"→"卸载程序"来卸载已经安装的程序，如图 6-28 所示。或者选择"默认程序"来改变打开某类型的文件指定的程序。

图6-28 "程序和功能"窗口

6.3.3 系统和安全

通过"系统和安全"窗口可以对系统配置进行优化和更改，以及允许用户查看多种安全特性状态。在"控制面板"中，单击"系统和安全"选项，可以打开"系统和安全"对话框，如图6-29所示。

图6-29 "系统和安全"对话框

1. 操作中心

操作中心是Windows 7系统中查看警报和执行操作的中心平台，它可确保Windows保持稳定运行。另外，利用操作中心还可以查看Windows防火墙自动更新以及病毒保护的状态。

操作中心能对系统安全防护组件的运行状态进行跟踪监控，相对于以往Windows系统的"安全中心"，Windows 7增加了对维护功能运行状态的监控，如Windows备份、疑难解答和问题报告等。

（1）打开"操作中心"，单击窗口中的"安全"或"维护"条目可展开并查看详细的监控信息。

（2）操作中心的提示功能。Windows 7 操作系统的消息提示功能比以往版本更加人性化。关键级别的消息，如 Windows 防火墙关闭，会在任务栏通知区弹出提示气泡，单击气泡会出现操作中心设置 Windows 防火墙窗口，可以设置重新启用防火墙。

（3）管理操作中心提示信息。为了避免被提示信息打扰，可以通过操作中心来屏蔽所监视组件的运行状态，方法是：在操作中心窗口左边导航窗格中选择"更改操作中心设置"选项，如图 6-30 所示，可以通过勾选项控制提示信息的提示与否。

图 6-30　管理操作中心提示信息

2. Windows 防火墙

用户可以使用防火墙来保障电脑免受病毒或黑客的侵害。Windows 7 系统自带了防火墙软件，可以通过控制面板开启。

（1）Windows 防火墙开启管理

步骤如下：

① 打开"控制面板"→"系统安全"→"Windows 防火墙"选项，进入"Windows 防火墙"窗口。

② 在左侧窗格中单击"打开或关闭 Windows 防火墙"选项，进入"自定义设置"窗口。

③ 单击"启用 Windows 防火墙"，进入"自定义设置"窗口，单击"启用 Windows 防火墙"→"确定"按钮，如图 6-31 所示。

图 6-31 "Windows 防火墙"开启

（2）防火墙高级设置

① 通过防火墙高级设置，可以查看防火墙配置文件。Windows 7 防火墙提供了"域"、"专用"、"公用"3 个配置文件，分别对应网络位置、专用网络（家庭或工作网络）及公用网络。当 Windows 处于一种网络位置时，Windows 防火墙会自动选用对应的配置文件。单击"Windows 防火墙"左侧窗格中的"高级设置"选项卡，即可查看配置文件，如图 6-32 所示。

图 6-32 "Windows 防火墙"高级设置

② 管理入站和出站规则。Windows 防火墙默认允许所有入站、出站连接，用户可以通过更改入站、出站规则，让 Windows 防火墙发挥网络安全保护的作用。以出站规则为例，单击"Windows 防火墙"左侧窗格中的"高级设置"→"出站规则"→单击右侧窗格的"新建规则"选项→"新建出站规则向导"对话框，根据向导即可完成设置，如图 6-33 所示。

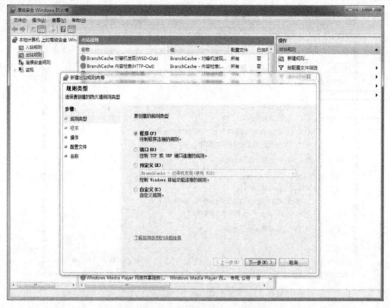

图 6-33 "出站规则"向导窗口

3. 系统

（1）在"系统"选项中，可以查看到该计算机的配置情况，如 CPU 和内存的基本信息，使用的操作系统版本等，如图 6-34 所示。

（2）在"系统"窗口左侧窗格的"设备管理器"中查看硬件设备的连接和配置情况，如果某个设备有问题，在该设备前将出现一个黄色的"？"，如图 6-35 所示。

图 6-34 "系统"窗口　　　　　　　　图 6-35 "设备管理器"窗口

（3）更改计算机标识。在"系统属性"窗口中，改变计算机名，以在局域网中唯一标示一台计算机，如图 6-36 所示。

（4）设置远程连接。在"系统属性"窗口中，可以设置是否允许远程桌面连接，如图 6-37 所示。

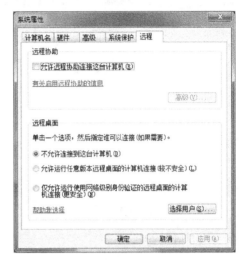

图 6-36　更改计算机名　　　　　　　　　图 6-37　设置远程连接

4. Windows Update

可以启用或禁用自动更新、查看更新以及安装更新。

5. 电源选项

Windows 7 提供了多种电源模式，让用户可根据不同的实际需要，发挥电脑最大功效，贴近用户使用需要，节省资源。

Windows 7 操作系统提供了"平衡"、"节能"、"高性能"三种电源计划，每种计划可以设置在多长时间未使用电脑后，电脑自动关闭显示器和使计算机进入睡眠状态的时间。"平衡"方案使性能和节能平衡；"节能"方案通过降低性能来节省电能；"高性能"方案使系统性能和响应为最高性能，用户可以根据需要选择三种方案之一，如图 6-38 所示。

如果用户觉得电源计划不能满足需要，可以更改电源计划，选择"电源选项"窗口左边窗格的"创建电源计划"选项，然后设定电脑自动关闭显示器和使计算机进入睡眠状态的时间，保存设置即可，如图 6-39 所示。

6. 备份与还原

备份与还原参见本章后面 6.5.3 节，其中有详细介绍。

7. Windows Anytime Update

可以升级用户的 Windows，添加新功能以及升级到下一个版本。

8. 管理工具

"管理工具"选项卡是为系统管理员用户准备的，包含为系统管理员提供的多种工具，包括安全、性能和服务配置。

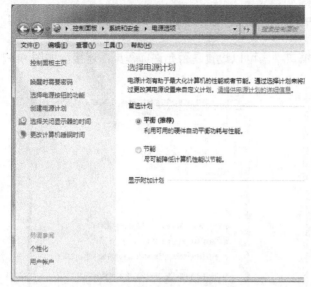

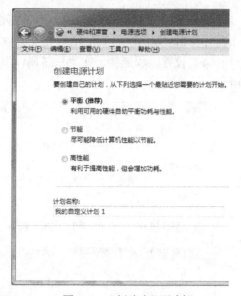

图 6-38　电源计划选择　　　　　　　　　图 6-39　"创建电源计划"

9．Flash Player

Flash Player 是一种广泛使用的多媒体程序播放器。因此 Flash 成为嵌入网页中的小游戏、动画以及图形用户界面常用的格式。如果 Flash Player 软件出错，可能会影响正常的浏览器使用，查看视频不显示等问题，甚至打开 QQ 聊天窗口，马上会提示你的 Flash Player 版本过低，需要更新到最新版本。

此选项可以设置关于 Flash Player 的数据存储，播放设置以及是否在浏览器中删除关于 Flash Player 相关的数据，还有自动更新设置。

6.3.4　时钟、语言和区域

在"控制面板"中，单击"时钟、语言和区域"选项，可以打开"时钟、语言和区域"窗口。

1．日期和时间

允许用户更改存储于计算机 BIOS 中的日期和时间，更改时区，并通过 Internet 时间服务器同步日期和时间。单击"日期和时间"选项卡，如图 6-40 所示。

2．区域和语言

Windows 7 支持 85 个国家和地区的 17 种自然语言。通过"区域选项"的设置，可以更改日期、时间、货币、数字，也可以选择度量制度、输入法以及设置键盘布局等，单击"区域和语言"选项卡，如图 6-41 所示。

要在 Windows 7 中输入汉字，需要先选择一种汉字输入法。单击任务栏上的"输入法指示器"按钮（屏幕右下角标），在弹出的"语言"菜单窗口中，单击要选用的输入法。

Windows 允许用户定义切换输入法的快捷键，用快捷键来切换输入法，使用"Ctrl+空格"键可以在中文输入法和英文输入法之间进行切换；使用"Ctrl+Shift"键可以在各种输入法之间进行切换。用户也可以自己定义每一种输入法的快捷键。

图 6-40　"日期和时间"对话框　　　　　　图 6-41　"区域和语言"对话框

　　Windows 7 操作系统自带了微软拼音输入法等中文输入法。用户可以在系统使用的过程中根据需要添加所需的输入法。

6.3.5　硬件和声音

　　在"控制面板"中，单击"硬件和声音"→"硬件和声音"窗口，如图 6-42 所示。

图 6-42　"硬件和声音"设置窗口

1. 设备和打印机

可以添加设备，添加打印机，如图 6-43 所示。

打印机是用户常用的输出设备之一，添加打印机步骤如下：

（1）单击"添加打印机"，将出现"添加打印机"向导对话框，如图6-44所示。

（2）用户选择本地或网络打印机，然后打印机向导会引导进行打印机的检测、选择打印端口、选择制作商和型号、打印机命名、共享打印机、打印测试页等。

（3）最后安装Windows 7系统下的打印驱动程序。

图6-43 "设备和打印机"窗口

图6-44 "添加打印机"向导

如果系统中安装了多个打印机，在执行具体的打印任务时可以选择打印机，也可将某台打印机设置为默认打印机，即右击某台打印机，在快捷菜单中选择"设为默认打印机"，则该打印机图标左上方将出现一个小对勾，如图6-43中所示。

2．自动播放

"自动播放"选项可以设置当电脑中插入各种媒体设备时，计算机采取什么动作，是执行自动播放，还是不执行操作，还是询问用户，如图6-45所示。

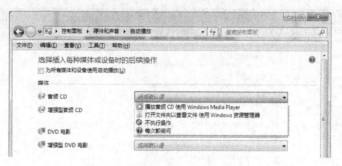

图6-45 "自动播放"设置窗口

3．声音

可以调整系统音量、更改系统声音主题和管理连接到计算机的音频设备。

声音主题是应用于Windows和程序事件中的一组声音。用户可以选择现有方案或保存修改后的方案，如图6-46所示。

4．Realtek高清晰音频管理器

对连接主机的音频设备进行设置，包括录音设置以及播放声音设置。

图 6-46　声音主题设置

电源选项和显示选项在前面已经做了详细介绍，请参考前文。

6.3.6　用户帐户（用户帐户和家庭安全）

在 Windows 7 中，通过创建多个用户帐户，可以多人共享一台电脑。不同的用户拥有各自独立的"我的文档"文件夹、不同的桌面设置和用户访问权限。每个用户有了自己的帐户以后，可以实现以下具体的功能：

● 自定义计算机上每个用户的 Windows 和桌面的外观方式。

● 拥有自己喜爱的站点和最近访问过的站点的列表。

● 保护重要的计算机设置。

● 拥有自己的"我的文档"文件夹，并可以使用密码保护私用的文件。

● 登录速度更快，在用户之间快速切换，需要关闭用户程序。

单击"控制面板"→"用户帐户"→"添加或删除用户帐户"选项，将出现管理用户帐户窗口。

1. 用户帐户的类型

用户帐户分为两类，"计算机管理员"帐户和"受限用户"帐户，两种类型帐户的权限是不同的。

（1）"计算机管理员"帐户

计算机管理员帐户能够打开"计算机管理"控制台，允许用户对所有计算机设置进行更改，拥有的权限包括安装软件和硬件，进行系统范围的更改，访问和读取所有非私人文件，创建和删除用户帐户，更改其他人的帐户，更改自己的帐户名和类型，更改自己的图片以及创建、更改和删除自己的密码等。

Administrator 帐户是系统自带帐户，拥有对系统的最高权限，可以对其他帐户进行管理操作。

（2）"受限用户"帐户

只允许用户对某些设置进行更改，拥有的权限包括更改自己的图片，创建、更改和删除自己的密码，查看自己创建的文件和在共享文档文件夹中查看文件等。

Guest 帐户是一个系统自带的受限帐户，称为来宾帐户，主要用于网络用户匿名访问系统。此帐户默认是没有启用的，该帐户仅拥有对系统的最低使用权限，使用该帐户登录系统后，只能进行最基本的操作，从而有效防止匿名帐户对系统进行更改。

根据使用情况，用户可以创建多个标准用户帐户，从而让多个用户使用各自帐户登录系统。创建标准用户帐户时，可以选择帐户类型是管理员还是受限用户，管理员可以对系统进行所有操作与管理设置，而受限帐户只能进行基本的使用操作与个人设置。

2. 创建新帐户

创建新帐户时，用户必须以计算机管理员帐户身份登录。

（1）单击"控制面板"→"用户帐户"→"添加或删除用户帐户"选项，出现"管理帐户"窗口。

（2）在"管理帐户"窗口中，单击"创建一个新帐户"，弹出"命名帐户并选择类型"窗口。输入想要创建的账号的名称，并选择一个帐户类型，单击"创建账号"按钮，完成创建新用户帐户的操作，如图 6-47 所示。

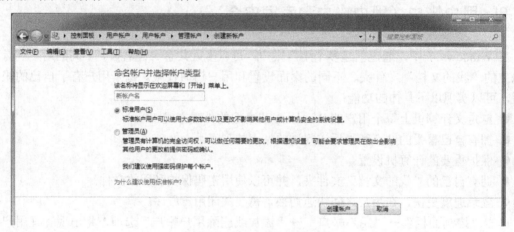

图 6-47 "创建新帐户"窗口

3. 更改账号

作为计算机管理员帐户的用户，不仅可以创建、更改和删除自己的密码，也可以更改自己的帐户名和类型，还可以更改其他人的帐户；而作为受限帐户的用户，就只能创建、更改和删除自己的密码。

在"管理帐户"窗口中，单击要更改的帐户的图标，弹出"更改帐户"窗口。可以对名称、密码、图片、帐户类型等进行修改，如图 6-48 所示。

4. 删除帐户

只有计算机管理员才有删除用户帐户的权限，受限用户没有删除用户帐户的权限。

（1）以计算机管理员帐户登录，在"管理帐户"窗口中，选择要删除的帐户的图标，弹出"更改帐户"窗口，单击"删除帐户"时，会提示要"保留文件"还是"删除文件"。

图 6-48　"更改帐户"窗口

（2）选择"保留文件"，系统将保留账号的文件到桌面上的一个文件夹里，里面包括用户的桌面和"我的文档"中的内容，不包括电子邮件、Internet 收藏夹和其他设置，单击"删除文件"按钮，系统将删除该用户所有的文件。

6.3.7　网络和 Internet

1. 网络和共享中心

可以查看网络状态，创建新的网络连接、查看网络计算机以及将无线设备添加到网络，如图 6-49 所示。

（1）"查看基本网络信息并设置连接"，可以看到用户电脑是否连入 Internet，如果用户电脑和 Internet 之间有个红叉号，表明此电脑未连入 Internet 网络。

（2）查看活动网络项，可以看到用户电脑是否加入家庭组，以及所有的连接。

（3）更改网络设置，单击"设置新的连接或网络"可以创建新的连接，类型可以是无线、宽带、拨号或 VPN 连接。

（4）连接到网络，单击"连接到网络"，可以输入网络账号和密码连接网络。

（5）选择家庭组和共享选项，将在下一节详细介绍。

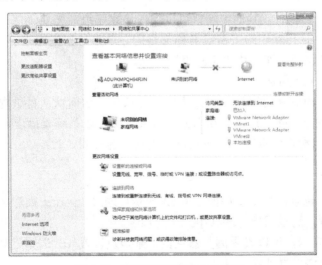

图 6-49　"网络和共享中心"窗口

2. 家庭组

在以往版本的 Windows 操作系统中，共享文件和打印机的操作比较繁琐而且十分不稳定，用户常常会无法访问已共享的目录。而在 Windows 7 操作系统中，用户可以借助家庭组功能轻松实现文档和打印机的共享。

家庭组是 Windows 7 操作系统提供的一种分享功能，可以让家庭网络中的用户互相分享文件、文件夹、照片和打印机。它增加了对文件的处理和权限分配功能，可以设置用户使用文件的权限等。

（1）创建家庭组

① 单击"网络和 Internet"→"网络和共享中心"，在出现的窗口中选择"更改网络设置"→"选择家庭组和共享选项"选项。

② 在出现的窗口中单击"创建家庭组"→"共享内容选择"，如图 6-50 所示。

③ 单击"下一步"按钮，出现家庭组密码窗口，如图 6-51 所示，单击"完成"按钮。

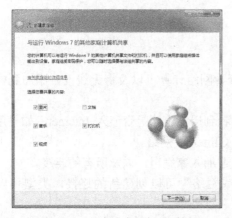

图 6-50　共享内容选择对话框

图 6-51　家庭组密码窗口

（2）加入家庭组

当完成家庭组的创建后，其他电脑就可以加入该家庭组，先要确保家庭组的所有电脑都处于同一局域网内，并且默认的工作组名称都相同。单击"家庭组"→"立即加入"，输入创建家庭组时生成的密码，即完成"家庭组"加入。

（3）通过家庭组共享资源

加入家庭组后，电脑就可以通过"家庭组"窗口相互访问默认目录内的文件和打印机等资源了，这比传统的 Windows 共享方式更加简单易用。在系统桌面上双击"网络"图标→"家庭组"节点下的目标电脑选项，即可访问该电脑上的资源。

3. Internet 选项

单击"Internet"选项，弹出窗口如图 6-52 所示。通过 Internet 属性窗口，用户可以进行关于网络的很多设置，这里简单介绍其中三个选项卡。

（1）"常规"选项卡，可以设置浏览器主页、删除及设置 IE 浏览记录、更改网页在浏览器中的显示方式以及浏览器外观。

（2）"安全"选项卡，可以进行 Internet 安全设置，单击"自定义级别"按钮后，用户可以在弹出的窗口中选择级别。

（3）"隐私"选项卡，可以进行浏览器弹出窗口设置，通过设置级别可以选择阻止Cookie。

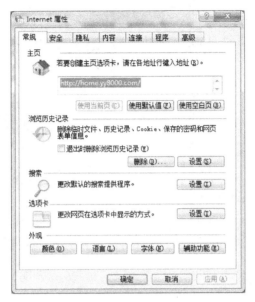

图 6-52 "Internet 属性"窗口

6.4 Windows 7 的系统维护与性能优化

6.4.1 磁盘管理

1. 格式化磁盘

磁盘是计算机的重要组成部分，计算机中的各种文件和程序都存储在上面。格式化将清除磁盘上的所有信息。新磁盘在使用前一般要"格式化"磁盘，即在磁盘上建立可以存放文件或数据信息的磁道（track）和扇区（sector）。格式化步骤包括硬盘的低级格式化、硬盘的分区和硬盘的高级格式化。

对磁盘进行格式化的操作为：在"计算机"或"资源管理器"中，选中想要格式化的磁盘分区，右击→"格式化"→"开始"选项即可，如图 6-53 所示。

2. 清理磁盘

计算机使用一段时间后，由于系统对磁盘进行大量的读写以及安装操作，使得磁盘上残留许多临时文件或已经没用的应用程序。这些残留文件和程序不但占用磁盘空间，而且会影响系统的整体性能，因此需要定期进行磁盘清理工作，清除掉没用的临时文件和残留的应用程序，以便释放磁盘空间，同时也使文件系统得到巩固。清理磁盘的操作步骤如下：

在资源管理器窗口中选定要进行磁盘检查的驱动器图标，右击"属性"，弹出"属性"对话框，如图 6-54 所示。在"常规"选项卡下单击"磁盘清理"按钮。在"磁盘清理"对话框中选择要清理的选项，单击"确定"按钮。

图 6-53 "格式化"对话框

图 6-54 "磁盘清理"对话框

6.4.2　磁盘碎片整理

在使用磁盘的过程中，由于不断添加、删除文件，经过一段时间以后，就会形成一系列物理位置不连续的文件，这就是磁盘碎片。这会导致计算机的整体性能下降，主要是因为对磁盘多次进行读写操作后，磁盘上碎片文件或文件夹过多。这些碎片文件和文件夹被分割在一个卷上的许多分离的部分，Windows 系统需要花费额外的时间来读取和搜集文件和文件夹的不同部分，同时建立新的文件和文件夹也会花费很长时间，因为磁盘上的空闲空间是分散的，Windows 系统必须把新建的文件和文件夹存储在卷上的不同地方。基于这个原因，需要定期对磁盘碎片进行整理。

Windows 7 的"磁盘碎片整理程序"可以清除磁盘上的碎片，重新整理文件，将每个文件存储在连续的簇块中，并将最常用的程序移到访问时间最短的磁盘位置，以加快程序的启动速度。此外，在进行磁盘碎片整理之前，还可以使用碎片整理程序中的分析功能得到磁盘空间使用情况的信息，信息中显示了磁盘上有多少碎片文件和文件夹，根据这些信息来决定是否需要对磁盘进行整理，整理磁盘碎片的操作步骤如下：

在资源管理器窗口中选定要进行磁盘检查的驱动器图标，右击→"属性"→"工具选项卡"→"碎片整理"，单击"立即进行碎片整理"按钮，弹出"磁盘碎片整理程序"对话框，如图 6-55 所示，单击"分析磁盘"按钮，启动磁盘碎片分析功能，可通过查看分析报告确定磁盘是否需要进行碎片整理，执行完磁盘碎片分析程序后，弹出"磁盘碎片整理程序"对话框。单击"查看报告"按钮弹出"分析报告"对话框，单击"磁盘碎片整理"按钮系统自动进行碎片整理工作。

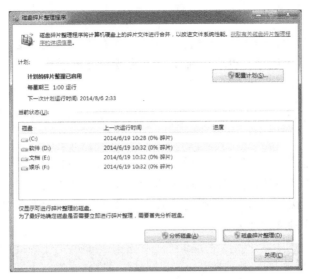

图 6-55　"磁盘碎片整理程序"对话框

6.4.3　备份和还原

磁盘驱动器损坏、病毒感染、供电中断、网络故障以及其他一些原因，可能引起磁盘中数据的丢失和损坏，因此，定期备份硬盘上的数据是非常必要的。数据被备份之后，在需要时就可以将它们还原。这样，即使数据出现错误或丢失的情况，也不会造成大的损失。注意，备份文件和源文件不必放在同一个磁盘上。Windows 7 操作系统除了可以对数据进行备份，还可以对操作系统、系统设置进行备份。

1. 文件的备份

（1）在"开始"菜单中，选择"控制面板"→"系统和安全"→"备份和还原"窗口，如图 6-56 所示，然后单击"设置备份"，将打开"设置备份"对话框，如图 6-57 所示。

图 6-56　"备份和还原"窗口

图 6-57　"设置备份"对话框

（2）选择备份文件保存的位置，单击"下一步"，在弹出的窗口中，选择备份哪些内容，选择"让我选择"单选按钮，单击"下一步"按钮。

（3）在弹出的窗口中，选择希望备份的内容，可以选择数据文件，磁盘上的文件夹或文件，C 盘系统映像。

（4）在弹出的窗口中，查看备份设置，单击"保存设置并运行备份"按钮即可开始备份，如图 6-58 所示。也可选择"更改计划"，进行备份计划的设置。

2. 文件的还原

将文件或系统备份后，一旦出现设置故障或文件丢失，就可以通过备份内容来快速恢复了，步骤如下：

（1）在"备份或还原文件"对话框中单击"选择要从中还原文件的其他备份"。

（2）选择还原文件的位置，要还原的备份文件，如图 6-59 所示，单击"下一步"按钮。

（3）在出现的对话框中，选择还原的位置，选择"在原始位置"按钮，然后单击"还原"按钮，即可将备份的文件还原。

图 6-58　查看备份设置　　　　　　　　图 6-59　还原文件备份选择

利用"控制面板"→"系统和安全"→"管理工具"→"计划任务"，在设置好备份计划后，系统会按照设置自动进行备份。

3. 系统备份与还原

Windows 7 中提供系统还原功能，可以将系统快速还原到指定时间的状态，系统还原多出现在安装程序错误、系统设置错误等情况下，可将系统还原到之前可以正常使用的状态。

（1）使用还原点备份与还原系统

还原点表示电脑中系统文件的存储状态，用户可以使用还原点将电脑中的系统文件还原到较早的时间点。

创建还原点：系统还原会自动为系统创建还原点，若这些还原点并不是用户需要的，用户可以选择手动创建还原点。步骤如下：

① 右击桌面"计算机"图标，单击"属性"命令，在弹出的"系统"窗口中，单击左侧窗格的"系统保护"选项卡。

② 弹出"系统属性"对话框，在"系统保护"选项卡中的"保护设置"列表中单击要保护的磁盘名称；然后单击"配置"按钮，如图 6-60 所示。

③ 弹出"系统保护本地磁盘"对话框，单击"还原系统设置和以前版本的文件"，调节

磁盘空间，然后单击"确定"按钮，如图 6-61 所示。

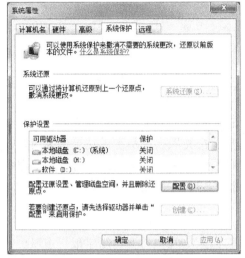

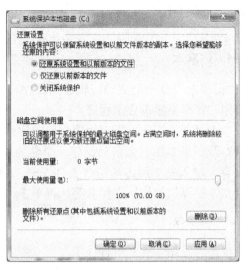

<table>
<tr><td>图 6-60 "系统属性"窗口</td><td>图 6-61 "系统保护本地磁盘"窗口</td></tr>
</table>

④ 返回"系统属性"对话框，在"保护设置"列表中选择创建还原点的磁盘名称，单击"创建"按钮，然后输入对还原点的描述信息，系统开始创建还原点，等待一段时间即创建完成。

使用还原点还原系统：

当系统受到恶意改变或系统文件被破坏时，用户可以使用还原点将系统还原到原来的一个系统状态。步骤如下：

① 打开"系统属性"对话框，在"系统保护"选项卡中单击"系统还原"按钮。

② 打开"系统还原"对话框，单击"下一步"按钮。

③ 进入"将计算机还原到所选事件之前的状态"界面，在下方的列表中选择还原点，单击"下一步"按钮。

④ 确认还原点信息后，单击"是"按钮，则系统开始还原，等待一段时间，还原完成。

（2）使用映像文件备份与还原系统

Windows 7 提供的"创建系统映像"功能相当于 Ghost 备份功能，能为当前系统或电脑中的指定磁盘创建映像文件，当系统损坏或文件丢失时，可以通过映像文件进行恢复。

创建映像文件的步骤：打开"备份与还原"窗口，单击左侧窗格"创建系统映像"选项，然后选择保存备份的位置，选择备份中包括的驱动器，单击"开始备份"即可创建映像。

用映像文件恢复磁盘的步骤：用 Windows 7 安装光盘启动系统，进入安装选择界面，单击"修复计算机"选项，在弹出的对话框中，单击"使用以前创建的系统映像还原计算机"选项，单击"下一步"按钮，之后按照提示选择映像文件进行恢复即可。

6.5 Windows 7 应用程序

Windows 7 操作系统为用户提供了许多实用的应用程序，包括记事本、写字板、画图、计算器、便签、截图工具等。此外，Windows 7 操作系统还提供了许多多媒体应用程序，包括 Windows Media Player 播放器、录音机等。

6.5.1 实用应用程序

1. 记事本

"记事本"是一个文档编辑应用程序，可以用它创建简单文本文档（.txt）或创建网页，也可用它编辑高级语言源程序。

单击"开始"→"所有程序"→"附件"→"记事本"，可以打开"记事本"窗口。

打开记事本后，会自动创建一个名为"无标题"的空文档。用户可以在工作区内输入文档内容。输入完成后，单击"文件"→"保存"（或"另存为"），在"另存为"对话框中，确定文件保存的位置、文件名等，再单击"保存"按钮，即可将该文档存盘。

2. 写字板

单击"开始"→"所有程序"→"附件"→"写字板"，可以打开"写字板"窗口。

写字板的功能较强，使用写字板可以创建和编辑带格式的文件，它可以作为一个简化版本的 Word 字处理应用程序，本书后面章节会详细介绍 Word 字处理使用，在此不再详细叙述。

3. 画图

"画图"程序是中文 Windows 7 中的一个图形处理应用程序，它除了有很强的图形生成和编辑功能外，还具有一定的文字处理能力。用户可以使用它绘制黑白或彩色的图形，可以将这些图形存为位图文件（.bmp 文件），也可以打印图形。

单击"开始"→"所有程序"→"附件"→"画图"，可以打开"画图"窗口，如图 6-62 所示。

在"画图"程序的窗口中，有包含各种工具的"工具箱"，还有"颜料盒"。用户可以利用绘图工具和颜料，在工作区中绘制图形。图片的保存与"记事本"中文档的保存相同。

4. 计算器

单击"开始"→"所有程序"→"附件"→"计算器"，即可打开"计算器"程序，如图 6-63 所示。

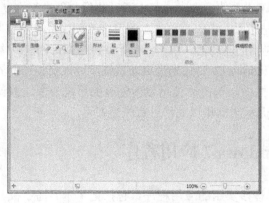

图 6-62 "画图"程序的窗口

图 6-63 标准型计算器

计算器的菜单有三个，在"编辑"菜单中主要有"复制"和"粘贴"两个选项，利用

"复制"选项可以将计算结果复制到剪贴板；利用"粘贴"选项可以将剪贴板中的数据复制到计算器中参加计算。

Windows 7 中的计算器有四种形式：标准型、科学型、程序员型和统计信息型。在"查看"菜单中选中"科学型"，可以将计算器切换到科学型计算器，如图 6-64 所示。科学型计算器的功能更强大，除了可以进行简单的四则运算外，还可以进行三角函数、统计分析等各种较高级运算。程序员型计算器可以通过单击按钮来改变运算所使用的数制，还可以进行十六进制、十进制、八进制或二进制数据之间的相互转换，如图 6-65 所示。统计信息型计算器可以对数据进行求和等统计运算，如图 6-66 所示。

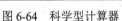

图 6-64　科学型计算器　　　　图 6-65　程序员型计算器　　　图 6-66　统计信息型计算器

5. 便签

便签是 Windows 7 新加入的一个实用工具，它可以一直贴在电脑屏幕上，让用户无时无刻不能看到它，避免忘掉重要事情。

单击"开始"→"所有程序"→"附件"→"便签"，便可以在桌面上出现一个"便签"小窗口，如图 6-67 所示，用户可以输入自己需要提醒的内容。单击左上角的小加号，还可以出现另一个"便签"窗口，以记录其他事情。单击右上角的小叉号可以删除此便签。

在便签输入框内单击鼠标右键，在右键菜单中，可以为便签选择设置颜色，有蓝、绿、粉红、紫、白、黄六种颜色。在 Windows 7 中，作为记录信息的桌面小便签，用户可以单击便签的上部，在桌面上随意拖动，可放置于桌面任何位置。

图 6-67　"便签"窗口

在有应用程序使用时，用户需要查看便签上的信息时，可以用鼠标直接单击一下任务栏中的便签图标，即可在该应用程序页面上快速显示出便签，非常方便；再单击一下便签图标，即可还原应用程序页面。当然，也可以将鼠标在任务栏中便签图标上停留片刻，在便签图标上方即可显示便签预览小窗口，将鼠标移至该预览小窗口上，即可在桌面预览所有便签内容，将鼠标移开立即还原应用程序页面。

6. 截图工具

Windows 7 为用户提供了一款非常实用的截图工具，可以随心所欲地按任意形状截图，而且还可以对截图添加批注。

图 6-68 "截图工具"对话框

单击"开始"→"所有程序"→"附件"→"截图工具"，弹出"截图工具"对话框，如图 6-68 所示。

启动截图工具后，单击"新建"按钮右边的小三角按钮，在弹出的下拉菜单中选择截图模式，有四种选择：任意格式截图、矩形截图、窗口截图和全屏幕截图，如图 6-69 所示。

任意格式截图模式可以根据用户需要截出任意形状的图形，矩形截图模式截出矩形图像，窗口截图模式可以将窗口完整截取，全屏截图模式可以将屏幕内容直接完全截图，同"Print Screen"截屏按键。

选择截图模式后，整个屏幕就像被蒙上了一层白纱，此时按住鼠标左键，拖动鼠标绘制一条围绕截图对象的线条，然后松开鼠标，截图完成，然后保存即可，如图 6-70 所示。

图 6-69 截图模式

图 6-70 截图保存对话框

6.5.2 Windows 7 多媒体程序

1. Windows Media Player 播放器

Windows Media Player 是微软推出的功能强大的媒体播放器，支持多种格式的音频和视频文件。

单击"开始"→"所有程序"→"Windows Media Player"，可启动 Windows Media Player 媒体播放器，如图 6-71 所示。

在 Windows Media Player 媒体播放器窗口中，通过"文件"菜单可打开一个多媒体文件进行播放，还可以选择多个文件组成播放列表进行循环播放。

2. 录音机

"录音机"是 Windows 7 提供的具有语音录制功能的工具，用户可以收录自己的声音，并以声音文件格式保存到磁盘上。

单击"开始"→"所有程序"→"附件"→"录音机"，打开录音机，如图 6-72 所示。

利用录音机程序录制声音文件时，需要有声卡和麦克风配合完成，声音文件扩展名默认为.wma 格式。

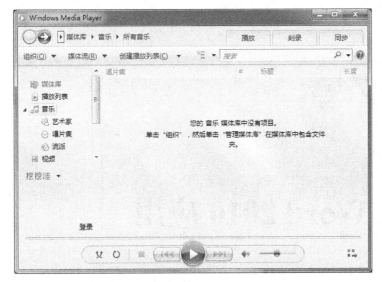

图 6-71 Windows Media player 媒体播放器

图 6-72 录音机程序

习 题 六

1. 什么是操作系统？它的主要作用是什么？
2. 简述操作系统的发展过程。
3. 简述窗口、对话框、控件及其功能？
4. 什么是剪贴板，它的作用是什么？
5. 如何在"资源管理器"中复制、删除、移动、重命名文件和文件夹？
6. 回收站的作用是什么？如何还原回收站中的文件？
7. 如何添加和删除应用程序？
8. Windows 7 中如何添加新用户，并设置密码？

第 6 章扩展习题

第7章

Word 2010 应用

Word 2010 是微软公司推出的办公软件 Office 2010 的组成部分之一，是目前应用最广泛的桌面文字处理系统。它适用于各种不同用途的文档的设计、编辑、排版等工作，是不可或缺的办公软件。

本章将通过板报的制作、获奖证书的制作、程序流程图的制作、成绩单的制作、职工卡的制作、毕业论文的排版、页面设置及文档打印，共七个案例来详细介绍 Word 2010 的具体功能及其实现步骤。

7.1 板报的制作

7.1.1 案例说明

在提倡无纸化办公的今天，众多行业都会面临文稿的设计工作，其中既有普通文稿的设计，又有类似新闻出版物、教材、学术论文、信件、传真等风格各异的文稿设计。可见，文稿设计应用广泛，是需要大家熟练掌握的基本工作技能。

本案例使用 Word 2010 制作板报，效果如图 7-1 所示。

7.1.2 知识点分析

本案例主要用到的知识点包括：Word 2010 的启动，字体、段落的格式设置，项目符号和编号的设置，边框和底纹的设置，查找和替换功能，分栏排版的设置，以及文件保存。

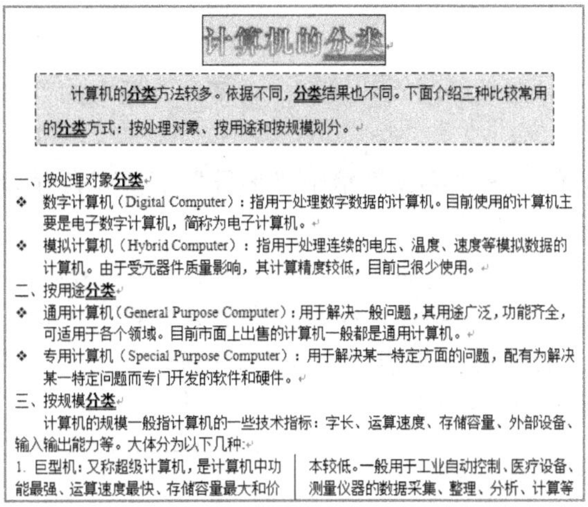

计算机的分类

计算机的分类方法较多。依据不同，分类结果也不同。下面介绍三种比较常用的分类方式：按处理对象、按用途和按规模划分。

一、按处理对象分类
- 数字计算机（Digital Computer）：指用于处理数字数据的计算机。目前使用的计算机主要是电子数字计算机，简称为电子计算机。
- 模拟计算机（Hybrid Computer）：指用于处理连续的电压、温度、速度等模拟数据的计算机。由于受元器件质量影响，其计算精度较低，目前已很少使用。

二、按用途分类
- 通用计算机（General Purpose Computer）：用于解决一般问题，其用途广泛，功能齐全，可适用于各个领域。目前市面上出售的计算机一般都是通用计算机。
- 专用计算机（Special Purpose Computer）：用于解决某一特定方面的问题，配有为解决某一特定问题而专门开发的软件和硬件。

三、按规模分类

计算机的规模一般指计算机的一些技术指标：字长、运算速度、存储容量、外部设备、输入输出能力等。大体分为以下几种：

1. 巨型机：又称超级计算机，是计算机中功能最强、运算速度最快、存储容量最大和价 | 本较低。一般用于工业自动控制、医疗设备、测量仪器的数据采集、整理、分析、计算等

图 7-1　板报效果图

7.1.3　制作步骤

1. 启动 Word 2010 创建空白文档

启动 Word 2010 主要有以下两种方式：

（1）单击“开始”→“所有程序”→“Microsoft Office”→“Microsoft Word 2010”选项。

（2）双击 Microsoft Word 2010 的快捷方式。

以上方法均可启动 Word 2010 程序，并在程序中自动新建一个空白文档。

2. 输入文本

在空白文档中，按照图 7-2 所示输入文本内容。

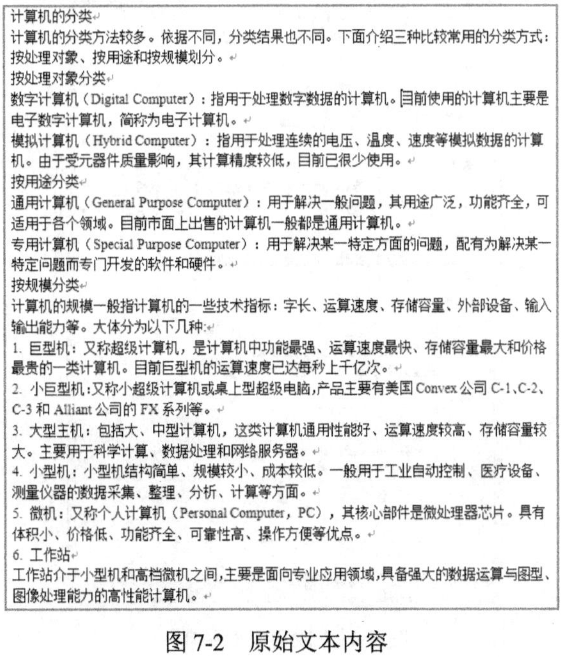

计算机的分类

计算机的分类方法较多。依据不同，分类结果也不同。下面介绍三种比较常用的分类方式：按处理对象、按用途和按规模划分。

按处理对象分类

数字计算机（Digital Computer）：指用于处理数字数据的计算机。目前使用的计算机主要是电子数字计算机，简称为电子计算机。

模拟计算机（Hybrid Computer）：指用于处理连续的电压、温度、速度等模拟数据的计算机。由于受元器件质量影响，其计算精度较低，目前已很少使用。

按用途分类

通用计算机（General Purpose Computer）：用于解决一般问题，其用途广泛，功能齐全，可适用于各个领域。目前市面上出售的计算机一般都是通用计算机。

专用计算机（Special Purpose Computer）：用于解决某一特定方面的问题，配有为解决某一特定问题而专门开发的软件和硬件。

按规模分类

计算机的规模一般指计算机的一些技术指标：字长、运算速度、存储容量、外部设备、输入输出能力等。大体分为以下几种：

1. 巨型机：又称超级计算机，是计算机中功能最强、运算速度最快、存储容量最大和价格最贵的一类计算机。目前巨型机的运算速度已达每秒上千亿次。

2. 小巨型机：又称小超级计算机或桌上型超级电脑，产品主要有美国 Convex 公司 C-1、C-2、C-3 和 Alliant 公司的 FX 系列等。

3. 大型主机：包括大、中型计算机，这类计算机通用性能好、运算速度较高、存储容量较大。主要用于科学计算、数据处理和网络服务器。

4. 小型机：小型机结构简单、规模较小、成本较低。一般用于工业自动控制、医疗设备、测量仪器的数据采集、整理、分析、计算等方面。

5. 微机：又称个人计算机（Personal Computer，PC），其核心部件是微处理器芯片。具有体积小、价格低、功能齐全、可靠性高、操作方便等优点。

6. 工作站

工作站介于小型机和高档微机之间，主要是面向专业应用领域，具备强大的数据运算与图型、图像处理能力的高性能计算机。

图 7-2　原始文本内容

3. 字体格式设置

（1）选中第 1 行文本，在功能区"开始"→"字体"组中的"字体"下拉列表框 华文 中选择"华文中宋"选项。

（2）单击功能区"开始"→"字体"组中"字号"下拉列表框 五号 的下拉按钮，在弹出的下拉列表中选择"二号"选项。

（3）单击功能区"开始"→"字体"组中的"加粗"按钮 **B**，使文本加粗显示。

（4）单击功能区"开始"→"字体"组中的"文字效果" A 的下拉按钮，在弹出的下拉列表中选择"填充-白色，渐变轮廓-强调文字颜色 1"选项。

字体设置完成后效果如图 7-3 所示。

> **计算机的分类**
>
> 计算机的分类方法较多。依据不同，分类结果也不同。下面介绍三种比较常用的分类方式：按处理对象、按用途和按规划分。

图 7-3 "字体"设置效果

4. 段落格式设置

（1）选择首行标题文字，单击功能区"开始"→"段落"组中的"居中"按钮 三，使所选文本居中对齐。

（2）将光标移到以"计算机的分类方式较多"开始的段落的左侧，当鼠标指针变为指向右边的箭头时，双击鼠标可以选中整个段落。单击功能区"开始"→"段落"组的扩展按钮 🖻，打开 "段落"对话框，选择"缩进和间距"选项卡，如图 7-4 所示。在"常规"区域中，设置"对齐方式"为"两端对齐"。在"缩进"区域中，"左侧"和"右侧"设置为"2字符"，"特殊格式"设置为"首行缩进"、"2 字符"。在"间距"区域中，"段前"设置"0行"，"段后"设置"1 行"，"行距"下拉列表框中选择"1.5 倍行距"，单击"确定"按钮。

图 7-4 "段落"对话框

提示： 缩进的单位在"厘米"和"字符"间可以进行转换。方法：单击"文件"选项卡中的"选项"命令，打开"Word 选项"对话框。选择对话框中的"高级"选项卡，在"显示"组里选择"以字符宽度为度量单位"的复选框，缩进单位变为"字符"，否则是"厘米"。

段落设置完成后的效果如图 7-5 所示。

> **计算机的分类**
>
> 计算机的分类方法较多。依据不同，分类结果也不同。下面介绍三种比较常用的分类方式：按处理对象、按用途和按规模划分。
>
> 按处理对象分类

图 7-5 "段落"设置效果

5. 项目符号和编号设置

（1）按下"Ctrl"键依次选择"按处理对象分类"、"按用途分类"以及"按规模分类"3 行文本，单击功能区"开始"→"段落"组中"编号"按钮 的下拉按钮。

（2）在弹出的下拉列表中选择"一、二、三 ……"样式对应的选项。

（3）选择以"数字计算机（Digital Computer）:"、"模拟计算机（Hybrid Computer）:"、"通用计算机（General Purpose Computer）:"以及"专用计算机（Special Purpose Computer）:"开始的 4 个段落，单击"段落"组中"项目符号"按钮 的下拉按钮。

（4）在弹出的下拉列表中选择"定义新项目符号"命令，打开如图 7-6 所示的对话框，单击其中的"符号"按钮，打开如图 7-7 所示的"符号"对话框。

图 7-6 "定义新项目符号"对话框   图 7-7 "符号"对话框

（5）在"符号"对话框中选择梅花菱形，或者在"字符代码"文本框中输入 118，单击"确定"按钮即可。项目符号和编号的设置效果如图 7-8 所示。

6. 边框和底纹的设置

（1）选择首行标题文字，单击功能区"开始"→"字体"组中的"字符边框"按钮，为所选文字添加边框。

一、按处理对象分类
❖ 数字计算机（Digital Computer）：指用于处理数字数据的计算机。目前使用的计算机主要是电子数字计算机，简称为电子计算机。
❖ 模拟计算机（Hybrid Computer）：指用于处理连续的电压、温度、速度等模拟数据的计算机。由于受元器件质量影响，其计算精度较低，目前已很少使用。
二、按用途分类
❖ 通用计算机（General Purpose Computer）：用于解决一般问题，其用途广泛，功能齐全，可适用于各个领域。目前市面上出售的计算机一般都是通用计算机。
❖ 专用计算机（Special Purpose Computer）：用于解决某一特定方面的问题，配有为解决某一特定问题而专门开发的软件和硬件。
三、按规模分类

图 7-8 "项目符号和编号"设置效果

（2）保持文本选中状态，单击功能区"开始"→"字体"组中的"字符底纹"按钮 **A**，即可为所选文本添加默认的底纹颜色。

（3）拖放鼠标选中以"计算机的分类方式较多"开始的段落。单击"开始"→"段落"组中"下框线"按钮 的下拉按钮，在弹出的如图 7-9 所示的下拉列表中选择"边框和底纹"命令，打开如图 7-10 所示的"边框和底纹"对话框。

图 7-9 "下框线"菜单 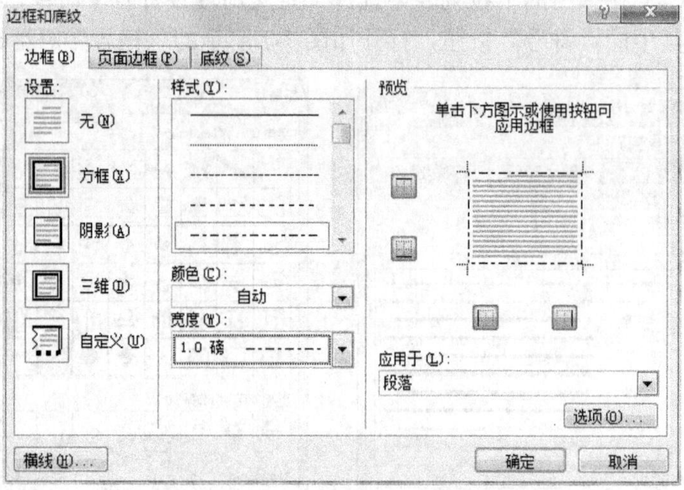　　　　图 7-10 "边框和底纹"对话框

（4）选择"边框"选项卡，单击"设置"栏中的"方框"按钮，在"样式"列表框中选择第 5 种样式；在"颜色"列表框中选择"自动"；在"宽度"列表框中选择"1.0 磅"选项。

（5）选择"底纹"选项卡，在"填充"下拉列表框中选择"白色，背景 1，深色 15%"色块→"确定"。

边框和底纹设置完成后，效果如图 7-11 所示。

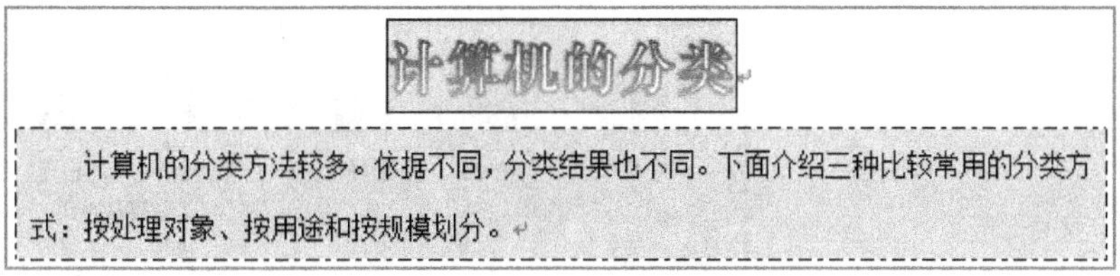

计算机的分类

计算机的分类方法较多。依据不同，分类结果也不同。下面介绍三种比较常用的分类方式：按处理对象、按用途和按规模划分。

图 7-11 "边框和底纹"设置效果

7. 查找与替换

（1）单击功能区"开始"→"编辑"组中的"替换"按钮，打开"查找和替换"对话框。

（2）在"查找内容"和"替换为"文本框中输入"分类"。

（3）选中"替换为"文本框中的内容，单击"更多"按钮来展开对话框，如图 7-12 所示。单击对话框左下角的"格式"按钮，从下拉列表中选择"字体"，打开"字体"对话框，从中设置字符的加粗和双线型下划线。

图 7-12 "查找和替换"对话框

（4）可以通过多次单击"替换"按钮来逐一替换，或单击"全部替换"按钮来实现全部替换的效果。至此，全文中的"分类"文本都将拥有加粗、双线型下划线的字体格式。

说明："查找和替换"功能还可以辅助删除操作。例如通过"查找和替换"对话框中的"特殊格式"按钮可以查找诸如"手动换行符"、"段落标记"等符号，然后删除它。

8. 分栏的设置

（1）选择"1. 巨型机："及后面的全部文本内容，单击功能区"页面布局"→"页面设置"组中的"分栏"按钮，在弹出的如图 7-13 所示下拉列表中选择"更多分栏"。

（2）在弹出的如图 7-14 所示的"分栏"对话框中，选择"两栏"，选中"分隔线"复选框，单击"确定"按钮。分栏完成后，效果如图 7-15 所示。

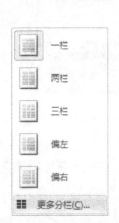

图 7-13 "分栏"菜单

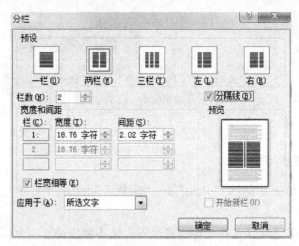

图 7-14 "分栏"对话框

1. 巨型机：又称超级计算机，是计算机中功能最强、运算速度最快、存储容量最大和价格最贵的一类计算机。目前巨型机的运算速	本较低。一般用于工业自动控制、医疗设备、测量仪器的数据采集、整理、分析、计算等方面。

图 7-15 "分栏"设置效果

9. 保存文档

单击"文件"→"保存"，在弹出的如图 7-16 所示的"另存为"对话框中，选择文件存储位置和保存类型，输入文件名"计算机的分类"→"保存"。至此，文件编辑完毕，并被保存到指定位置。

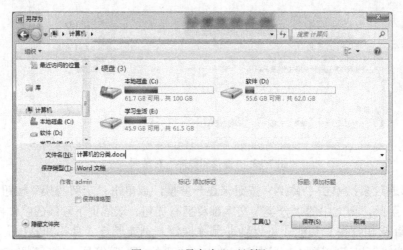

图 7-16 "另存为"对话框

7.1.4　总结

本案例实现了一个实用文档的排版工作，包括字体、段落、项目符号和编号、边框和底纹等的格式设置，另外也涉及了报纸杂志中常见的分栏等排版设计。希望通过该案例的学习，读者可以掌握基本的文档格式设置和排版技巧，设计出符合相应要求的文档。

7.2 获奖证书的制作

7.2.1 案例说明

除了文本，有的时候我们还需要在 Word 文档中添加大量图例来实现图文混排，增强文章的可读性。甚至我们还可以利用 Word 2010 制作简单的通知书、贺卡、广告画等特殊文档。这就需要我们熟练掌握 Word 2010 中对象的插入和编辑操作。

本案例使用 Word 2010 制作获奖证书，效果如图 7-17 所示。

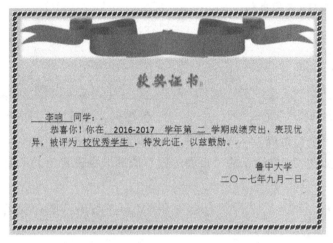

图 7-17 "获奖证书"效果图

7.2.2 知识点分析

本案例主要涉及的知识点包括页面设置（包括纸张方向、页面背景）、图片的插入与编辑、艺术字的插入与编辑。

7.2.3 制作步骤

1. 新建文档并输入文本

在桌面或文件夹的空白处右击→"新建"→"Microsoft Word 文档"。在新文档中输入并编辑文本内容，效果如图 7-18 所示。

2. 页面设置

（1）在功能区"页面布局"→"页面设置"组中单击"纸张方向"→"横向"。

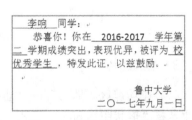

图 7-18 文本的输入和编辑

（2）在功能区"页面布局"→"页面背景"组中单击"页面颜色"，在如图 7-19 所示的"页面颜色"下拉列表中选择"填充效果"，打开如图 7-20 所示的"填充效果"对话框。在"渐变"选项卡中设置"双色"的渐变颜色效果，单击"确定"按钮。

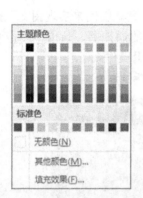

图 7-19 "页面颜色"下拉列表　　　　图 7-20 "填充效果"对话框

（3）在功能区"页面布局"→"页面背景"组中单击"页面边框"按钮，打开"边框和底纹"对话框，在如图 7-21 所示的"页面边框"选项卡中设置"艺术型"边框，单击"确定"按钮。

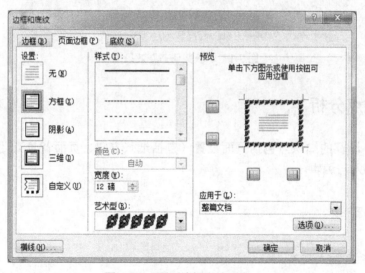

图 7-21 "页面边框"选项卡

3. 插入图片

（1）在功能区"插入"→"插图"组中单击"图片"按钮，在打开的"插入图片"对话框中选择"奖状图标.png"，单击"插入"按钮。

（2）选中插入的图片，在功能区"格式"→"排列"组中单击"自动换行"按钮，在弹出的如图 7-22 所示的下拉列表中选择"上下型环绕"选项。

（3）在功能区"格式"→"排列"组中单击"对齐"按钮，选择其中的"左右居中"和

"顶端对齐"选项，使图片位于通知书的顶部居中位置。

（4）在功能区"格式"→"大小"组中设置图片的高度为 3 厘米，宽度为 27 厘米。

（5）在功能区"格式"→"图片样式"组中选择"柔化边缘矩形"样式。

4．插入艺术字

（1）在功能区"插入"→"文本"组中单击"艺术字"按钮，在如图 7-23 所示的"艺术字"样式列表中选择第 5 行第 3 列的艺术字样式，并更改其中的文本为"获奖证书"。

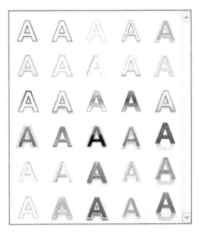

图 7-22 "自动换行"下拉菜单　　　　图 7-23 "艺术字"样式列表

（2）用鼠标选定艺术字，使用功能区"开始"→"字体"组将其字体格式设置为"华文新魏，初号"。

5．调整

调整文本、艺术字在通知书中与图片的相应位置，效果如图 7-17 所示。

6．保存

最后，将文档保存为"获奖证书.docx"。

7.2.4　总结

本案例通过获奖证书的设计，主要讲解了 Word 文档中对象的使用。要设计一个多元化的 Word 文档，艺术字、图片等对象的使用，以及页面背景的设置是必须掌握的基本技能。希望通过本案例的学习，大家能熟练掌握"图文并茂"文档的制作方法。

7.3　程序流程图的制作

7.3.1　案例说明

在编写程序时，我们把解决问题的思路称之为算法。为了让算法更清晰易懂，我们常常要在文档中创建程序流程图来辅助算法。程序流程图通常由矩形、菱形等基本图形和直线、肘形线等基本线形构成，清晰地勾勒了算法的实现步骤。

本案例使用 Word 2010 中的"形状"对象创建程序流程图，效果如图 7-24 所示。

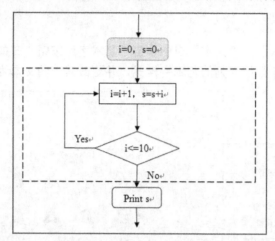

图 7-24　程序流程图效果图

7.3.2　知识点分析

该案例将用到以下知识点：插入形状、设置形状格式、在形状中添加文字、插入和设置文本框、形状的组合。

7.3.3　制作步骤

1. 插入并编辑基本图形

基本图形是流程图的重要元素，通过它可以构建流程图的基本框架。插入和编辑图形的步骤如下：

（1）在功能区"插入"→"插图"组中单击"形状"按钮，在形状下拉列表的"流程图"区域中单击所需的图形，如圆角矩形。

（2）在 Word 文档的合适位置拖放鼠标，完成图形绘制。单击选中图形，通过形状的控制点调整图形大小和方向。

（3）保持图形的选定，单击"格式"→"形状样式"组中的"形状填充"按钮，选择"黄色"。

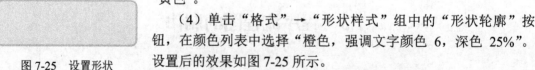

图 7-25　设置形状

（4）单击"格式"→"形状样式"组中的"形状轮廓"按钮，在颜色列表中选择"橙色，强调文字颜色 6，深色 25%"。设置后的效果如图 7-25 所示。

（5）重复步骤①到④，向文档中添加其他图形。最后，再按流程图的结构对所有图形进行排列，流程图的基本框架就出来了，如图 7-26 所示。

2. 建立各种图形之间的连接

图形准备好后，我们使用 Word 2010 提供的连接符来建立图形间的连接。

方法是：在功能区"插入"→"插图"组中单击"形状"按钮，在形状下拉列表的"线条"区域中单击所需的连接符。在合适的位置拖动鼠标绘制连接符即可。通过形状的控制点可以调整连接符的长度、方向。

Word 2010 提供了三种线型的连接符用于连接对象：直线、肘形线（带角度）和曲线。建立连接后的流程图如图 7-27 所示。

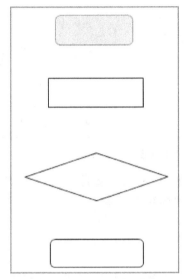

图 7-26　流程图基本框架

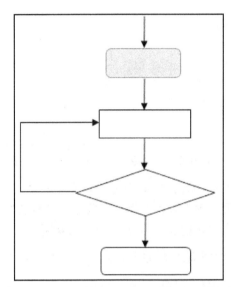

图 7-27　连接后的流程图

3. 在形状中添加文字

选中形状，右击→"添加文字"（如图 7-28 所示），形状中将出现光标插入点，此时便可在形状中输入文字。文字添加后，还可对文字的字体、字号、颜色、对齐方式等属性进行修改。

4. 添加文本框和虚线框

文本框的使用步骤如下：

（1）在功能区"插入"→"文本"组中单击"文本框"按钮，在其下拉列表中选择"绘制文本框"命令。

（2）在文档的合适位置拖放鼠标，绘制文本框，然后在文本框中输入文本信息。

（3）选中文本框，右击→"设置文本框格式"，打开如图 7-29 所示的对话框，设置"填充颜色"和"线条颜色"为"无颜色"。此时，文本框设置成了无填充、无边框线条的样式，只能看到其中的文字。

虚线框的绘制步骤如下：

（1）在功能区"插入"→"插图"组中单击"形状"按钮，在其下拉列表中选择"矩形"，在文档的合适位置绘制一个矩形。

图 7-28 "添加文字"命令   图 7-29 "设置文本框格式"对话框

（2）选中插入的矩形形状，右击→"设置自选图形格式"，打开如图 7-30 所示的对话框。设置"填充颜色"为"无颜色"，"线条"为"黑色""虚线""1 磅"。

文本框和虚线框的效果如图 7-24 所示。

5. 对所有形状进行组合

流程图建立好后，为了更加方便地对其进行移动和缩放等整体操作，应将流程图的所有组成元素整合成一个整体。具体操作步骤如下：

（1）按住"Ctrl"键依次单击流程图的各个组成部分，包括图形、连接符、文本框。

（2）在右键的快捷菜单中选择"组合"命令，并在打开的下一级菜单中选择"组合"子命令，如图 7-31 所示。至此，所有选中的对象组合成一个整体。

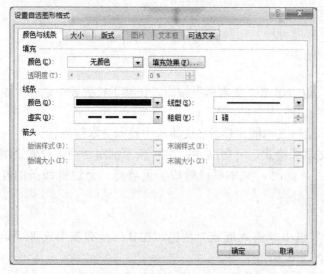

图 7-30 "设置自选图形格式"对话框   图 7-31 "组合"命令

7.3.4 总结

流程图由基本图形、连接符和指示文字组成。一般使用它来描述事件过程或算法，在描述程序设计的文档中尤为重要。

7.4 成绩单的制作

7.4.1 案例说明

Word 2010 文档中除了文本和图形元素外，还可以插入表格对象来加强文章的表现力和可读性。Word 文档中的表格功能强大、发展成熟，有着众多应用。例如，我们可以在文档中利用表格对象制作课程表、成绩单、工资条等，还可以对表格中的数据进行简单的运算。另外，还可将表格和文本进行相互转换。

本案例设计的成绩单就是利用 Word 2010 文档中的表格对象制作的，效果如图 7-32 所示。

姓名\科目	英语	政治	专业课	总分
张晓	58	88	78	224
李响	87	67	89	243
王静	77	67	84	228
柳依依	65	88	75	228
复试日期: 2016 年 8 月 1 日 地点: 2 号综合楼 科目: 英语口语、C++				

图 7-32　成绩单效果图

7.4.2 知识点分析

在本案例的设计过程中用到的知识点主要包括创建表格、插入行→列、合并单元格、绘制斜线表头、调整行高→列宽、设置表格样式、设置边框和底纹、单元格计算、单元格对齐方式、文字与表格转换。

7.4.3 制作步骤

1．创建表格

在文档中用鼠标定位要创建表格的位置，单击功能区"插入"→"表格"组的"表格"

图 7-33 "插入表格"对话框

按钮，在下拉列表中选择"插入表格"命令，弹出如图 7-33 所示的"插入表格"对话框。在对话框中输入列数"5"，行数"5"，单击"确定"按钮。

2. 插入行、合并单元格

鼠标定位到表格最后一行的任意位置，右击→"插入"→"在下方插入行"，即可在最后一行后面插入一新的空白行。然后鼠标拖动，选中最后一行，右击→"合并单元格"，将选定的多个单元格合并成一个单元格。最后，输入文本信息，成绩单的框架就搭建好了，效果如图 7-34 所示。

	英语	政治	专业课	总分
张晓	58	88	78	
李响	87	67	89	
王静	77	67	84	
柳依依	65	88	75	
复试日期：2016 年 8 月 1 日 地点：2 号综合楼 科目：英语口语、C++				

图 7-34 表格基本框架

3. 设置行高、列宽

将光标定位在表格内，右击→"表格属性"，打开如图 7-35 所示的对话框。在"行"和"列"选项卡中分别进行设置。行高设置为：第一行 1.5 厘米，第 2～5 行 1 厘米，第 6 行 2 厘米。列宽均设置为 2.5 厘米。

图 7-35 "表格属性"对话框

4. 绘制斜线表头

（1）单击功能区"插入"→"插图"组中的"形状"按钮，在下拉列表中选择"线条"区域中的"直线"，在表格的第一个单元格中划出一条斜线，效果如图 7-36 所示。

	英语	政治	专业课	总分
张晓	58	88	78	
李响	87	67	89	
王静	77	67	84	
柳依依	65	88	75	
复试日期：2016年8月1日 地点：2号综合楼 科目：英语口语、C++				

图 7-36　插入斜线表头

（2）单击功能区"插入"→"文本"组中的"文本框"按钮，在下拉列表中选择"绘制文本框"选项。在文档中拖动鼠标绘制合适大小的文本框，输入文本内容"科"。选中文本框，单击功能区"格式"→"形状样式"组，为"形状填充"选择"无填充颜色"选项；为"形状轮廓"选择"无轮廓"选项。最后调整文字的字体字号，移动文本框到合适的位置。

（3）复制三个上述的文本框，修改文本内容为"目"、"姓"、"名"，移动文本框到合适的位置。斜线表头的最终效果如图 7-37 所示。

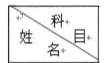

图 7-37　"斜线表头"效果图

5. 设置表格样式

选定整个表格，单击功能区"设计"→"表格样式"组，选择"浅色网格—强调颜色文字 5"样式，效果如图 7-38 所示。

科 姓　目 名	英语	政治	专业课	总分
张晓	58	88	78	
李响	87	67	89	
王静	77	67	84	
柳依依	65	88	75	
复试日期：2016年8月1日 地点：2号综合楼 科目：英语口语、C++				

图 7-38　"表格样式"效果图

6. 设置边框和底纹

选中最后一行→右击→"边框和底纹"，打开"边框和底纹"对话框。在"边框"选项卡中设置边框样式为双线型、红色、0.75 磅，并在预览区域选定上下表线按钮（见图 7-39）。在"底纹"选项卡中，为"填充"选择"红色-强调文字 2，淡色 80%"选项，为"图案"选择"清除"选项。最后，单击"确定"按钮。边框和底纹设置完毕，效果如图 7-32 所示。

图 7-39　边框设置

7. 单元格计算

图 7-40　"公式"对话框

光标定位在张晓的总分单元格里，单击功能区"布局"→"数据"组中的"公式"按钮，打开如图 7-40 所示的"公式"对话框。在"公式"文本框中输入"=SUM（LEFT）"，单击"确定"按钮，张晓的总分计算完毕。使用同样的方法计算其他同学的总分。

使用"公式"计算的结果数据中含有域，鼠标单击时呈现灰色底纹。当公式涉及的运算数据发生变化时，只需在结果数据上右击→"更新域"即可更新计算结果。

8. 设置单元格和表格对齐方式

（1）单元格对齐：选定表格→右击→"单元格对齐方式"，在图 7-41 的"单元格对齐方式"子菜单中选择"居中"。此时，单元格中的数据在垂直和水平方向均居中对齐。

（2）表格对齐：选中表格，单击功能区"开始"→"段落"组中的"居中"按钮，即可实现表格在文档的水平方向居中显示。

9. 表格和文本相互转换

表格还可以和文本相互转换。

（1）表格转换为文本：选定表格，单击功能区"布局"→"数据"组中的"转换为文本"按钮，打开如图 7-42 所示的对话框，选择"制表符"作为文字分隔符→单击"确定"按钮。

（2）文本转换为表格：选中文本，单击功能区"插入"→"表格"组中的"表格"按钮，在其下拉列表中选择"文本转换为表格"命令即可。

图 7-41 "单元格对齐方式"子菜单

图 7-42 "表格转换为文本"对话框

7.4.4 总结

本案例使用 Word 2010 中的表格对象制作了一个成绩单，综合使用了表格的多项常用功能，如绘制表格、斜线表头、表格样式、边框和底纹、对齐方式、公式计算等。通过该案例我们了解到，Word 2010 中的表格功能强大，应用范围广，需要熟练掌握。Word 文档中表格的使用也为 Excel 的学习奠定了坚实的基础。

7.5 职工卡的制作

7.5.1 案例说明

为了方便管理和保障安全，公司多为职员配备了职工卡，上面显示了姓名、所属部门、职务、照片等个人信息。单位内部，职工卡的整体结构是一致的，只是个人信息部分有差异。本案例利用 Word 2010 中的"邮件合并"功能来批量制作职工卡，以此来快速解决类似问题。职工卡的效果如图 7-43 所示。

图 7-43 职工卡效果图

7.5.2 知识点分析

在本案例的制作过程中用到的知识点主要包括 Word 2010 中表格的使用、添加域、合并域、预览文档。

7.5.3 制作步骤

1. 准备素材

准备每位职工的照片。

2．建立职工信息表

创建一个主文件名为"职工信息表"的 Word 文档，并使用 Word 2010 表格制作如图 7-44 所示的表格，表格中包括姓名、部门、职务、编号和照片信息。

姓名	部门	职务	编号	照片
李磊	销售部	经理	001	
王小西	销售部	职员	002	
张强	市场部	经理	003	
刘曦	市场部	职员	004	
李刚	行政部	经理	005	
Lily	行政部	职员	006	

图 7-44　职工信息表

3．创建职工卡模板

创建一个主文件名为"职工卡"的 Word 文档，创建表格并添加基本信息，再将表格边框设置为"外边框"，效果如图 7-45 所示。

图 7-45　职工卡模板

4．添加域

（1）打开"职工卡"文档，单击功能区"邮件"→"开始邮件合并"组的"开始邮件合并"按钮，在下拉列表中选择"信函"选项。

（2）单击功能区"邮件"→"开始邮件合并"组的"选择收件人"按钮，在下拉列表中选择"使用现有列表"选项。

（3）在弹出的如图 7-46 所示的"选取数据源"对话框中，选择"职工信息表"文件→

"打开"。

图 7-46 "选取数据源"对话框

（4）单击功能区"邮件"→"开始邮件合并"组的"编辑收件人列表"按钮，弹出如图 7-47 所示的"邮件合并收件人"对话框。通过该对话框可对收件人列表进行编辑。最后，单击"确定"按钮结束编辑。

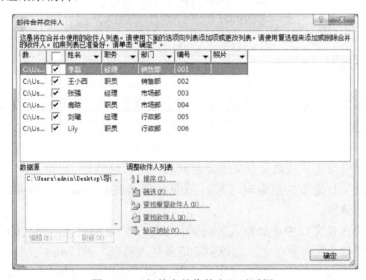

图 7-47 "邮件合并收件人"对话框

（5）单击功能区"邮件"→"编写和插入域"组中的"插入合并域"按钮，在指定位置逐个插入合并域，如图 7-48 所示。

（6）单击功能区"邮件"→"预览结果"组的"预览结果"按钮，可以逐个浏览收件人信息。

（7）单击功能区"邮件"→"完成"组的"完成并合并"按钮，在下拉列表中选择"编辑单个文档"，在如图 7-49 所示的"合并到新文档"对话框中选择"全部"，单击"确定"按钮。

图 7-48 "插入合并域"效果图

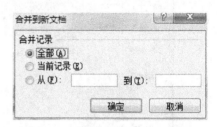

图 7-49 "合并到新文档"对话框

7.5.4 总结

在实际工作中，经常会遇到一些特殊文档，例如录取通知书、学生信息卡等。这些文档需要处理的主要内容基本相同，只是具体数据有变化。解决这样的问题时我们就可以使用 Word 2010 提供的"邮件合并"功能。

7.6 毕业论文的排版

7.6.1 案例说明

毕业论文、书稿等长篇文档编辑完成后，往往还需要在文档中加入以下要素：目录、页眉→页脚和封面等。

所谓"目录"，就是文档中章节标题的列表，它通常位于文章封面之后，正文之前。目录的作用在于，指引读者快速通览全文或定位到感兴趣的章节。

"页眉→页脚"则是在文档编辑区外，页面的顶端或底端显示的内容，一般为章节名称、作者、页码等信息。

很显然，如果在长文档中手动输入并编辑目录，工作量相当大，而且弊端很多。比如对文档的标题内容或章节顺序更改后，必须手动逐条更改目录。而 Word 2010 提供的"索引和目录"域功能，可以自动提取文档中使用的标题样式，并根据标题样式生成和更新目录。用此方法为毕业论文等长文档制作目录，简单、快捷、实用。

7.6.2 知识点分析

在本案例的设计过程中用到的知识点主要包括设置样式，生成目录、修改目录、更新目录，添加分页符、插入页眉→页脚，插入和编辑封面。

7.6.3 制作步骤

1. 设置标题样式

目录的自动生成依靠的是对正文中各标题样式的判断和提取。因此，在插入目录前，需要首先对各级标题使用不同的标题样式，方法是：选中要出现到目录中的标题，在"开始"→"样式"组的样式列表中选择合适的标题样式，如图7-50所示。

图7-50　标题样式

2. 样式的修改、删除和新建

如果系统给出的样式不能满足文档编辑要求，可以修改样式，甚至根据需要删除样式或新建样式。

（1）修改样式：单击"样式"组的扩展按钮，打开如图 7-51 的"样式"对话框。单击某样式的下拉菜单，从中选择"修改"命令，弹出如图7-52所示的"修改样式"对话框。例如，单击对话框左下角的"格式"按钮，从中选择"段落"，打开"段落"对话框，在"换行和分页"选项卡中勾选"段前分页"复选框，使章节分页显示。

（2）删除样式：在"样式"对话框中，单击某样式的下拉菜单，从中选择"删除"命令即可。

（3）新建样式：在"样式"对话框中，单击"新建样式"按钮，打开"根据格式设置创建新样式"对话框。设置相应的属性即可。

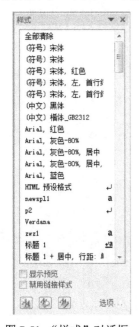

图7-51　"样式"对话框

图7-52 "修改样式"对话框

3. 目录的生成

（1）鼠标定位目录生成的预定位置，单击功能区"引用"→"目录"组中的"目录"按钮，在下拉列表中选择"插入目录"，弹出如图7-53所示的"目录"对话框。

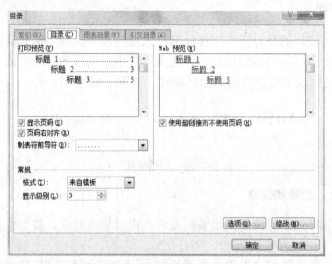

图7-53 "目录"对话框

（2）在"格式"列表框中有若干种 Word 2010 预置的目录格式，从中选择一种，然后通过预览区查看相关格式的生成效果。这里我们选择"来自模板"。

（3）单击"显示级别"列表框的按钮，可以设置生成目录所需的标题级数。Word 默认的显示级别为"3"。如果需要调整，在此设置即可。这里我们使用默认级别。

（4）完成与目录格式相关的选项设置之后，单击"确定"按钮，Word 即可自动生成目录，如图7-54所示。

图7-54 自动生成的目录

4. 目录的修改

目录生成后，如果外观不能满足我们的要求，还可以对其进行修改。

假设我们想把目录中一级标题字号改为"14"，并添加"茶色，背景 2，深色 25%"的底纹，操作步骤如下：

（1）单击功能区"引用"→"目录"组中的"插入目录"选项，打开如图 7-53 的"目录"对话框。选择"目录"选项卡，单击"修改"按钮（如果此时"修改"按钮是灰色的，可通过修改"格式"为"来自模板"来激活它），打开如图 7-55 所示的"样式"对话框。

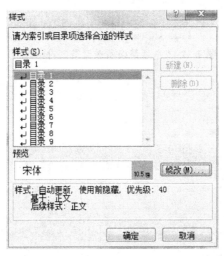

图 7-55 "样式"对话框

（2）在"样式"对话框中，选中"样式"列表框中的"目录 1"，然后单击"修改"按钮，打开如图 7-56 所示的"修改样式"对话框。

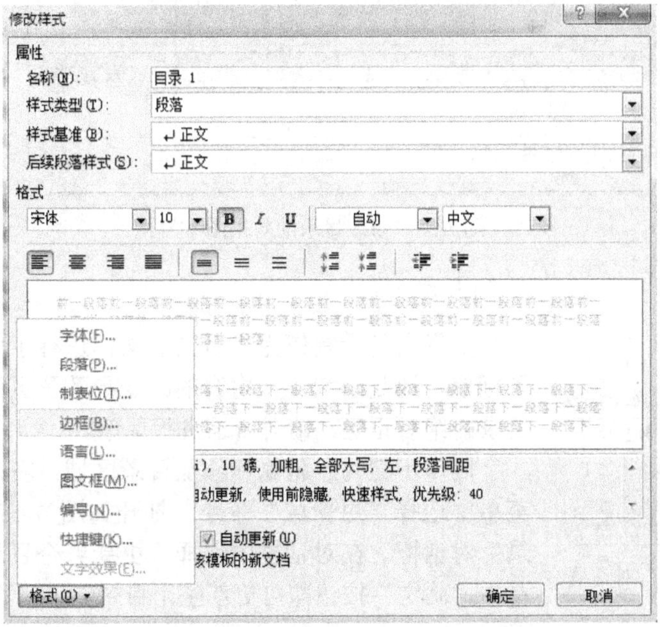

图 7-56 "修改样式"对话框

（3）修改字号为"14"，然后单击"格式"按钮，在弹出的菜单中选择"边框"命令，打开"边框和底纹"对话框。

（4）单击"边框和底纹"对话框中的"底纹"选项卡，修改"填充"颜色为"茶色，背景 2，深色 25%"。然后依次单击"确定"按钮，最后会弹出如图 7-57 所示的"是否替换所选目录"对话框。单击"确定"按钮后，目录中一级标题将变成如图 7-58 中的格式。

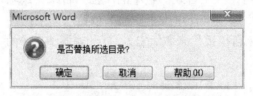

图 7-57 "是否替换所选目录"对话框

图 7-58 修改目录的效果图

5. 目录的更新

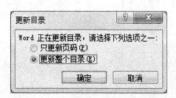

图 7-59 "更新目录"对话框

如果当目录制作完成后又对文档进行了修改，不管是改变了标题，还是因为正文内容的改变导致了页码变化，为了保证目录的绝对正确，请对目录进行更新。

操作步骤为：将鼠标移至目录区域，右击，在弹出的快捷菜单中选择"更新域"命令，打开如图 7-59 所示的"更新目录"对话框。在对话框中选择"更新整个目录"单选框，然后单击"确定"按钮即可更新整个目录。

6. 页眉→页脚的制作

（1）分节符的插入

默认情况下，文档中所有页的页面版式都是相同的。若要改变文档中部分页面的版式，则可以使用分节符来实现。

例如想在目录页前后分节。分节符的插入方法如下：鼠标定位在目录的后面，单击功能区"页面布局"→"页面设置"→"分隔符"按钮，打开如图 7-60 所示的"分隔符"下拉列表，选择"下一页"样式的分节符。分节符插入完成，正文部分显示在了下一页，整篇文档被分节符分成了两个部分。同样的方法，在目录页前面插入"下一页"类型的分节符。

（2）页眉→页脚的插入

将鼠标定位在目录页，单击功能区"插入"→"页眉和页脚"，单击"页眉"按钮，在下拉列表中选择"编辑页眉"命令，进入页眉的编辑状态。此时，正文为锁定状态。在页眉的编辑区中输入内容"目录"，并修改页眉文本格式为"华文行楷，小四"，如图 7-61 所示。单击功能区"设计"→"关闭"组中的"关闭页眉和页脚"按钮（或双击文档编辑区的任意位置），返回到正文的编辑状态，页眉和页脚变为锁定状态。

图 7-60 "分隔符"下拉列表

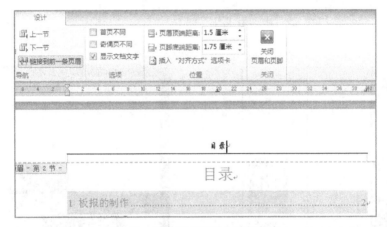

图 7-61 目录页"页眉"编辑状态

将鼠标定位到正文页。如图 7-62 所示，取消"链接到前一条页眉"按钮的选定，修改页眉内容为"Word 2010 应用"。最后，单击"关闭页眉和页脚"按钮退出页眉编辑。

此时，因为分节符插入的原因，目录页与正文页的页眉不同。

（3）插入页码

将鼠标定位到正文页，单击功能区"插入"→"页眉和页脚"，单击"页脚"按钮，在下拉列表中选择"编辑页脚"选项，进入页脚的编辑状态。取消"链接到前一条页眉"按钮的选定，单击功能区"设计"→"页眉和页脚"→"页码"，在下拉列表中单击"页面底部"→"普通数字 3"。页码插入完成，且只有正文页有页码。

此时，还可选中页码，右击→"设置页码格式"，在弹出的"页码格式"对话框中将

"起始页码"设置为1。

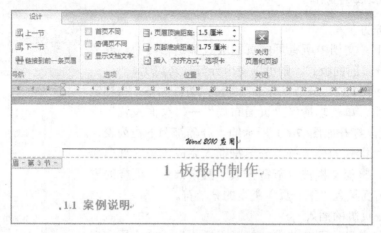

图 7-62　正文页"页眉"编辑状态

7. 封面的制作

（1）封面的插入

单击功能区"插入"→"页"→"封面"，打开如图 7-63 所示的"封面"下拉列表，从中选择"飞越型"封面（见图 7-64）。

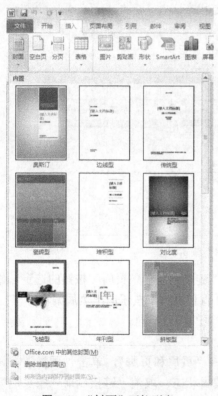

图 7-63　"封面"下拉列表

图 7-64　"飞越型"封面

（2）封面的编辑

在"键入文档标题"占位符中输入"Word 2010 应用"，并设置格式为"红色，加粗"。

选中"信息技术论坛"占位符，右击→"剪贴"删除它。用同样方法删除"选取日期"和"键入文档副标题"等占位符。

7.6.4 总结

在学术论文、教材等长篇文档的撰写过程中，目录可以为用户通览全文和查阅资料提供强有力的支持；页眉→页脚则方便了阅读；封面能让文章更加美观。通过本案例的学习，希望读者能够学会论文等长篇文档的排版。

7.7 页面设置及文档打印

7.7.1 案例说明

文档编辑好后，打印之前，我们还应该进行一些适当的调整，以适应打印机和纸张的要求。所以 Word 文档制作的最后一步，就是进行页面设置，并通过"打印预览"来直观地感受文档的打印效果，最后进行打印。

7.7.2 知识点分析

本案例将用到以下知识点：页面设置、主题设置和文档打印。

7.7.3 制作步骤

1. 设置页边距

（1）打开"计算机的分类.docx"文档，在功能区"页面布局"→"页面设置"组中单击"页边距"按钮，在弹出的下拉列表中选择"自定义边距"选项，弹出如图 7-65 所示的"页面设置"对话框。也可以通过"页面设置"组的扩展按钮打开"页面设置"对话框。

（2）在"页边距"选项卡中，将上、下页边距均设置为"2.5 厘米"，左、右页边距设置为"3 厘米"，单击"确定"按钮。

2. 设置纸张方向

单击功能区"页面布局"→"页面设置"组中的"纸张方向"按钮，在它的下拉列表中选择"纵向"。也可在"页面设置"对话框中选择"页边距"选项卡，选择"纸张方向"为"纵向"，单击"确定"按钮。

3. 设置纸张大小

单击功能区"页面布局"→"页面设置"组中的"纸张大小"按钮，在它的下拉列表中选择"其他页面大小"，弹出如图 7-65 所示的对话框。在"纸张"选项卡中设置纸张高度为"17 厘米"。最后，单击"确定"按钮。

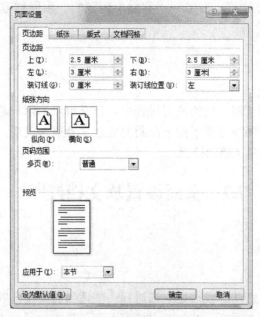

图 7-65 "页面设置"对话框

4. 主题设置

单击功能区"页面布局"→"主题"组中的"主题"按钮，从下拉列表中选择"活力"样式的主题。

5. 打印文档

（1）在"文件"选项卡中选择"打印"命令。窗口的右侧即是"打印预览"窗格，如图 7-66 所示。

（2）将份数设置为"3"。

（3）单击"打印"按钮进行打印。

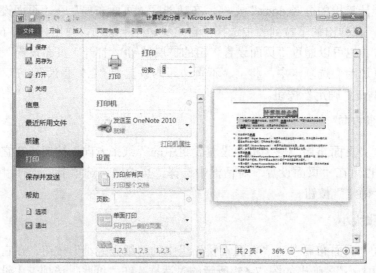

图 7-66 文件打印

7.7.4 总结

现代化办公中，打印机是必备的办公用品。如何将电脑与打印机进行联动，在打印之前选好纸张类型并对文档的打印效果进行最终校正，是我们应该熟练掌握的技能。

习 题 七

1. 文本的选定有几种方法？使用范围分别是什么？
2. 在 Word 2010 的“表格属性”对话框中，可以设置什么属性？
3. 在 Word 2010 中，可以针对节进行格式设置，节格式设置包括哪些方面？
4. 打开素材文件“课后题 1→莫高窟.docx”（如图 7-67 所示），完成下面小题。

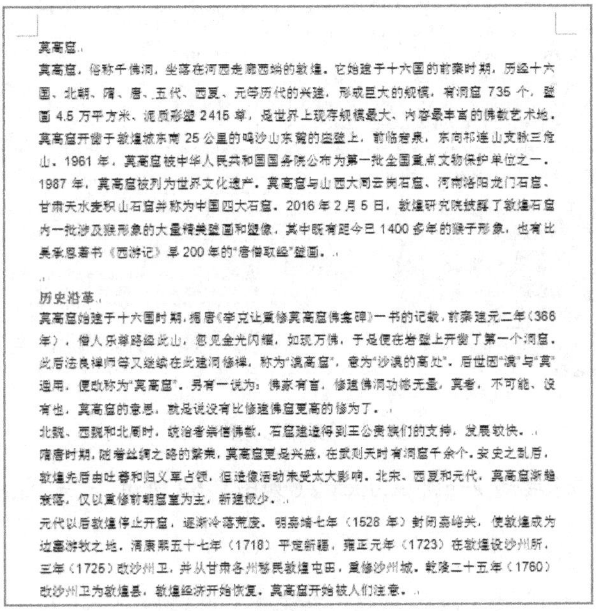

莫高窟

莫高窟，俗称千佛洞，坐落在河西走廊西端的敦煌。它始建于十六国的前秦时期，历经十六国、北朝、隋、唐、五代、西夏、元等历代的兴建，形成巨大的规模，有洞窟 735 个，壁画 4.5 万平方米、泥质彩塑 2415 尊，是世界上现存规模最大、内容最丰富的佛教艺术地。莫高窟开凿于敦煌城东南 25 公里的鸣沙山东麓的崖壁上，前临宕泉，东向祁连山支脉三危山。1961 年，莫高窟被中华人民共和国国务院公布为第一批全国重点文物保护单位之一。1987 年，莫高窟被列为世界文化遗产。莫高窟与山西大同云岗石窟、河南洛阳龙门石窟、甘肃天水麦积山石窟并称为中国四大石窟。2016 年 2 月 5 日，敦煌研究院披露了敦煌石窟内一批涉及猴形象的大量精美壁画和塑像，其中既有距今已 1400 多年的猴子形象，也有比吴承恩著书《西游记》早 200 年的“唐僧取经”壁画。

历史沿革

莫高窟始建于十六国时期，据唐《李克让重修莫高窟佛龛碑》一书的记载，前秦建元二年（366年），僧人乐尊路经此山，忽见金光闪耀，如现万佛，于是便在岩壁上开凿了第一个洞窟。此后法良禅师等又继续在此建洞修禅，称为“漠高窟”，意为“沙漠的高处”。后世因“漠”与“莫”通用，便改称为“莫高窟”。另有一说为：佛家有言，修建佛洞功德无量，莫者，不可能、没有也，莫高窟的意思，就是说没有比修建佛窟更高的修为了。

北魏、西魏和北周时，统治者崇信佛教，石窟建造得到王公贵族们的支持，发展较快。

隋唐时期，随着丝绸之路的繁荣，莫高窟更是兴盛，在武则天时有洞窟千余个。安史之乱后，敦煌先后由吐蕃和归义军占领，但造像活动未受太大影响。北宋、西夏和元代，莫高窟渐趋衰落，仅以重修前朝窟室为主，新建极少。

元代以后敦煌停止开窟，逐渐冷落荒废。明嘉靖七年（1528 年）封闭嘉峪关，使敦煌成为边塞游牧之地。清康熙五十七年（1718）平定新疆，雍正元年（1723）在敦煌设沙州所，三年（1725）改沙州卫，并从甘肃各州移民敦煌屯田，重修沙州城。乾隆二十五年（1760）改沙州卫为敦煌县，敦煌经济开始恢复，莫高窟开始被人们注意。

图 7-67 “莫高窟”原始文件

（1）为文档设置页面颜色为“橄榄色，强调文字颜色 3，淡化 60%”。

（2）将各样式应用于指定的文本内容。

样 式 名 称	应 用 于
标题 1	一级标题（加粗，红色文本）
标题 2	一级标题（加粗，蓝色文本）
列出段落	正文

（3）为标题 1、标题 2 设置多级编号。

样式名称	编号样式
标题 1	第 X 部分（X 的编号样式为一、二、三……）
标题 2	X.Y（X、Y 的编号样式为 1、2、3……）

（4）修改"标题1"样式，其中字体为"仿宋"，字号为"二号"，段前分页。

（5）设置标题文字"莫高窟"的对齐方式为"居中"，字体为"华文隶书"，字号为"初号"，文字效果设置为"填充-橙色，强调文字颜色6，渐变轮廓—强调文字颜色6"。

（6）将第一页第 2 段落（文字："莫高窟，俗称千佛洞~壁画。"）的格式设置为：字号为"小四"，行距为"1.5 倍"。

（7）在第一页空行处，插入图片"莫高窟.JPG"，调整图片大小，为图片设置图片样式："柔化边缘椭圆"，并使图片在行中居中对齐。

（8）使用"查找替换"功能将第一页第2段落中的所有"莫高窟"添加红色双线型下划线。

最终效果如图 7-68 所示。

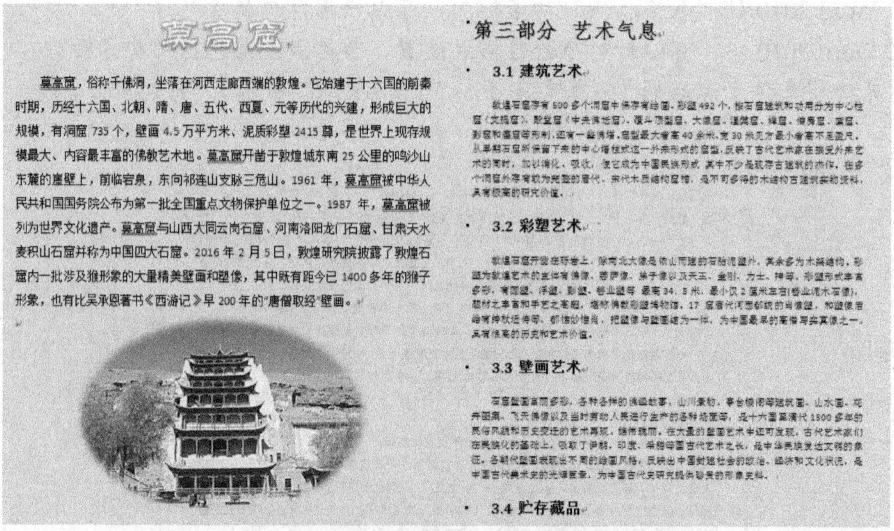

图 7-68 "莫高窟"效果文件

5. 打开素材文件"课后题2→排版.docx"（如图 7-69 所示），完成下面小题。

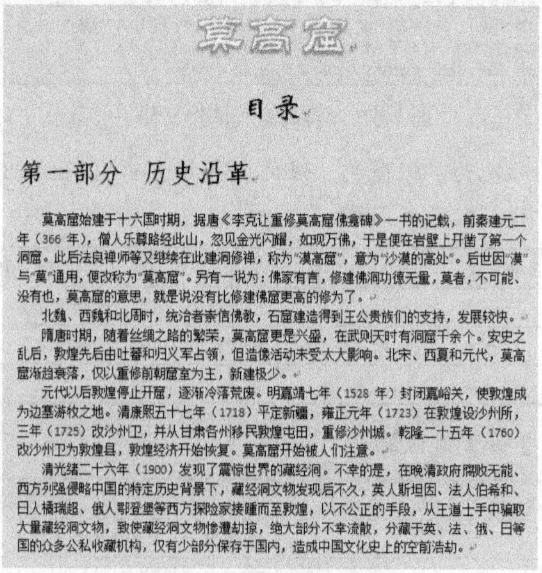

图 7-69 "排版"原始文件

（1）对素材文档进行页边距设置，要求：上、下边距为3厘米，左右边距为2.5厘米。

（2）在文章的"目录"文字后面生成文章的目录，要求如下：

目录的显示级别为2级目录；

目录1（标题1）的字体为"黑体"，字号为"四号"；

目录2（标题2）的字体为"华文中宋"，字号为"小四"。

（3）在文章的目录内容后面插入一个"下一页"类型的分节符，将整篇文档分成2节。

（4）为目录页制作艺术型的页面边框（要求只有目录部分有），页面边框的样式不限。

（5）为文章的正文部分（从"第一部分历史沿革"开始到文章的结尾部分）设置"页眉页脚"，具体要求如下：

● 只有正文开始有页眉；

● 页眉内容为文字"莫高窟"，字体为"三号"，并使文字居于页眉中间显示；

● 只有正文开始有页脚；

● 在页脚中插入页码，起始页码为1，页码格式为1，2，3…，字体为"三号"；

● 最后更新目录。

最终效果如图7-70所示。

图7-70 "排版"效果文件

第7章扩展习题

第 8 章

Excel 2010 应用

Excel 2010 是 Office 2010 办公系列软件的重要组件之一。它具有友好的界面、强大的数据处理功能，可以把数据用各种统计图表的形式形象、直观地表示出来；提供了丰富的内部函数和强大的决策分析工具，可使用户简便快捷地进行各种数据处理、统计分析和预测决策等。Excel 被广泛地应用在财务、会计、统计、工程计算、文秘等领域。本章通过 6 个案例介绍了 Excel 的常用操作和主要功能。

8.1 学生成绩表的制作

本节通过一个学生成绩表的制作，介绍了 Excel 的一些基本操作。

8.1.1 案例说明

本案例是一个简单的学生成绩表，在输入数据的基础上对格式进行设置。最终效果如图 8-1 所示。

	A	B	C	D	E	F	G
1	学生成绩表						
2	学号	姓名	性别	数学	语文	英语	计算机
3	0101	张小含	女	95	67	86	99
4	0102	李思维	男	87	76	66	84
5	0103	王武喜	男	84	75	79	92
6	0104	张旭阳	男	91	95	85	93
7	0105	赵路新	女	82	83	75	86
8	0106	李红艳	女	59	48	69	51
9	0107	马秀英	女	85	91	80	85
10	0108	刘晓晓	女	88	83	89	69
11	0109	王巧怡	女	79	76	81	81
12	0110	田陶然	男	92	74	73	89
13							

图 8-1　案例整体效果

8.1.2 知识点分析

本案例的制作过程中用到的主要操作包括新建工作簿、数据输入（特别是有序编号的智能输入）及填充、合并及居中、字体格式的设定、行高与列宽的设定、对齐方式的设定、边框的设定、数据格式的设定、条件格式、工作簿的保存等。

8.1.3 制作步骤

1. 输入数据

打开 Excel 2010，单击 A1 单元格，输入"学生成绩表"，按回车键。用同样的方法按图 8-2 所示分别输入数据。

	A	B	C	D	E	F	G
1	学生成绩表						
2	学号	姓名	性别	数学	语文	英语	计算机
3		张小含	女	95	67	86	99
4		李思维	男	87	76	66	84
5		王武喜	男	84	75	79	92
6		张旭阳	男	91	95	85	93
7		赵路新	女	82	83	75	86
8		李红艳	女	59	48	69	51
9		马秀英	女	85	91	80	85
10		刘晓晓	女	88	83	89	69
11		王巧怡	女	79	76	81	81
12		田陶然	男	92	74	73	89

图 8-2　数据输入

2. 填充数据

要求：设置 A3:A12 单元格的数据有效性为"文本长度"，长度等于 4，用智能填充填写"编号"列（A3:A12），使编号按 0101，0102，0103，…，0110 以填充序列方式填写。

（1）选中 A3:A12，单击"数据"→"数据工具"工具组中的"数据有效性"按钮，在弹出列表中选择"数据有效性"命令（如图 8-3 所示），弹出"数据有效性"对话框；在"设置"选项卡的"有效性条件"中，"允许"选择"文本长度"→"数据"选择"等于"→"长度"输入"4"，如图 8-4 所示，然后单击"确定"按钮退出。

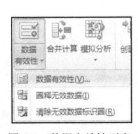

图 8-3　数据有效性列表

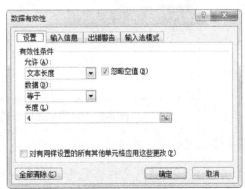

图 8-4　"数据有效性"对话框

计算机导论（第4版）

（2）选中 A3 单元格，在单元格中先输入英文状态下的"'"，然后输入"0101"，回车。再把鼠标放在 A3 单元格的填充柄处（单元格右下角小黑色方格，鼠标指针变为黑色十字光标），按住鼠标左键拖动鼠标到A12，数据填充结束。填充完成后的效果如图 8-5 所示。

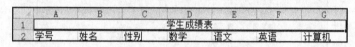

图 8-5　填充完成效果

3. 合并及居中

选中 A1:G1，然后单击"开始"→"对齐方式"工具组中的 ▓▓合并后居中 ▼ 按钮，A1:G1 合并为一个单元格，且文本在此单元格内居中。如图 8-6 所示。

图 8-6　合并及居中过程

完成本步骤还有另外一种方法：首先选中 A1:G1，单击"开始"→"单元格"工具组中的"格式"→"设置单元格格式"，在弹出的设置单元格格式对话框（如图 8-7 所示）中打开"对齐"选项卡，在"水平对齐"下拉列表选择"居中"，选中"合并单元格"复选框，单击"确定"按钮。

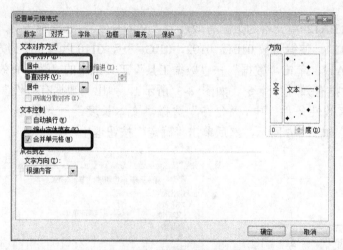

图 8-7　"设置单元格格式"对话框

4. 设定字体格式

选中 A1 单元格，设置其字体格式为"华文中宋 14 号、加粗；字体颜色：白色，背景1；填充颜色：蓝色，强调文字颜色 1"。

166

（1）单击"字体"工具组中的字体设定按钮右边向下箭头，选择"华文中宋"。

（2）单击"字号"设定按钮 11 ▾ 右边的向下箭头，选择"14"号字体，然后单击加粗按钮 B 。

（3）单击"字体颜色"按钮 A ▾ 右边的向下箭头，选择"白色，背景 1"（主题颜色第一个），如图 8-8 所示。

（4）单击"填充色"按钮 ♦ ▾ 右边的向下箭头，选择"蓝色，强调文字颜色 1（主题颜色第 5 个）"，如图 8-9 所示。

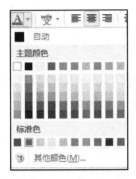 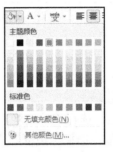

图 8-8　字体颜色列表　　　　图 8-9　填充色颜色列表

效果如图 8-10 所示。

图 8-10　字体格式设定效果

5. 设定行高及列宽

（1）选中单元格 A2:G12，单击"单元格"工具组中的"格式"→"行高"，弹出"行高"设置对话框，输入 20，如图 8-11 所示。

（2）单击"格式"→"列宽"，弹出"列宽"设置对话框，输入 10，如图 8-12 所示。

图 8-11　"行高"设置　　　　图 8-12　"列宽"设置

6. 设定对齐方式

（1）选中 A2:G12，选择"单元格"工具组中"格式"→"设置单元格格式"，在弹出的如图 8-7 所示"设置单元格格式"对话框中选择"对齐"选项卡。

（2）在"水平对齐"下拉列表中选中"居中"，在"垂直对齐"下拉列表中选中"居中"，然后单击"确定"按钮。

也可以单击"开始"→"对齐方式"工具组中的"居中"按钮及"垂直居中"按钮。

完成第 5、6 步后的效果如图 8-13 所示。

	A	E	C	D	E	F	G
1				学生成绩表			
2	学号	姓名	性别	数学	语文	英语	计算机
3	0101	张小含	女	95	67	86	99
4	0102	李思维	男	87	76	66	84
5	0103	王武喜	男	84	75	79	92
6	0104	张旭阳	男	91	95	85	93
7	0105	赵路新	女	82	83	75	86
8	0106	李红艳	女	59	48	69	51
9	0107	马秀英	女	85	91	80	85
10	0108	刘晓晓	女	88	83	89	69
11	0109	王巧怡	女	79	76	81	81
12	0110	田陶然	男	92	74	73	89

图 8-13　行高、列宽及对齐设定效果

7. 设定边框

设定 A2:G12 区域框线，要求：线条颜色：红色，强调文字颜色 2；线条样式：外框线为双线、内框线为单细线。

（1）选中 A2:G12，选择"单元格"工具组中"格式"→"设置单元格格式"，弹出"设置单元格格式"对话框，选择"边框"选项卡。

（2）在"颜色"列表中单击向下箭头，在出现的颜色列表中选择"红色，强调文字颜色 2"（主题颜色第 6 个）。

（3）在"线条"框架的"样式"列表中选择"单细线"，然后单击"预置"框架中的"内部"按钮。

（4）在"线条"框架的"样式"列表中选择"双线"，然后单击"预置"框架中的"外边框"按钮，单击"确定"按钮，如图 8-14 所示。

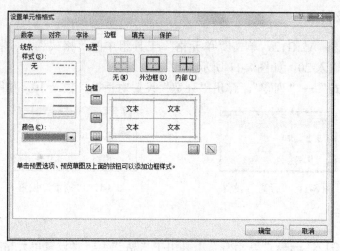

图 8-14　边框设置

设置边框后的效果如图 8-15 所示。

8. 设定数据格式

（1）选中 D3:G12，选择"单元格"工具组中"格式"→"设置单元格格式"，弹出"设置单元格格式"对话框，选择"数字"选项卡，如图 8-16 所示。

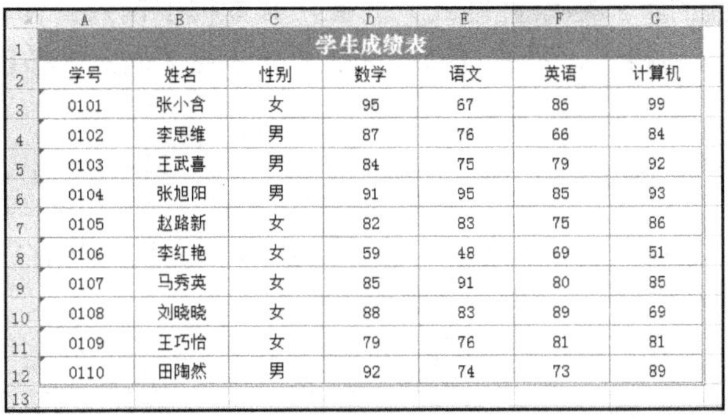

图 8-15 设置边框后效果

（2）在"分类"列表中选中"数值"，"小数位数"设置为"0"，然后单击"确定"按钮。

图 8-16 数据格式设定过程

9. 设置条件格式

将"数学"成绩大于 90 的单元格格式设置为"浅红填充色深红色文本"。

选中 D2:D12，单击"开始"→"样式"工具组中的"条件格式"按钮，在弹出列表中选择"突出显示单元格规则"→"大于"（见图 8-17），弹出如图 8-18 所示的"大于"对话框。

图 8-17 "条件格式"列表

图 8-18 "大于"对话框

在"为大于以下值的单元格设置格式"区域，文本框中输入"90"，设置为"浅红填充色深红色文本"（若为其他格式，可通过列表选择）→单击"确定"按钮，表格效果如图 8-1 所示。

10．保存工作簿

单击"文件"→"保存"按钮，在弹出的如图 8-19 所示的"另存为"对话框中选择保存位置，文件名为"学生成绩表"→单击"确定"按钮。

图 8-19 "另存为"对话框

至此，一个简单的学生工作表就做好了，案例最终效果图如图 8-1 所示。

8.1.4 总结

本节主要讲解了 Excel 最基本的表格制作过程，有些格式的设定与 Word 有异曲同工之妙，要想把电子表格制作得漂亮，可以把 Word 中学到的知识引用过来。在本案例的制作过程中，采用填充柄输入数据、合并及居中、行高与列宽的设定、数据格式的设定都是电子表格所特有的，希望大家认真掌握。

8.2 学生成绩表的计算

本节在上一节制作的工作簿基础上又增加了 3 个工作表，并在第 2 个工作表中增加了几个常用的公式。

8.2.1 案例说明

本案例是一个带有公式的多工作表工作簿，在设置好数据的基础上增加了计算功能。最终效果如图 8-20 所示。

学号	姓名	性别	数学	语文	英语	计算机	平时成绩	总分
学生成绩表								
0201	董旭阳	男	85	92	80	90	99	272.6
0202	刘山	男	79	96	78	92	97	270.6
0203	赵秀英	女	99	81	85	80	98	270.9
0204	王丽	女	94	65	85	94	100	266.6
0205	李玫	女	80	87	79	88	96	262.6
0206	田晓晓	女	87	95	69	68	89	250
0207	张明	男	89	70	70	81	94	245.2
0208	王乔	女	80	70	82	74	93	242.1
0209	田浩然	男	91	70	75	69	89	240.2
0210	马红艳	女	54	65	80	66	100	215.5

图 8-20　案例整体效果

8.2.2　知识点分析

本案例的制作过程中用到的主要操作包括打开工作簿、新建工作表、删除工作表、重命名工作表、复制和移动工作表、使用公式、插入函数、排序等。

8.2.3　制作步骤

1. 打开工作簿

打开 Excel 2010，单击"文件"→"打开"，在弹出的如图 8-21 所示的"打开"对话框中选择位置和需打开的文件（此案例打开的是上节中保存的学生成绩表工作簿，文件位置取决于在上一节中保存的位置），单击"打开"按钮。

本操作还可以通过以下方法实现：在计算机或资源管理器中找到要打开的文件，双击打开。

图 8-21　"打开"对话框

2. 工作表的操作

（1）重命名工作表：右击工作表标签"Sheet1"，在弹出的如图 8-22 所示的快捷菜单中选择"重命名"，工作表标签成反白显示，输入"一班成绩"。将"Sheet1"重命名为"一班成绩"。

（2）删除工作表：右击工作表标签"Sheet2"，在弹出的快捷菜单中选择"删除"，删除"Sheet2"，用同样的方法删除"Sheet3"。

（3）移动或复制工作表：右击工作表标签"一班成绩"，在弹出的快捷菜单中选择"移动或复制工作表"，弹出如图 8-23 所示的"移动或复制工作表"对话框，选择"移至最后"→"建立副本"，单击"确定"按钮。将新建立的工作表重命名为"二班成绩"。

图 8-22　工作表右键快捷菜单　　　图 8-23　"移动或复制工作表"对话框

（4）用同样的方法再次复制工作表"一班成绩"，将新建立的工作表命名为"三班成绩"。

（5）新建工作表：右击工作表标签"一班成绩"，在弹出的快捷菜单中选择"插入"→"工作表"，将插入的新工作表重命名为"成绩对比"。

（6）右击工作表标签"成绩对比"，在弹出的快捷菜单中选择"移动或复制工作表"，选择"移至最后"，单击"确定"按钮。

工作表操作完成后的效果如图 8-24 所示。

	A	B	C	D	E	F	G
1	学生成绩表						
2	学号	姓名	性别	数学	语文	英语	计算机
3	0101	张小含	女	95	67	86	99
4	0102	李思维	男	87	76	66	84
5	0103	王武喜	男	84	75	79	92
6	0104	张旭阳	男	91	95	85	93
7	0105	赵路新	女	82	83	75	86
8	0106	李红艳	女	59	48	69	51
9	0107	马秀英	女	85	91	80	85
10	0108	刘晓晓	女	88	83	89	69
11	0109	王巧怡	女	79	76	81	81
12	0110	田陶然	男	92	74	73	89
13							

一班成绩　二班成绩　三班成绩　成绩对比

图 8-24　工作表操作完成效果

3. 插入简单公式

（1）打开"二班成绩"工作表，选中 A1:G12，单击"开始"→"编辑"工具组中的"清除"按钮→"清除格式"，再按照图 8-25 修改或输入数据，并设置"学生成绩表"（字体为"楷体"，字号为"24"，且作为表格标题居中）。

图 8-25　"二班成绩"工作表数据

（2）选定 H3，输入"= D3+E3+F3+G3"，如图 8-26 所示，按回车键确认。

图 8-26　公式的输入

（3）选中 H3 单元格，把鼠标放在 H3 单元格的填充柄处，按住鼠标左键拖动鼠标到 H12，自动填充其他行的相应数据。填充后的效果如图 8-27 所示。

图 8-27　总分填充效果

4. 排序

单击 H3:H12 任何一个单元格，选择"开始"→"编辑"工具组中的"排序和筛选"→"降序"，数据以"总分"为关键字进行降序排列。排序结果如图 8-28 所示。

5. 插入函数

（1）在总分列前插入一新列，列标题为"平均分"，并利用 Average 计算所有成绩的平均值，并利用 Round 函数，将平均值的结果精确到小数点后 1 位，步骤如下：

① 选中 H 列，右击，在快捷菜单中选择"插入"命令，则在"总分"列前出现新的一列，选中 H2 单元格，在此单元格中输入"平均分"。

	学生成绩表							
学号	姓名	性别	数学	语文	英语	计算机	总分	名次
0201	董旭阳	男	85	92	80	90	347	
0202	刘山	男	79	96	78	92	345	
0203	赵秀英	女	99	81	85	80	345	
0204	王丽	女	94	65	85	94	338	
0205	李玟	女	80	87	79	88	334	
0206	田晓晓	女	87	95	69	68	319	
0207	张明	男	89	70	70	81	310	
0208	王乔	女	80	70	82	74	306	
0209	田浩然	男	91	70	75	69	305	
0210	马红艳	女	54	65	80	66	265	

图 8-28 按总分降序排列效果

② 选中 H3 单元格，单击"公式"选项卡→" 插入函数"按钮（最左边），弹出"插入函数"对话框（见图 8-29），在"选择类别"中选择"全部"，在"选择函数"列表中找到 AVERAGE 函数，单击"确定"按钮。弹出 AVERAGE 函数参数对话框。

图 8-29 "插入函数"对话框

③ 在 AVERAGE 函数参数对话框中 Number1 参数处输入计算范围 D3:G3（也可通过鼠标直接选中），如图 8-30 所示，然后单击"确定"按钮。

④ 在 H3 单元格中显示平均分为 86.75 分。在编辑栏中显示计算公式为 =AVERAGE(D3:G3)。

⑤ 在编辑栏中将公式改为=ROUND(AVERAGEA(D3:G3),1)并回车。从而将平均值的结果精确到小数点后 1 位，H3 中显示平均分为 86.8。

⑥ 选中 H3，拖动 H3 单元格的填充柄至 H12，完成其他数据的填充。

（2）在 C13、C14、C15 分别输入 MAX、MIN、COUNT，在 D13、D14、D15 单元格中分别计算数学成绩的最大值、最小值、成绩个数。

① 选中 D13 单元格，用上面相同的方法找到 MAX 函数，单击"确定"按钮，弹出 MAX 函数参数对话框。在 MAX 函数参数对话框中 Number1 参数处输入计算范围 D3:D12，单击"确定"按钮。在 D13 中显示数学成绩的最大值 99。

② 选中 D14 单元格，用上面相同的方法找到 MIN 函数，单击"确定"按钮，弹出 MIN 函数参数对话框。在 MIN 函数参数对话框中 Number1 参数处输入计算范围 D3:D12，单击"确定"按钮。在 D14 中显示数学成绩的最小值 54。

图 8-30　AVERAGE 函数参数对话框

③ 选中 D15 单元格，用上面相同的方法找到 COUNT 函数，单击"确定"按钮，弹出 COUNT 函数参数对话框。在 COUNT 函数参数对话框中 Value1 参数处输入计算范围 D3:D12，单击"确定"按钮。在 D15 中显示数学成绩的个数为 10。

（3）在 A13 单元格中输入 COUNTA，利用 COUNTA 函数计算学生人数，结果放入 B13 单元格。

用上面相同的方法找到 COUNTA 函数，单击"确定"按钮，弹出 COUNTA 函数参数对话框。在 COUNTA 函数参数对话框中 Value1 参数处输入计算范围 A3:A12，单击"确定"按钮。在 B13 中显示学生个数为 10。

（4）利用 RANK.EQ 函数完成学生成绩排名。

① 选定 J3 单元格，单击"公式"选项卡→"[fx]插入函数"按钮，弹出"插入函数"对话框。在"选择类别"下拉列表中选择"统计"选项，在"选择函数"列表中选择"RANK.EQ"函数（如图 8-31 所示），单击"确定"按钮。

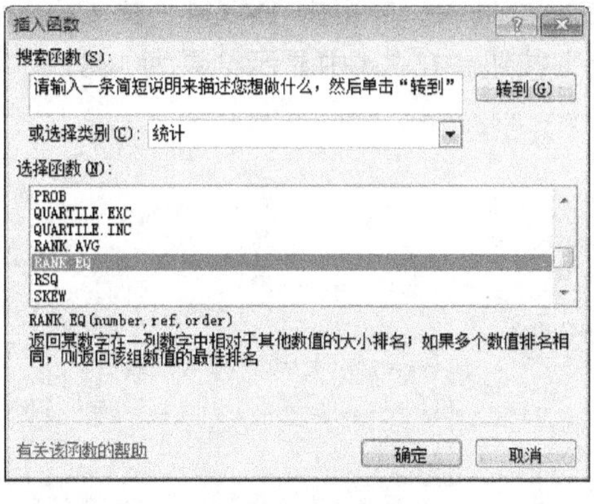

图 8-31　函数类别选择

② 在"函数参数"对话框中，在第一行中选定 I3，在第二行中选定绝对引用区域 $I$3:$I$12，（用鼠标选择后为 I3:I12，然后按"F4"，即可改为绝对引用），如图 8-32 所示，单击"确定"按钮。单击 J3，并拖动填充柄至 J12。效果参见图 8-33。

（5）利用 SUMIF 函数计算刘山同学数学、语文、英语和计算机中成绩>90 的成绩之和，并将结果放入 K4 中。

选中 K4 单元格，输入"=SUMIF(D4:G4,">90")"，回车，得结果为 188。

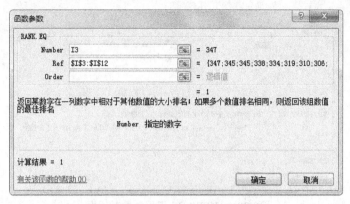

图 8-32　RANK 函数参数设置对话框

	A	B	C	D	E	F	G	H	I	J
1					学生成绩表					
2	学号	姓名	性别	数学	语文	英语	计算机	平均分	总分	名次
3	0201	董旭阳	男	85	92	80	90	86.8	347	1
4	0202	刘山	男	79	96	78	92	86.3	345	2
5	0203	赵秀英	女	99	81	85	80	86.3	345	2
6	0204	王丽	女	94	65	85	94	84.5	338	4
7	0205	李玫	女	80	87	79	88	83.5	334	5
8	0206	田晓晓	女	87	95	69	68	79.8	319	6
9	0207	张明	男	89	70	70	81	77.5	310	7
10	0208	王乔	女	80	70	82	74	76.5	306	8
11	0209	田浩然	男	91	70	75	69	76.3	305	9
12	0210	马红艳	女	54	65	80	66	66.3	265	10
13	COUNTA		10	MAX	99					
14				MIN	54					
15				COUNT	10					

图 8-33　插入部分函数后的效果

或者用上面相同的方法找到 SUMIF 函数，单击"确定"按钮，弹出 SUMIF 函数参数对话框。在对话框中 Range 参数处输入计算范围 D4:G4，在 Criteria 参数处输入">90"，如图 8-34 所示，然后单击"确定"按钮。在 K4 中显示结果为 188。

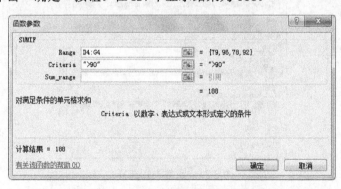

图 8-34　SUMIF 函数参数设置对话框

（6）删除"平均分"及"名次"列，增加"等级"列，并用 IF 函数根据学生总分将学生等级划分为优秀和合格；如果"成绩>340"则等级为"优秀"；否则等级为"合格"。

① 选中"平均分"列，右击鼠标，在弹出的快捷菜单中选择"删除"命令，则删除"平均分"列；用同种方法删除"名次"列。

② 选中 I2，输入"等级"；选择 I3，用前面的方法找到 IF 函数，单击"确定"按钮，

弹出 IF 函数参数对话框。在 IF 函数参数对话框中设置参数如图 8-35 所示，然后单击"确定"按钮，则在 I3 中显示"优秀"。

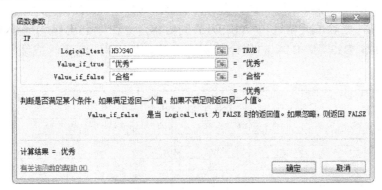

图 8-35　IF 函数参数设置对话框

③ 选中 I3 单元格，拖动其填充柄至 I12，完成等级列的填充，效果如图 8-36 所示。

	A	B	C	D	E	F	G	H	I
1	学生成绩表								
2	学号	姓名	性别	数学	语文	英语	计算机	总分	等级
3	0201	董旭阳	男	85	92	80	90	347	优秀
4	0202	刘山	男	79	96	78	92	345	优秀
5	0203	赵秀英	女	99	81	85	80	345	优秀
6	0204	王丽	女	94	65	85	94	338	合格
7	0205	李玟	女	80	87	79	88	334	合格
8	0206	田晓晓	女	87	95	69	68	319	合格
9	0207	张明	男	89	70	70	81	310	合格
10	0208	王乔	女	80	70	82	74	306	合格
11	0209	田浩然	男	91	70	75	69	305	合格
12	0210	马红艳	女	54	65	80	66	265	合格

图 8-36　IF 函数使用后效果

（7）在 I13 单元格用 COUNTIF 函数计算等级为"优秀"的学生个数。

单击单元格 I13，输入"=COUNTIF(I3:I12,"优秀")"，然后回车即得到结果 3。或者通过函数对话框完成计算，参数设置如图 8-37 所示。

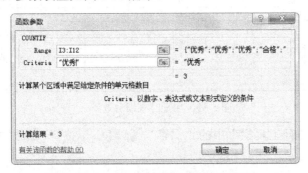

图 8-37　COUNTIF 函数参数设置对话框

另外，利用 COUNTIF 函数计算刘山同学有几门课达到 90 分以上，并将结果显示于 J3。

选中 J3，输入"=COUNTIF(D4:G4,">90")"，回车，显示结果为 2。

要点：任何文本条件或任何含有逻辑或数学符号的条件都必须使用双引号 (") 括起来。如果条件为数字，则无需使用双引号。

6. 公式计算

用上面方法删除"等级"列，在"总分"列前增加"平时成绩"列，按下面数据输入"平时成绩"数据，删除单元格区域 A13:D15 的内容，并在 A13:B14 中输入数据（数据参见图 8-38），根据 B13 和 B14 的值计算实际总分，即"总分=平时成绩*30%+原始总分*70%"。

	A	B	C	D	E	F	G	H	I
1					学生成绩表				
2	学号	姓名	性别	数学	语文	英语	计算机	平时成绩	总分
3	0201	董旭阳	男	85	92	80	90	99	347
4	0202	刘山	男	79	96	78	92	97	345
5	0203	赵秀英	女	99	81	85	80	98	345
6	0204	王丽	女	94	65	85	94	100	338
7	0205	李玫	女	80	87	79	88	96	334
8	0206	田晓晓	女	87	95	69	68	89	319
9	0207	张明	男	89	70	70	81	94	310
10	0208	王乔	女	80	70	82	74	93	306
11	0209	田浩然	男	91	70	75	69	89	305
12	0210	马红艳	女	54	65	80	66	100	265
13	平时成绩百分比	30%							
14	原始总分百分比	70%							
15									

图 8-38　插入平时成绩后的效果

注：A13 和 A14 中数据的自动换行，可通过选中单元格后右击→"设置单元格格式"→"对齐"，在文本控制中选中"自动换行"进行设置。

选中 I3，输入"=SUM(D3:G3)*\$B\$14+H3*\$B\$13"，回车，得到新总分，其余拖动 I3 的填充柄至 I12。最后效果如图 8-39 所示。

	A	B	C	D	E	F	G	H	I
1					学生成绩表				
2	学号	姓名	性别	数学	语文	英语	计算机	平时成绩	总分
3	0201	董旭阳	男	85	92	80	90	99	272.6
4	0202	刘山	男	79	96	78	92	97	270.6
5	0203	赵秀英	女	99	81	85	80	98	270.9
6	0204	王丽	女	94	65	85	94	100	266.6
7	0205	李玫	女	80	87	79	88	96	262.6
8	0206	田晓晓	女	87	95	69	68	89	250
9	0207	张明	男	89	70	70	81	94	245.2
10	0208	王乔	女	80	70	82	74	93	242.1
11	0209	田浩然	男	91	70	75	69	89	240.2
12	0210	马红艳	女	54	65	80	66	100	215.5

图 8-39　加平时成绩后效果

最后单击"快速访问工具栏"中的"保存" 按钮，依据之前的保存设置保存工作簿。

8.2.4　总结

本节主要介绍了如何在 Excel 工作簿中插入、删除、重命名、移动或复制工作表以及如何在 Excel 的工作表中使用公式和常用函数，这些知识在日常生活中经常会用到，希望大家认真掌握。对于函数的使用，在不同的行业和应用中可能会用到不同的函数，要想熟练掌握还需要注意联系实际。

8.3　学生成绩表的筛选与汇总

本节对"三班成绩"工作表增加了排序、筛选和分类汇总等数据分析操作，这些一般在数据库软件中才有的操作，Excel 也具备了。

8.3.1　案例说明

本案例有数据排序、数据筛选和分类汇总三个效果，其中数据排序如图 8-40 所示。

学号	姓名	性别	数学	语文	英语	计算机	总分
			学生成绩表				
0307	张旭	男	93	98	82	91	364
0301	马秀	女	88	92	82	88	350
0302	张含	女	99	66	85	92	342
0308	田然	男	95	80	70	91	336
0303	赵新	女	87	87	74	88	336
0304	王巧	女	83	77	89	87	336
0305	刘晓	女	81	86	88	74	329
0309	王武	男	86	73	71	92	322
0310	李维	男	81	74	68	89	312
0306	李艳	女	64	52	69	56	241

图 8-40　数据排序效果

数据筛选效果如图 8-41 所示。

学号	姓名	性别	数学	语文	英语	计算机	总分
			学生成绩表				
0307	张旭	男	93	98	82	91	364
0302	张含	女	99	66	85	92	342

图 8-41　数据筛选效果

分类汇总效果如图 8-42 所示。

学号	姓名	性别	数学	语文	英语	计算机	总分
			学生成绩表				
0301	马秀	女	88	92	82	88	350
0302	张含	女	99	66	85	92	342
0303	赵新	女	87	87	74	88	336
0304	王巧	女	83	77	89	87	336
0305	刘晓	女	81	86	88	74	329
0306	李艳	女	64	52	69	56	241
		女 平均值					322
0307	张旭	男	93	98	82	91	364
0308	田然	男	95	80	70	91	336
0309	王武	男	86	73	71	92	322
0310	李维	男	81	74	68	89	312
		男 平均值					334
		总计平均值					327

图 8-42　分类汇总效果

8.3.2 知识点分析

本案例的制作过程中用到的主要操作包括插入公式、排序、筛选、分类汇总等。

8.3.3 制作步骤

1. 输入数据

打开"三班成绩"工作表，按照图 8-43 修改或输入数据。

	A	B	C	D	E	F	G	H
1				学生成绩表				
2	学号	姓名	性别	数学	语文	英语	计算机	总分
3	0301	马秀	女	88	92	82	88	
4	0302	张含	女	99	66	85	92	
5	0303	赵新	女	87	87	74	88	
6	0304	王巧	女	83	77	89	87	
7	0305	刘晓	女	81	86	88	74	
8	0306	李艳	女	64	52	69	56	
9	0307	张旭	男	93	98	82	91	
10	0308	田然	男	95	80	70	91	
11	0309	王武	男	86	73	71	92	
12	0310	李维	男	81	74	68	89	

图 8-43 "三班成绩"工作表数据

2. 插入函数

用 SUM 函数计算总分列。

（1）单击 H3 单元格，输入"="，单击名称框右侧的下拉箭头，在打开的如图 8-44 所示菜单中选择"SUM"，在弹出的如图 8-45 所示"函数参数"对话框中设置参数为"D3:G3"，单击"确定"按钮。

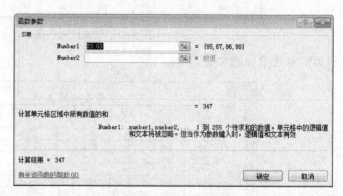

图 8-44 函数列表　　　　图 8-45 "函数参数"对话框

（2）单击 H3，并拖动填充柄至 H12，数据填充完毕，效果如图 8-46 所示。

3. 排序

（1）按"总分""降序"对成绩表进行排序。

学生成绩表							
学号	姓名	性别	数学	语文	英语	计算机	总分
0301	马秀	女	88	92	82	88	350
0302	张含	女	99	66	85	92	342
0303	赵新	女	87	87	74	88	336
0304	王巧	女	83	77	89	87	336
0305	刘晓	女	81	86	88	74	329
0306	李艳	女	64	52	69	56	241
0307	张旭	男	93	98	82	91	364
0308	田然	男	95	80	70	91	336
0309	王武	男	86	73	71	92	322
0310	李维	男	81	74	68	89	312

图 8-46　求总分后的效果

单击"总分"列中任一有数据单元格，选择"开始"→"编辑"工具组中的"排序和筛选"→"降序"，数据以总分为关键字进行降序排列，效果如图 8-47 所示。

学生成绩表							
学号	姓名	性别	数学	语文	英语	计算机	总分
0307	张旭	男	93	98	82	91	364
0301	马秀	女	88	92	82	88	350
0302	张含	女	99	66	85	92	342
0303	赵新	女	87	87	74	88	336
0304	王巧	女	83	77	89	87	336
0308	田然	男	95	80	70	91	336
0305	刘晓	女	81	86	88	74	329
0309	王武	男	86	73	71	92	322
0310	李维	男	81	74	68	89	312
0306	李艳	女	64	52	69	56	241

图 8-47　按总分降序排列的效果

（2）先按"总分""降序"对成绩表进行排序，当"总分"相同时再按"计算机"成绩降序排列。

① 单击数据区任一单元格，单击"开始"→"编辑"工具组中的"排序和筛选"按钮→"自定义排序"命令，打开"排序"对话框，设置"主要关键字"为"总分"→"次序"为"降序"，如图 8-48 所示。

图 8-48　"排序"对话框

② 单击"添加条件"按钮，增加"次要关键字"设置选项，设置"次要关键字"为"计算机"→"次序"为"降序"→单击"确定"按钮，如图 8-49 所示。

图 8-49 设置次要关键字

数据排序后的效果如图 8-50 所示。

学号	姓名	性别	数学	语文	英语	计算机	总分
\multicolumn{8}{c}{学生成绩表}
0307	张旭	男	93	98	82	91	364
0301	马秀	女	88	92	82	88	350
0302	张含	女	99	66	85	92	342
0308	田然	男	95	80	70	91	336
0303	赵新	女	87	87	74	88	336
0304	王巧	女	83	77	89	87	336
0305	刘晓	女	81	86	88	74	329
0309	王武	男	86	73	71	92	322
0310	李维	男	81	74	68	89	312
0306	李艳	女	64	52	69	56	241

图 8-50 两个关键字排序后效果

4. 筛选

（1）筛选出所有"女"学生的成绩

① 单击数据区任一单元格，选择"开始"→"编辑"工具组中的"排序和筛选"→"筛选"，如图 8-51 所示。

② 此时每一列的标题右边都会出现下拉箭头。单击标题行中"性别"右侧的下拉箭头，在打开的菜单中选择"女"，查看所有女生的成绩，效果如图 8-52 所示。

图 8-51 自动筛选设置

学号	姓名	性别	数学	语文	英语	计算机	总分
\multicolumn{8}{c}{学生成绩表}
0301	马秀	女	88	92	82	88	350
0302	张含	女	99	66	85	92	342
0303	赵新	女	87	87	74	88	336
0304	王巧	女	83	77	89	87	336
0305	刘晓	女	81	86	88	74	329
0306	李艳	女	64	52	69	56	241

图 8-52 所有"女"学生的成绩

（2）筛选出所有"女"学生中，"数学"成绩大于 80 分并小于 90 分的学生。

① 在图 8-52 的基础上，单击"数学"右侧的下拉箭头，在出现的下拉列表中选择"数字筛选"→"介于"命令，如图 8-53 所示，弹出"自定义自动筛选方式"对话框。

② 设置对话框中的选项，如图 8-54 所示。单击"确定"按钮退出。数据表效果如图 8-55 所示，显示所有"数学"成绩大于 80 分并小于 90 分的女生成绩。

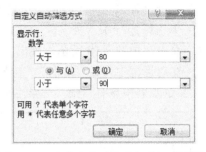

图 8-53 "数字筛选"列表　　　　图 8-54 "自定义自动筛选方式"对话框

	A	B	C	D	E	F	G	H
1				学生成绩表				
2	学号	姓名	性别	数学	语文	英语	计算机	总分
4	0301	马秀	女	88	92	82	88	350
7	0303	赵新	女	87	87	74	88	336
8	0304	王巧	女	83	77	89	87	336
9	0305	刘晓	女	81	86	88	74	329

图 8-55 所有"数学"成绩大于 80 分并小于 90 分的女生成绩

（3）筛选出所有"女"学生中，"数学"成绩高于平均分的学生。

在图 8-52 的基础上，单击"数学"右侧的下拉箭头，在出现的下拉列表中选择"数字筛选"→"高于平均值"命令。

（4）筛选出所有"女"学生中，"语文"成绩最高的两位学生。

在图 8-52 的基础上，单击"语文"右侧的下拉箭头，在出现的下拉列表中选择"数字筛选"→"10 个最大的值"命令，弹出"自动筛选前 10 个"对话框，按照图 8-56 进行设置，单击"确定"按钮退出，结果如图 8-57 所示。

图 8-56 "自动筛选前 10 个"对话框

	学号	姓名	性别	数学	语文	英语	计算机	总分
1				学生成绩表				
2	学号	姓名	性别	数学	语文	英语	计算机	总分
3	2013304	张旭	男	93	98	82	91	364
4	2013307	马秀	女	88	92	82	88	350

图 8-57 所有"女生"中"语文"成绩最高的两位学生

（5）取消筛选。

具有筛选条件时，标题列右边箭头变为![筛选标记]，单击"数学"右边的此标记，在打开的菜单中选择"全选"，则重新显示所有"女"学生成绩，再单击"性别"右边的此标记，在打开的菜单中选择"全选"，则查看所有学生的成绩。

单击"开始"→"编辑"工具组中的"排序和筛选"→"筛选"，所有标题列右边的下拉箭头消失，恢复到原始数据状态。

（6）筛选出"姓名"中含有"张"的学生成绩。

① 选择"开始"→"编辑"工具组中的"排序和筛选"→"筛选"。

② 单击标题行中"姓名"右侧的下拉箭头，在出现的下拉列表中选择"文本筛选"→"包含"命令，如图 8-58 所示，弹出"自定义自动筛选方式"对话框。

③ 在对话框中设置"姓名""包含""张"，如图 8-59 所示，单击"确定"按钮退出。

则显示姓名中含有"张"的学生成绩，如图 8-60 所示。

图 8-58 "文本筛选"列表

图 8-59 "自定义自动筛选方式"对话框

学生成绩表							
学号	姓名	性别	数学	语文	英语	计算机	总分
0307	张旭	男	93	98	82	91	364
0302	张含	女	99	66	85	92	342

图 8-60 姓名中含有"张"的学生成绩

5. 分类汇总

按"性别"进行分类，汇总方式为"平均值"，对"总分"进行分类汇总。

（1）恢复数据至图 8-50，单击"性别"列中任何一个单元格，单击"数据"选项卡"排序和筛选"工具组中的"排序"按钮，打开如图 8-61 所示的"排序"对话框，在"主要关键字"里选择"性别"→单击"确定"按钮。

（2）单击"数据"→"分级显示"工具组中的"分类汇总"，打开如图 8-62 所示的"分类汇总"对话框，在"分类字段"中选择"性别"，在"汇总方式"中选择"平均值"，在"选定汇总项"中选择"总分"，单击"确定"按钮。效果如图 8-63 所示。

图 8-61 "排序"对话框

图 8-62 "分类汇总"对话框

1 2 3	A	B	C	D	E	F	G	H
1				学生成绩表				
2	学号	姓名	性别	数学	语文	英语	计算机	总分
3	0301	马秀	女	88	92	82	88	350
4	0302	张含	女	99	66	85	92	342
5	0303	赵新	女	87	87	74	88	336
6	0304	王巧	女	83	77	89	87	336
7	0305	刘晓	女	81	86	88	74	329
8	0306	李艳	女	64	52	69	56	241
9			女 平均值					322
10	0307	张旭	男	93	98	82	91	364
11	0308	田然	男	95	80	70	91	336
12	0309	王武	男	86	73	71	92	322
13	0310	李维	男	81	74	68	89	312
14			男 平均值					334
15			总计平均值					327

图 8-63 "分类汇总"效果

（3）若要显示某一级别的行，请单击左上方的 1 2 3 分层显示符号。级别 1 只显示总汇总值（如图 8-64 所示）。级别 2 包含每个分类的汇总值（如图 8-65 所示）。级别 3 包含所有值（如图 8-63 所示）。

1 2 3	A	B	C	D	E	F	G	H
1				学生成绩表				
2	学号	姓名	性别	数学	语文	英语	计算机	总分
15			总计平均值					327

图 8-64 级别 1 显示效果

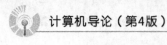

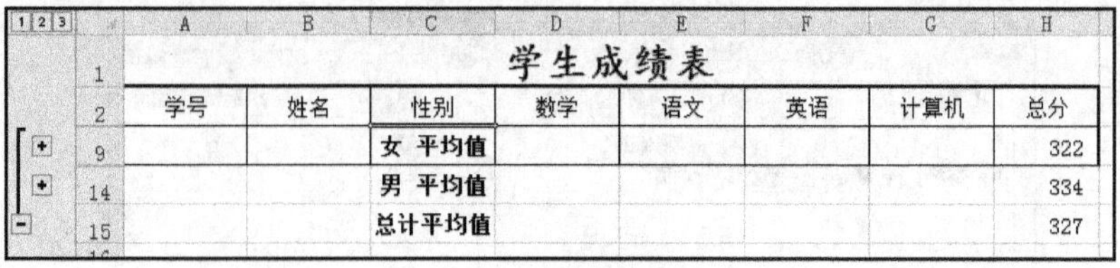

1 2 3		A	B	C	D	E	F	G	H
	1				学生成绩表				
	2	学号	姓名	性别	数学	语文	英语	计算机	总分
	9			女 平均值					322
	14			男 平均值					334
	15			总计平均值					327

图 8-65　级别 2 效果

若要展开或折叠分级显示中的数据，请单击 **+** 和 **-** 分层显示符号。

（4）取消分类汇总。

打开"分类汇总"对话框，在对话框中单击"全部删除"按钮，分类汇总被删除。

最后单击"快速访问工具栏"中的"保存"按钮，保存工作簿。

8.3.4　总结

本节主要讲解了 Excel 中的数据分析操作，包括排序、筛选和分类汇总，这些操作在需要进行数据分析的领域非常重要，可以帮助决策者快速做出准确的决策。

另外，数据的排序和筛选操作还可以通过"数据"→"排序和筛选"中的"排序"→"筛选"按钮完成，希望能灵活运用。

8.4　制作学生成绩表图表

本节对 3 个班每门课的平均成绩通过图表进行了对比。

8.4.1　案例说明

本案例为学生成绩表工作簿中 3 个班的数据增加了图表对比的功能，最终效果如图 8-66 所示。

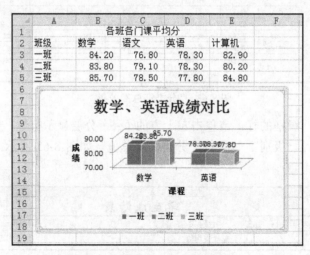

图 8-66　"成绩对比"工作表效果

8.4.2 知识点分析

本案例的制作过程中用到的主要操作包括插入函数和插入图表。

8.4.3 制作步骤

1. 输入数据

打开"成绩对比"工作表，按照图 8-67 输入数据。

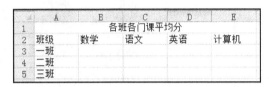

图 8-67 "成绩对比"工作表数据

2. 插入函数

（1）单击 B3 单元格，单击"公式"选项卡，选择"ƒₓ插入函数"按钮，在"插入函数"对话框中选择"AVERAGE"函数，单击"确定"按钮。

（2）在"函数参数"对话框中，将鼠标切入点放入 Number 参数编辑框中，然后打开"一班成绩"工作表，拖动鼠标选择 D3:D12 工作表区域（即一班的数学成绩），单击"函数参数"对话框中的"确定"按钮。

（3）选中 B3 单元格，向右拖动鼠标填充柄至 E3，填充一班的语文、英语及计算机平均成绩。

（4）用同样的方法，填充 B4:E5 中的数据，即二班和三班的各科平均成绩。

（5）选中 B3:E5 单元格区域，单击"开始"→"单元格"工具组中的"格式"→"设置单元格格式"→"数字"→"分类"中的"数值"→小数位数为"2"，单击"确定"按钮。最终效果如图 8-68 所示。

	A	B	C	D	E
1		各班各门课平均分			
2	班级	数学	语文	英语	计算机
3	一班	84.20	76.80	78.30	82.90
4	二班	83.80	79.10	78.30	80.20
5	三班	85.70	78.50	77.80	84.80

图 8-68 "成绩对比"工作表数据最终结果

3. 插入图表

以各班的"数学"及"英语"平均成绩为数据创建图表。

（1）创建图表

选择数据区 A2:A5，然后按住"Ctrl"键，再选择 B2:B5、D2:D5，单击"插入"→"图表"工具组中的"柱形图"→"三维柱形图"→"三维簇状柱形图"，如图 8-69 所示，则自动插入一个图表，如图 8-70 所示。

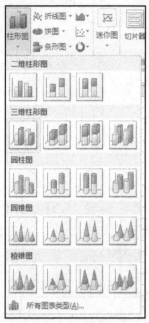

图 8-69　柱形图下拉列表

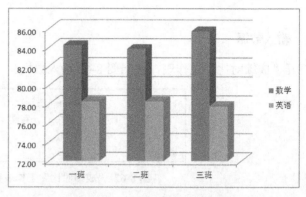

图 8-70　三维簇状柱形图图表

（2）添加图表标题为"数学、英语成绩对比"

选中图表，单击新出现的"图表工具"→"布局"→"标签"→"图表标题"→"图表上方"，在图表上方显示"图表标题"文本，然后修改文本为"数学、英语成绩对比"，效果如图 8-71 所示。

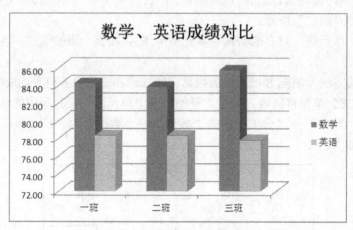

图 8-71　添加"图表标题"的图表

（3）设置图表样式为"样式 11"

选中图表，选择"图表工具"→"设计"→"图表样式"→"样式 11"（第二行第 3个），效果如图 8-72 所示。

（4）切换行→列

选中图表，选择"图表工具"→"设计"→"数据"→"切换行→列"，效果如图 8-73所示。

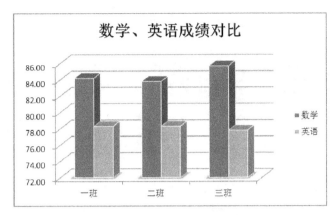

图 8-72　图表样式 11 效果图

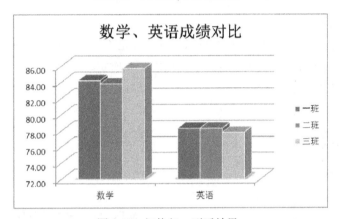

图 8-73　切换行→列后效果

（5）添加主要纵坐标轴标题为"成绩"、主要横坐标轴标题为"课程"。

选中图表，单击"图表工具"→"布局"→"标签"→"坐标轴标题"→"主要纵坐标轴标题"→"竖排标题"（如图 8-74 所示），将图表区显示的文本框修改为"成绩"。

用同样的方法，选择"主要横坐标轴标题"，在下级菜单中选择"坐标轴下方标题"（如图 8-75 所示），将图表区显示的文本框修改为"课程"。

效果如图 8-76 所示。

图 8-74　主要纵坐标轴标题下级菜单　　图 8-75　主要横坐标轴标题下级菜单

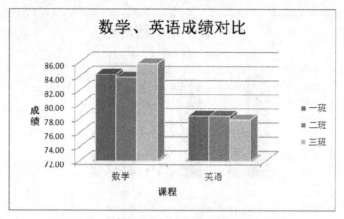

图 8-76　添加主要纵横坐标标题后效果

（6）设置在底部显示图例。

选中图表，单击"图表工具"→"布局"→"标签"→"图例"，在其下拉列表（如图 8-77 所示）中选择"在底部显示图例"，效果如图 8-78 所示。

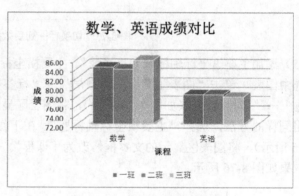

图 8-77　图例下拉列表　　　　图 8-78　图例在底部显示效果

（7）添加数据标签

选中图表，单击"图表工具"→"布局"→"标签"→"数据标签"→"显示"，效果如图 8-79 所示。

（8）调整图表大小，并将图表放在工作表 A6:F18 区域。

选中图表，将鼠标指针放在图表边框上，鼠标变成✛时，拖动图表，使其左上角位于 A6 单元格，然后将鼠标放在图表右下角，鼠标变成↖时，拖动鼠标使其右下角位于 F18 单元格，效果如图 8-80 所示。

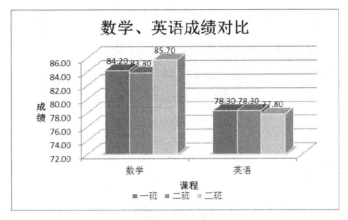

图 8-79 添加数据标签后效果

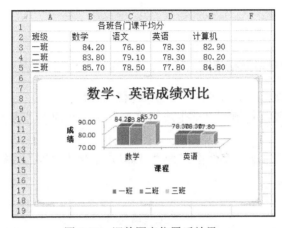

图 8-80 调整图表位置后效果

最后单击"快速访问工具栏"中的"保存"按钮，保存工作簿。

8.4.4 总结

本节主要讲解了 Excel 中图表的使用，包括创建图表、添加图表标题、设置图表样式、切换行→列、添加主要纵横坐标轴标题、设置图例及位置、添加数据标签和调整图表大小。通过图表可以将一些复杂的数据之间的关系清晰地表现出来。

8.5 制作学生成绩分析报表

本节对各班级间不同性别学生的成绩进行对比，并生成数据透视表。

8.5.1 案例说明

本案例对各班级间不同性别学生的成绩进行汇总对比，并生成数据透视表。其最终效果如图 8-81 所示。

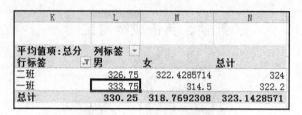

平均值项:总分	列标签		
行标签	男	女	总计
二班	326.75	322.4285714	324
一班	333.75	314.5	322.2
总计	330.25	318.7692308	323.1428571

图 8-81　数据透视表效果图

8.5.2　知识点分析

本案例的制作过程中的主要操作为创建数据透视表。

8.5.3　制作步骤

1. 新建工作表并设置单元格格式

（1）新建一个工作表，并重命名为"学生成绩总表"。

（2）将三个班级的成绩复制到"学生成绩总表"中，并插入"班级"列和"总分"列，输入或计算相应数据。

（3）设置"学生成绩总表"字体格式为"楷体"，字号为"24"，并作为表格标题居中。

效果如图 8-82 所示。

学号	姓名	班级	性别	数学	语文	英语	计算机	总分
0101	张小含	一班	女	95	67	86	99	347
0102	李思维	一班	男	87	76	66	84	313
0103	王武喜	一班	男	84	75	79	92	330
0104	张旭阳	一班	男	91	95	85	93	364
0105	赵路新	一班	女	82	83	75	86	326
0106	李红艳	一班	女	59	48	69	51	227
0107	马秀英	一班	女	85	91	80	85	341
0108	刘晓晓	一班	女	88	83	89	69	329
0109	王巧怡	一班	女	79	76	81	81	317
0110	田陶然	一班	男	92	74	73	89	328
0201	董旭阳	二班	男	85	92	80	90	347
0202	刘山	二班	男	79	96	78	92	345
0203	赵秀英	二班	女	99	81	85	80	345
0204	王丽	二班	女	94	65	85	94	338
0205	李玫	二班	女	80	87	79	88	334
0206	田晓晓	二班	女	87	95	69	68	319
0207	张明	二班	男	89	70	70	81	310
0208	王乔	二班	女	80	70	82	74	306
0209	田浩然	二班	男	91	70	75	69	305
0210	马红艳	二班	女	54	65	80	66	265
0301	马秀	三班	女	88	92	82	88	350
0302	张含	三班	女	99	66	85	92	342
0303	赵新	三班	女	87	87	74	88	336
0304	王巧	三班	女	83	77	89	87	336
0305	刘晓	三班	女	81	86	88	74	329
0306	李艳	三班	女	64	52	69	56	241
0307	张旭	三班	男	93	98	82	91	364
0308	田然	三班	男	95	80	70	91	336
0309	王武	三班	男	86	73	71	92	322
0310	李维	三班	男	81	74	68	89	312

学生成绩总表

一班成绩　二班成绩　三班成绩　成绩对比　学生成绩总表

图 8-82　学生成绩总表

2. 创建数据透视表

（1）创建数据透视表，并将数据透视表放置到该工作表 K2 单元格开始的区域。

选中数据区任意单元格，单击"插入"→"表格"工具组中的"数据透视表"→"数据透视表"，打开"数据透视表"对话框，在"选择放置数据透视表的位置"选择"现有工作表"，将鼠标切入点放于"位置"文本粘贴框后，单击工作表区域中的 K2 单元格，如图 8-83 所示，单击"确定"按钮。

图 8-83 "创建数据透视表"对话框

（2）将一个空的数据透视表添加到工作表中，并在右侧窗格中显示数据透视表字段列表，如图 8-84 所示。

图 8-84 数据透视表字段列表

（3）将字段"班级"添加到行标签，将字段"性别"添加到列标签，将"总分"添加到数值，值字段汇总方式为"求和"。

在"选择要添加到报表的字段"中单击"班级"字段拖动到"行标签"区域，单击"性别"字段拖动到"列标签"区域，单击"总分"字段拖动到"数值"区域，生成的最终结果如图 8-85 所示。

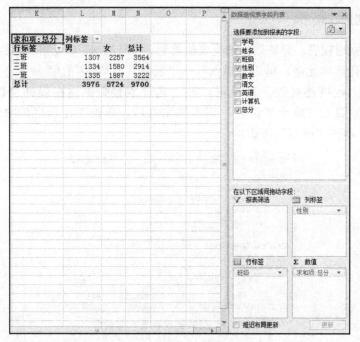

图 8-85 "数据透视表"结果

（4）手动筛选行标签"班级"，只显示"二班"和"一班"。

单击数据透视表区域"行标签"右边下拉箭头，在弹出列表中将"三班"前的对号去掉，效果如图 8-86 所示。

（5）修改"总分"的汇总方式为"平均值"。

右击数据透视表区域中某个单元格，在弹出的快捷菜单中选择"值字段设置"命令，如图 8-87 所示。

图 8-86 一班和二班数据透视表

打开"值字段设置"对话框，在"计算类型"列表中选择"平均值"，如图 8-88 所示，单击"确定"按钮退出，效果如图 8-89 所示。

图 8-87 快捷菜单

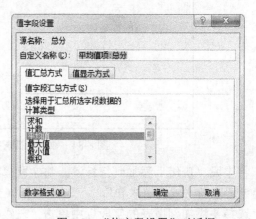

图 8-88 "值字段设置"对话框

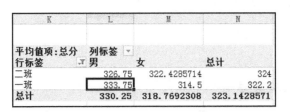

平均值项:总分	列标签		
行标签	男	女	总计
二班	326.75	322.4285714	324
一班	333.75	314.5	322.2
总计	330.25	318.7692308	323.1428571

图 8-89 "总分"汇总方式改为"平均值"效果

最后单击"快速访问工具栏"中的"保存"按钮，保存工作簿。

8.5.4 总结

本节主要讲解了 Excel 中数据透视表的使用，通过数据透视表可以将一些复杂的数据之间的关系以报表的形式表现出来，在现实生活中有着广泛的应用，希望认真学习领会。

8.6 综合应用

本节对常用的几个操作进行综合应用，并生成一个简单的成绩表及成绩统计。

8.6.1 案例说明

本案例对学生成绩总表的格式进行设置，并进行各班级成绩统计。其最终效果如图 8-90 所示。

学号	姓名	班级	数学	语文	英语	总分		成绩统计	
								班级	成绩总和
01001	张小含	一班	86	95	82	263		一班	1257
01002	李思维	一班	87	78	69	234		二班	1215
01003	马秀英	一班	80	69	88	237		三班	1240
01004	刘晓晓	一班	79	92	81	252			
01005	赵路新	一班	91	88	92	271			
02001	王武喜	二班	90	80	89	259			
02002	张旭阳	二班	88	89	80	257			
02003	李红艳	二班	69	91	79	239			
02004	王巧怡	二班	79	81	69	229			
02005	田陶然	二班	89	80	62	231			
03001	李欣然	三班	90	79	89	258			
03002	王乐晓	三班	93	76	80	249			
03003	马洪涛	三班	85	85	87	257			
03004	田海霞	三班	81	93	69	243			
03005	张乐乐	三班	87	86	60	233			

图 8-90 案例最终效果图

8.6.2 知识点分析

本案例的制作过程中用到的主要操作包括填充数据、设置单元格格式、简单的公式计算、名称的使用。

8.6.3 制作步骤

1. 新建工作表并填充数据

（1）新建一个工作表，命名为"成绩统计"。

在前面工作簿的基础上，单击最后一个工作表右侧的"插入工作表按钮"，则新建一个工作表；双击工作表标签，标签成反白状态后，输入"成绩统计"。

（2）按图 8-91 输入工作表数据。

（3）填充 A3:A17 数据。

选中 A3:A17，单击"数据"→"数据工具"工具组中的"数据有效性"按钮→"数据有效性"菜单，打开"数据有效性"对话框，在"设置"→"有效性条件""允许"列表中选择"文本长度"→"数据"为"等于"→"长度"为"5"，单击"确定"按钮。

	A	B	C	D	E	F	G	H	I	J
1	学生成绩总表									
2	学号	姓名	班级	数学	语文	英语	总分		成绩统计	
3		张小含	一班	86	95	82			班级	成绩总和
4		李思维	一班	87	78	69			一班	
5		马秀英	一班	80	69	88			二班	
6		刘晓晓	一班	79	92	81			三班	
7		赵路新	一班	91	88	92				
8		王武喜	二班	90	80	89				
9		张旭阳	二班	88	89	80				
10		李红艳	二班	69	91	79				
11		王巧怡	二班	79	81	69				
12		田陶然	二班	89	80	62				
13		李欣然	三班	90	79	89				
14		王乐晓	三班	93	76	80				
15		马洪涛	三班	85	85	87				
16		田海霞	三班	81	93	69				
17		张乐乐	三班	87	86	60				

图 8-91　工作表数据

选中 A3，在单元格中先输入英文状态下"'"，然后输入"01001"，回车，拖动 A3 单元格的填充柄至 A7；在 A8 中输入"'02001"，回车，拖动 A8 单元格的填充柄至 A12；在 A13 中输入"'03001"，回车，拖动 A8 单元格的填充柄至 A17，效果如图 8-92 所示。

	A	B	C	D	E	F	G
1	学生成绩总表						
2	学号	姓名	班级	数学	语文	英语	总分
3	01001	张小含	一班	86	95	82	
4	01002	李思维	一班	87	78	69	
5	01003	马秀英	一班	80	69	88	
6	01004	刘晓晓	一班	79	92	81	
7	01005	赵路新	一班	91	88	92	
8	02001	王武喜	二班	90	80	89	
9	02002	张旭阳	二班	88	89	80	
10	02003	李红艳	二班	69	91	79	
11	02004	王巧怡	二班	79	81	69	
12	02005	田陶然	二班	89	80	62	
13	03001	李欣然	三班	90	79	89	
14	03002	王乐晓	三班	93	76	80	
15	03003	马洪涛	三班	85	85	87	
16	03004	田海霞	三班	81	93	69	
17	03005	张乐乐	三班	87	86	60	

图 8-92　填充数据后效果

2. 设置单元格格式

（1）设置合并及居中。

选中 A1:G1，单击"开始"→"对齐方式"工具组中的"合并后居中"按钮。

选中 I2:J2，单击"开始"→"对齐方式"工具组中的"合并后居中"按钮。

（2）设置字体格式

选中 A1:G1，单击"开始"→"字体"工具组中的"字体"设为"华文新魏"→"字号"为"24"→"字体颜色"为"深蓝，文字 2"。用同种方法，选中 A2:G2，设置字体为"黑体"，字号为"18"；选中 A3:G17，设置字体为"宋体"，字号为"16"。

（3）设置行高列宽

选中 A2:G17，单击"开始"→"单元格"工具组中的"格式"按钮→"行高"，在"行高"对话框中，设置"行高"为25。

选中 A2:G17，单击"开始"→"单元格"工具组中的"格式"按钮→"列宽"，在"列宽"对话框中，设置"列宽"为10。

（4）设置对齐方式

选中 A2:G17，单击"开始"→"对齐方式"工具组中的"居中"按钮及"垂直居中"按钮。

（5）设置框线

选中 A2:G17，单击"开始"→"字体"工具组中的"边框"按钮→"所有框线"。

选中 I3:J6，单击"开始"→"字体"工具组中的"边框"按钮→"所有框线"。

最终设置效果如图 8-93 所示。

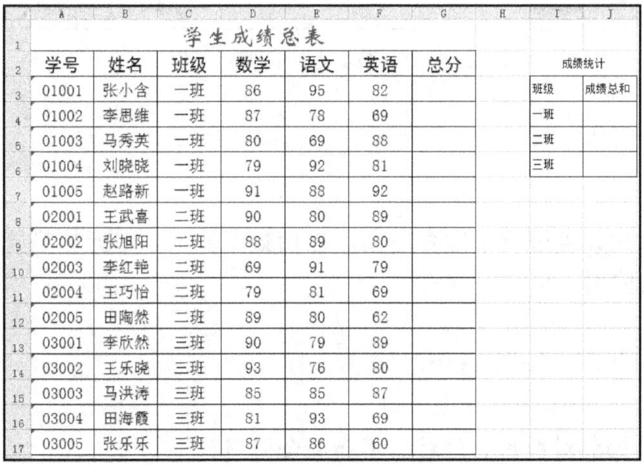

	A	B	C	D	E	F	G	H	I	J
1			学生成绩总表							
2	学号	姓名	班级	数学	语文	英语	总分		成绩统计	
3	01001	张小含	一班	86	95	82			班级	成绩总和
4	01002	李思维	一班	87	78	69			一班	
5	01003	马秀英	一班	80	69	88			二班	
6	01004	刘晓晓	一班	79	92	81			三班	
7	01005	赵路新	一班	91	88	92				
8	02001	王武喜	二班	90	80	89				
9	02002	张旭阳	二班	88	89	80				
10	02003	李红艳	二班	69	91	79				
11	02004	王巧怡	二班	79	81	69				
12	02005	田陶然	二班	89	80	62				
13	03001	李欣然	三班	90	79	89				
14	03002	王乐晓	三班	93	76	80				
15	03003	马洪涛	三班	85	85	87				
16	03004	田海霞	三班	81	93	69				
17	03005	张乐乐	三班	87	86	60				

图 8-93　设置格式后效果

3. 函数计算

利用 SUM 函数计算所有学生的总分。选中 G3 单元格，单击"开始"→"编辑"工具组中的"自动求和"→"回车"按钮。拖动 G3 的填充柄至 G17。

4. 名称的使用

（1）定义名称：将（C3:C17）区域定义为"班级"，将（G3:G17）区域定义为"成绩"。

图 8-94 "新建名称" 对话框

选中（C3:C17），单击"公式"→"定义的名称"工具组中的"定义名称"按钮，弹出如图 8-94 所示的"新建名称"对话框，在对话框的"名称"文本框中输入"班级"；单击"确定"按钮。用同种方法将（G3:G17）区域定义为"成绩"。

（2）使用名称：使用定义名称进行计算，在（J4:J6）单元格区域，用 SUMIF 函数计算各班级的成绩总和。

选中 J4 单元格，然后单击"公式"选项卡→"插入函数"按钮，找到 SUMIF 函数，打开 SUMIF 函数参数设置对话框，并在第一个参数中输入"班级"（定义的名称），在第二个参数中输入 I4，在第三个参数中输入"成绩"（定义的名称），如图 8-95 所示，然后单击"确定"按钮。

然后选中 J4 单元格，拖动填充柄至 J6，完成数据填充，结果如图 8-90 所示。

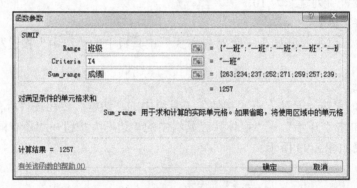

图 8-95 "函数参数" 设置对话框

8.6.4 总结

本节对前几节的知识点进行了综合应用，包括数据输入、单元格格式设置、简单函数的使用及名称的定义及使用。

习 题 八

1. 什么是 Excel 的相对引用、绝对引用和混合引用？
2. 用三种方法求出 A2:C2 区域中的平均值放入 F2 单元格。
3. 列举两种删除工作表的方法。
4. 在 Excel 2010 中，如何将 B 列隐藏起来？
5. 简述图表在 Excel 中的作用及其常见的类型。
6. 上机完成身高体重情况统计表的制作。

模拟场景：某单位人员身高体重情况表格，按照要求处理数据并格式化表格。

（1）基本计算与分析

素材数据如图 8-96 所示，操作要求如下：

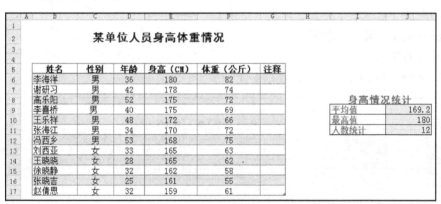

图8-96　素材数据

① 基本计算：利用 AVERAGE 计算"身高"的平均值，并利用 ROUND 函数，将平均值的结果精确到小数点后1位。

② 基本计算：分别利用 MAX 和 COUNT 函数计算"身高"的最高值并统计人数。

③ 排序：按"身高"为主要关键字，"体重"为次要关键字，排序方式均为"降序"对 B6:G17 区域的数据进行排序。

最终效果如图8-97所示。

图8-97　基本计算与分析效果图

（2）制作图表

素材数据如图8-96所示，操作要求如下：

① 图表数据：以"姓名"、"身高"、"体重"为数据创建图表。

② 图表类型：选择"折线图"→"带数据标记的折线图"。

③ 图表标题："人员身高体重统计"。

④ 图表样式：样式10。

⑤ 调整图表大小，并将图表的开始位置放在工作表的 B18 单元格中。

最终效果如图8-98所示。

7. 某大学重修人数统计表

模拟场景：某大学对重修人数进行统计使用的表格，按照要求对数据进行处理并格式化表格。

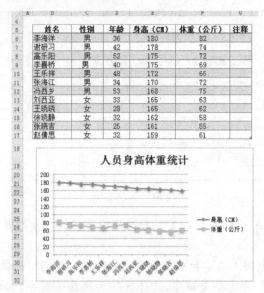

图 8-98　制作图表效果

知识点：

计算与筛选（基本数学公式、计数、筛选）

数据透视表（位置、行标签、汇总方式、筛选）

（1）计算与筛选

素材数据如图 8-99 所示，操作要求如下：

院别	系别	学生人数	重修人数	重修百分比			
某大学重修人数统计表							
文学院	中国语文学系	258	3			重修人数统计	
文学院	外国语文学系	261	5			社会科学院"系别"数	
理学院	数学系	182	9				
理学院	物理学系	259	2				
理学院	化学系	245	5				
工学院	机械系	667	4				
工学院	计算机系	621	6				
管理学院	会计学系	278	7				
管理学院	统计学系	215	7				
管理学院	信息系	222	5				
管理学院	企业管理学系	259	8				
社会科学院	法律学系	243	4				
社会科学院	政治学系	225	5				
社会科学院	经济学系	248	3				
社会科学院	心理学系	215	6				

图 8-99　计算与筛选效果图

① 在 E 列的 E3:E17 单元格区域，按下列公式计算"重修百分比"，结果设置为百分比并保留 2 位小数。

$$重修百分比 = 重修人数 \div 学生人数$$

② 在 H 列的 H3 和 H4 单元格，分别用 SUM，COUNTA 函数计算"重修人数统计"和"社会科学院'系别'数"，其中"社会科学院'系别'数"的计算范围是 B14:B17。

③ 在 A2:E17 区域对数据进行筛选操作，要求如下：

"院别"为"管理学院"；

"学生人数"小于或等于 250。

最终效果如图 8-100 所示。

	A	B	C	D	E
1			某大学重修人数统计表		
2	院别	系别	学生人数	重修人数	重修百分比
11	管理学院	统计学系	215	7	3.26%
12	管理学院	信息系	222	5	2.25%
18					

图 8-100　筛选结果

（2）数据透视表

素材数据如图 8-101 所示，操作要求如下：

	A	B	C	D
1		某大学重修人数统计表		
2	院别	系别	学生人数	重修人数
3	文学院	中国文学系	258	3
4	文学院	外国语文学系	261	5
5	理学院	数学系	182	9
6	理学院	物理学系	259	2
7	理学院	化学系	245	5
8	工学院	机械系	667	4
9	工学院	计算机系	621	6
10	管理学院	会计学系	278	7
11	管理学院	统计学系	215	7
12	管理学院	信息系	222	5
13	管理学院	企业管理学系	259	8
14	社会科学院	法律学系	243	4
15	社会科学院	政治学系	225	3
16	社会科学院	经济学系	248	3
17	社会科学院	心理学系	215	6
18				

图 8-101　素材数据

① 建立数据透视表，并将数据透视表放置到该工作表 F2 单元格开始的区域；

② 将字段"院别"添加到行标签，将"重修人数"添加到数值，值字段汇总方式为"求和"；

③ 手动筛选行标签"院别"，只显示"工学院"和"文学院"。

最终效果如图 8-102 所示。

行标签	求和项:重修人数
工学院	10
文学院	8
总计	18

8. 2017 年计算机专业学生毕业论文成绩统计表

模拟场景：在 2017 年计算机专业学生毕业论文成绩统计的基础上，根据需求对数据进行更详细的处理。

图 8-102　数据透视表效果图

知识点：设置单元格格式（字体、合并居中、底纹、边框、对齐方式、填充、数据有效性、条件格式）

素材数据如图 8-103 所示，操作要求如下：

	A	B	C	D	E	F
1	2017年计算机专业学生毕业论文成绩统计表					
2	编号	专业	姓名	指导教师成绩	答辩成绩	总分
3		计算机	禾小荷	90	89	89
4		计算机	黄兰英	78	67	71
5		计算机	刘小龙	87	90	89
6		计算机	江海	68	61	64
7		计算机	王晓娟	80	89	85
8		计算机	刘夏海	53	75	66
9		计算机	范willie心	92	90	91
10		计算机	张蓝心	51	53	52
11		计算机	王海军	86	82	84
12		计算机	罗敏丽	78	78	80
13		计算机	李秋月	89	81	84
14		计算机	陈法拉	85	78	81

图 8-103　素材数据

（1）设置标题行，将标题行（A1:F1）合并居中，并将标题文字"2017 年计算机专业学生毕业论文成绩统计表"设置为：

① 华文楷体 16 号、加粗，字体颜色：紫色，强调颜色文字 4。

② 填充颜色：白色，背景 1，深色 5%。

（2）设置工作表第 2 行到第 14 行（A2:F14）区域框线，要求：外框线为双线、内框线为单细线。并将该区域文本的对齐方式设置为水平、垂直方向均"居中"对齐。

（3）设置 A3:A14 单元格的数据有效性为"文本长度"，长度等于 3，用智能填充填写"编号"列（A3:A14），使编号按 001，002，003，…，012 以填充序列方式填写。

（4）对"指导教师成绩"列（D3:D14）进行条件格式设置，将单元格数值大于 90 的单元格格式设置为"浅红填充色深红色文本"。

最终效果如图 8-104 所示。

编号	专业	姓名	指导教师成绩	答辩成绩	总分
001	计算机	禾小荷	90	89	89
002	计算机	黄兰英	78	67	71
003	计算机	刘小龙	87	90	89
004	计算机	江海	68	61	64
005	计算机	王晓娟	80	89	85
006	计算机	刘夏海	53	75	66
007	计算机	范可心	92	90	91
008	计算机	张蓝心	51	53	52
009	计算机	王海军	86	82	84
010	计算机	罗敏丽	84	78	80
011	计算机	李秋月	89	81	84
012	计算机	陈法拉	85	78	81

图 8-104　统计表效果图

第 8 章扩展习题

第 **9** 章

PowerPoint 2010 应用

9.1 制作公司简介演示文稿

PowerPoint 可以制作包含各种文字、图形、图表、图画和声音等多媒体信息的电子演示文稿，这些电子演示文稿以幻灯片的形式展示出来。PowerPoint 是人们进行学术交流、产品展示、工作汇报的重要工具。

9.1.1 案例说明

本案例是一个公司简介演示文稿，包含 6 张幻灯片，整体效果如图 9-1 所示。

图 9-1　案例整体效果图

9.1.2　知识点分析

在本案例的制作过程中用到的操作主要包括新建空演示文稿，插入幻灯片，幻灯片的复制、剪切、粘贴，幻灯片版式的设置，插入图片、声音、SmartArt 图形，插入表格，插入图表以及图表对象的使用，编号、时间、日期和页眉页脚信息的添加、保存等。

9.1.3　制作步骤

1．新建空演示文稿

（1）启动 PowerPoint 2010，系统自动新建一个空白演示文稿，该演示文稿只有一张标题幻灯片，如图 9-2 所示。

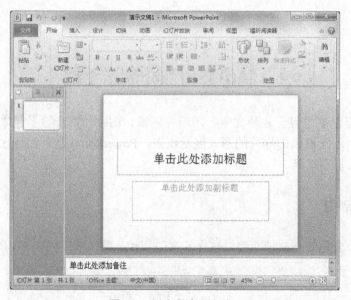

图 9-2　新建空演示文稿

（2）单击标题占位符，输入文字"XX 软件公司介绍"，单击副标题占位符，输入文字"汇报人：李明"。设置完成后的效果如图 9-3 所示。

2．插入新幻灯片

（1）在"幻灯片/大纲"窗格中，选择"幻灯片"选项卡中的第 1 张幻灯片缩略图，按回车键，插入一张新幻灯片。或者单击"开始"选项卡，在"幻灯片"组中单击"新建幻灯片"按钮，可在当前幻灯片的后面新建一张相同版式的新幻灯片。如果单击"新建幻灯片"按钮下方的下拉按钮，可在弹出的下拉列表中选择某种具有一定样式的幻灯片。然后单击标题占位符，输入标题"目录"，在"单击此处添加文本"处按照图 9-4 所示输入内容。

（2）用同样的方法再插入 3 张幻灯片，分别输入标题"公司简介"、"组织结构"、"成功案例"。

图9-3 标题幻灯片效果图　　　　　　　　图9-4 "目录"幻灯片效果图

（3）在第 5 张幻灯片的缩略图上右击鼠标，在弹出的快捷菜单中选择"复制幻灯片"命令，此时将快速在所选幻灯片的下方复制一张完全相同的幻灯片。

（4）将第 6 张幻灯片的标题修改为"发展趋势"，在表格的任意单元格中单击，将鼠标移动到表格边框上单击选中表格，按下键盘上的"Delete"键删除表格。或者在第 5 张幻灯片下直接插入第 6 张幻灯片。

3. 设计幻灯片版式

打开第 3 张幻灯片，在"开始"选项卡"幻灯片"组中单击"版式"按钮，在弹出的如图9-5 所示的下拉列表中选择"两栏内容"选项，幻灯片效果如图9-6 所示。

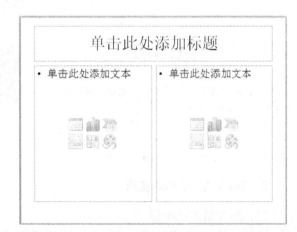

图9-5 幻灯片版式窗格　　　　　　　　图9-6 "两栏内容"版式

4. 插入图片和声音

（1）选择第 2 张幻灯片，单击左栏占位符中的"插入来自文件的图片"按钮，在"插入图片"对话框中选择图片的位置，插入图片。

插入图片后，如果需要设置图片的格式，则可以进行如下操作：

图9-7 "剪贴画"任务窗格

① 选定图片，右击，在下拉列表中选择"设置图片格式"，打开"设置图片格式"对话框，即可设置图片的各种格式。

② 选定图片，在功能区就会出现"图片工具"选项卡，在这个选项卡中可以设置图片样式、大小等。

（2）单击右栏上方的文本占位符"单击此处添加文本"，输入文本内容。

（3）在"插入"选项卡"媒体"组中单击"音频"按钮下方的下拉按钮，在弹出的下拉列表中选择"剪贴画音频"选项卡。

（4）打开如图 9-7 所示的"剪贴画"任务窗格，在搜索文字文本框中输入"Claps Cheers"，单击"搜索"按钮。

（5）将鼠标指针移至搜索到的音频上，单击出现的下拉按钮。在弹出的下拉列表中选择"插入"选项。

（6）拖动插入到幻灯片中的音频图标至幻灯片右下角的位置。

（7）选中音频图标，在功能区就会出现"音频工具"选项卡，在该选项卡的"播放"中找到"音频选项"组，如图 9-8 所示，单击"开始"右侧的下拉菜单，选择"自动"，幻灯片效果如图 9-9 所示。

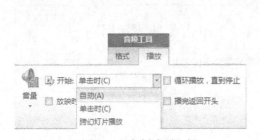

图9-8 "音频选项"组

图9-9 "公司简介"幻灯片效果图

5. SmartArt 图形的使用

（1）插入组织结构图

① 打开第 4 张幻灯片，在"插入"选项卡的"插图"组中单击"SmartArt"按钮，弹出"选择 SmartArt 图形"对话框，如图 9-10 所示，然后在"层次结构"选项中选择"组织结构图"，然后单击"确定"按钮，如图 9-11 所示。

② 选定第 2 行和第 3 行最后 1 个占位符，按下键盘上的"Delete"键删除。在剩余文本框中分别输入文本"总经理"、"副总经理"、"副总经理"，如图 9-12 所示。

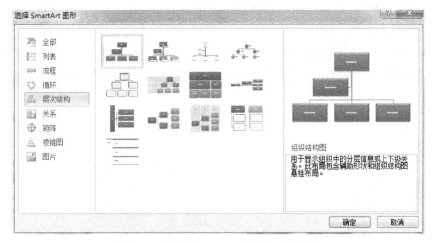

图 9-10 "选择 SmartArt 图形"对话框

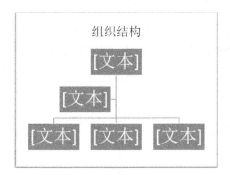

图 9-11 组织结构图

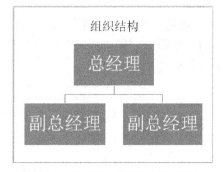

图 9-12 "组织结构图"制作步骤

③ 选中组织结构图，在功能区就会出现"SmartArt 工具"选项卡 ，单击第一个"副总经理"，在"设计"选项卡"创建图形"组中单击"添加形状"按钮右侧的下拉箭头，在弹出的如图 9-13 所示下拉菜单中选择"在下方添加形状"。

④ 右击新添加的图形，在如图 9-14 所示快捷菜单中选择"编辑文字"，输入"市场部"。

图 9-13 "添加形状"菜单

图 9-14 编辑文字

⑤ 右击"市场部"，在弹出的快捷菜单中单击"添加形状"，选择"在后面添加形状"，为新添加的图形输入文字"行政部"。

⑥ 单击左侧的"副总经理"形状，在"设计"选项卡"创建图形"组中单击"布局"按钮，在弹出的如图9-15所示下拉菜单中选择"标准"，效果如图 9-16所示。

图 9-15　布局菜单

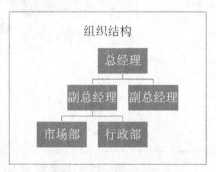

图 9-16　标准布局效果图

⑦ 单击第二个"副总经理"，利用上述方法添加 "开发部"和"财务部"。为"开发部"分别添加两个下属"网站开发部"和"软件开发部"，至此，组织结构图创建完成，最终效果如图9-17所示。

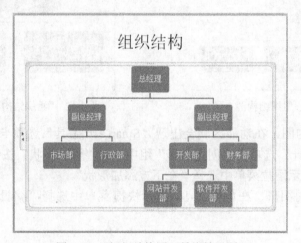

图 9-17　"组织结构图"最终效果图

（2）文本和SmartArt图形的相互转换

把第二张幻灯片的内容转换为SmartArt图形。

选定文本，单击功能区"开始"选项卡，在"段落"组中单击"转换为SmartArt"，如图9-18所示，然后选择"棱锥形列表"，效果如图9-19所示。

如果在打开的"SmartArt 图形"里没有找到需要的，单击"其他 SmartArt 图形"，打开"选择SmartArt 图形"对话框，选择需要的SmartArt 图形。

也可以在"SmartArt 工具"选项卡中设置SmartArt 图形的样式、布局、颜色等。

6. 插入表格

打开第 5 张幻灯片，单击正文占位符中的"单击表格"按钮，弹出"插入表格"对话框，如图9-20所示，将行数和列数均设置为"4"，单击"确定"按钮；或者单击"插入"选项卡，选择"表格"，打开"插入表格"对话框，也可以插入表格。

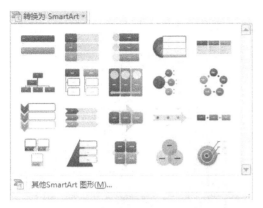

图 9-18 "转换为 SmartArt"对话框

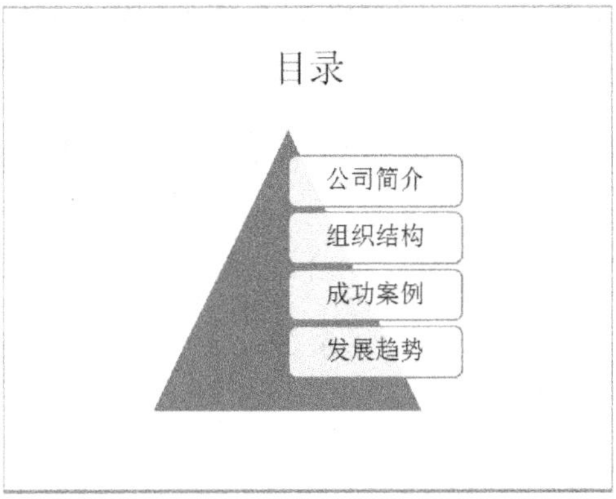

图 9-19 "目录"幻灯片效果图

在表格中输入相应的内容，如图 9-21 所示。

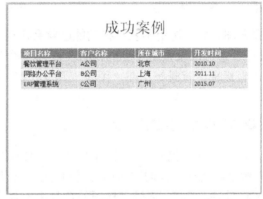

图 9-20 "插入表格"对话框

图 9-21 插入表格后效果图

7. 插入图表

（1）打开第 6 张幻灯片，单击正文占位符中的"插入图表"按钮，弹出"插入图表"对话框，如图 9-22 所示，选择柱状图中的第 1 个，单击"确定"按钮；或者单击"插入"选项卡，选择"插图"组里的"图表"，打开"插入图表"对话框，也可以插入图表。

图 9-22 "插入图表"对话框

（2）单击右侧的数据表，按如图 9-23 所示进行编辑，编辑完成后关闭数据表。设置完成后，图表幻灯片效果如图 9-24 所示。

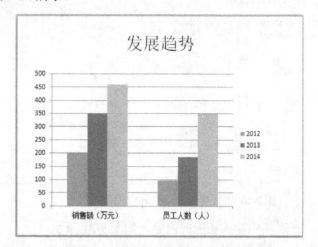

	2012	2013	2014
销售额（万元）	200	350	460
员工人数（人）	97	185	350

图 9-23 图表数据源图　　　　　　　　图 9-24 "发展趋势"幻灯片最终效果图

（3）插入图表后，选定图表，在功能区就会出现"图表工具"选项卡，在"图表工具 设计"中可以设置图表类型、图表布局、图表样式等；在"图表工具 布局"中可以设置标签、坐标轴、背景等；在"图表工具 格式"中可以设置形状样式、艺术字样式、大小等。

8.日期和页眉页脚信息的添加

单击"插入"→"文本"组中的"幻灯片编号"按钮，弹出"页眉和页脚"对话框，如图 9-25 所示，选择"日期和时间"，设置为"自动更新"；选择幻灯片编号；选择页脚，设置为"XX 软件公司"；选择"标题幻灯片中不显示"，单击"全部应用"，即添加了日期和页眉页脚。

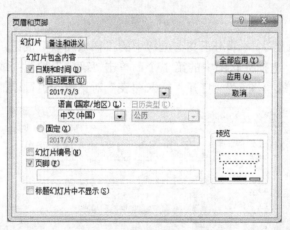

图 9-25 "页眉和页脚"对话框

9.保存演示文稿

单击"文件"选项卡，选择"保存"命令，弹出"另存为"对话框，如图 9-26 所示，选择要存储文件的位置，设置文件的名字，单击"保存"按钮。

图 9-26 "另存为"对话框

9.1.4　总结

一个好的演示文稿通常要具备许多元素，图片、声音、视频、表格、图表、图形以及组织结构图等媒体元素的有效使用对于演示效果具有重要的作用。要想做好演示文稿，学会各种元素的使用是第一步。

9.2　公司简介演示文稿的外观设置

好的演示文稿需要具备各种媒体元素，但是只有媒体元素仍然是不够的，演示文稿是演示给观众看的，外观清晰、漂亮就显得非常重要，为了让幻灯片更直观，外观更美观，通常情况下会对幻灯片的主题、背景、颜色等进行一定的设置，一个直观生动的报告更容易让人理解和接受。本节在上一节案例的基础上对演示文稿的外观进行了全面的设置，通过这些学习可以创建更美观的幻灯片。

9.2.1　案例说明

本案例在 9.1 节案例的基础上进行了外观的设置，设置完成后的效果如图 9-27 所示。

9.2.2　知识点分析

在本案例的制作过程中用到的操作主要包括打开演示文稿，主题、母版、背景和颜色的设置等。

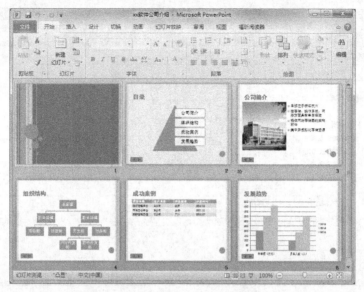

图 9-27 "XX 软件公司介绍"美化效果图

9.2.3 制作步骤

1. 打开演示文稿

在桌面图标"计算机"中找到 9.1 节中保存的"XX 软件公司介绍"演示文稿，双击打开。

2. 应用主题

在"设计"→"主题"组中，选择"凸显"主题，如图 9-28 所示。

图 9-28 设置幻灯片主题

3. 母版的使用

（1）在"视图"→"母版视图"组中单击"幻灯片母版"按钮，进入如图9-29所示的幻灯片母版视图。

图9-29 幻灯片母版视图

（2）拖动鼠标选择标题占位符中的文本，将其格式设置为"黑体，40号，加粗"。

用相同的方法选择副标题占位符中的文本，并将其字体格式设置为"宋体（正文），28号，加粗"，完成后效果如图9-30所示。

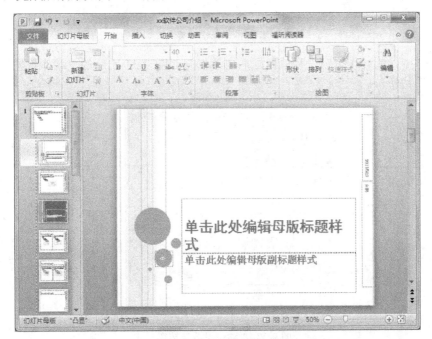

图9-30 标题幻灯片母版效果图

（3）选择第 1 张幻灯片母版，将标题占位符中的文本格式设置为相同格式。选择所有正文文本，单击"增大字号"按钮 A，增大文本字号，如图 9-31 所示。

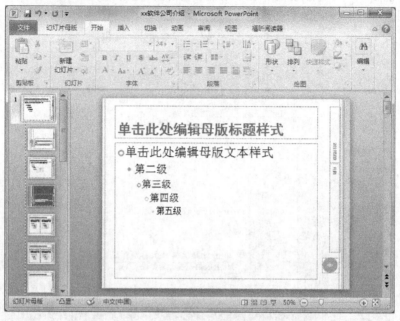

图 9-31　正文幻灯片母版效果图

（4）在"插入"→"插图"组中单击"形状"按钮，在弹出的下拉列表中单击"上一张"动作按钮，如图 9-32 所示。

图 9-32　形状列表

在幻灯片中绘制动作按钮，释放鼠标后自动打开如图 9-33 所示的"动作设置"对话框，单击"确定"按钮。

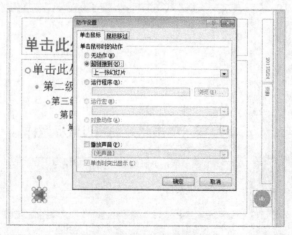

图 9-33　"动作设置"按钮

适当缩小动作按钮，并将其拖动到幻灯片左下角的位置。选择动作按钮，在如图 9-34 所示的"格式"选项卡"形状样式"组中为其应用如图所示的形状样式。

图9-34 "形状样式"组

用相同的方法创建"下一张"动作按钮，并将其移至第 1 个动作按钮右侧，设置为相同样式，所有相同版式的幻灯片的母版设置完成。

（5）在"幻灯片母版"选项卡"关闭"组中单击"关闭母版视图"按钮，退出母版编辑状态。

4. 背景设置

（1）打开第 1 张幻灯片，在"设计"→"背景"组中单击"背景样式"按钮，然后单击"设置背景格式"，弹出"设置背景格式"对话框，如图 9-35 所示，在"填充"选项中选择"纯色填充"，填充颜色设置为"绿色"，然后单击"关闭"按钮，关闭对话框。

（2）打开第 2 张幻灯片，在空白处右击，在弹出的快捷菜单中选择"设置背景格式"，在"设置背景格式"对话框中选择"图片或纹理填充"，单击"纹理"右侧的下拉箭头，在弹出的如图 9-36 所示纹理列表中选择"新闻纸"，然后单击"关闭"。

图9-35 "设置背景格式"对话框

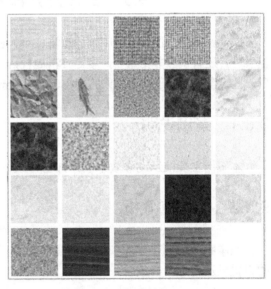

图9-36 纹理列表

5. 配色方案

打开第 4 张幻灯片，在"设计"→"主题"组中单击"颜色"按钮，在主题颜色列表中选择"沉稳"，该页幻灯片设置完成后最终效果如图 9-37 所示。

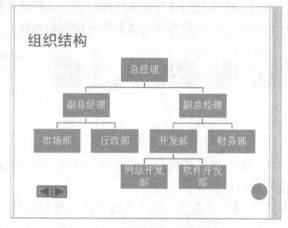

图 9-37　颜色设置完成效果图

9.2.4　总结

一个好的演示文稿不仅要具备各种元素，清晰、漂亮的外观也显得非常重要，一个直观生动的报告更容易让人理解和接收。本节在上一节案例的基础上对演示文稿的外观进行了全面的设置，通过这些学习可以创建更美观的幻灯片。

9.3　公司简介演示文稿的动画设置

PowerPoint 之所以有着广阔的市场，除了它美观大方的外观，能综合运用各种媒体元素表达信息外，还有一点非常重要，就是 PowerPoint 的动作效果，为了取得较好的放映效果，需要进行一些设置，而由于动作效果的存在，使得 PowerPoint 制作的演示文稿更生动，表现力更强。

9.3.1　案例说明

本案例主要演示动画效果的添加与修改。

9.3.2　知识点分析

在本案例的制作过程中用到的操作主要包括超链接的插入，幻灯片切换效果、动画效果的设置以及幻灯片的放映。

9.3.3　制作步骤

1．插入超链接

打开第 2 张幻灯片，选中文本"公司简介"，在"插入"→"链接"组中单击"超链接"按钮（或者在选定的文本上右击，选择"超链接"），打开"插入超链接"对话框，如图

9-38 所示，在"链接到"窗格选择"本文档中的位置"，在"请选择文档的位置"窗格中，选择"幻灯片标题"中的"公司简介"。

图 9-38 "插入超链接"对话框

用同样的方法为第 2 张幻灯片的其他目录项设置超链接。

2. 幻灯片切换

（1）打开第 1 张幻灯片，在"切换"→"切换到此幻灯片"组中单击切换方案按钮下方的下拉按钮，弹出如图 9-39 所示的下拉列表，选择"华丽型"栏中的"库"选项。

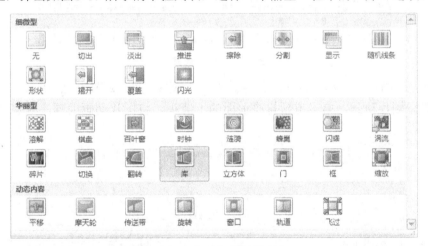

图 9-39 幻灯片切换效果列表

（2）如图 9-40 所示，在"切换"→"计时"组中的"持续时间"数值框中输入"3"并按下回车键，然后单击"全部应用"按钮，此时当前演示文稿中的所有幻灯片都将应用所选切换方案，并具有相同的切换声音和持续时间。

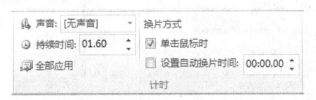

图 9-40 "计时"组

3．设置动画效果

（1）打开第 3 张幻灯片，单击标题，在"动画"→"动画"组中选择"飞入"，单击"效果选项"，在下拉列表中选择"自顶部"，如图 9-41 所示；然后选择正文文字，选择"擦除"动画效果，"效果选项"设置为"自左侧"，在"计时"组的开始选项中选择"上一动画之后"；再单击左侧图片，选择"轮子"效果。

图 9-41　动画设置

（2）在"动画"→"高级动画"组中选择"动画窗格"，如图 9-42 所示，在"动画窗格"中，选择图片动画，单击重新排序前面的上箭头，将图片动画的顺序调整到内容动画之前。

图 9-42　动画窗格

4. 放映幻灯片

保存所有的动画设置后，按 F5 进入幻灯片放映视图，单击鼠标即可放映幻灯片。

9.3.4 总结

本节介绍了 PowerPoint 动作效果的设置，包括超链接、自定义动画和幻灯片切换，这些操作几乎会在所有的幻灯片中用到，尤其是自定义动画，自定义动画中的动画效果很多，需要课下多练习来熟悉。

习 题 九

1. 简单叙述创建一个演示文稿的主要步骤。
2. 在 PowerPoint 中输入与编排文本与在 Word 中有何类似之处？
3. 请论述幻灯片母版对于制作个性化 PPT 的重要性。
4. 打开文件名为"幽默小故事.pptx"的演示文稿，如图 9-43 所示，进行如下操作：

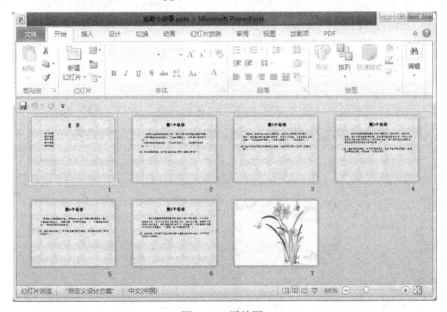

图 9-43　原始图

（1）插入一张新的幻灯片作为第一张幻灯片，版式为"标题幻灯片"，在主标题占位符中输入"幽默小故事"，字体为仿宋，48 号，加粗，左对齐；

（2）选中最后一张幻灯片，插入艺术字"谢谢观赏"，样式自选，字体为华文行楷，字号为 66 号；

（3）为所有幻灯片应用"活力"内置颜色主题；

（4）选中第 2 张幻灯片（标题：目录），将文本内容转换 SmartArt 图形—V 型列表，并适当调整大小；

（5）应用幻灯片母版：将版式为"标题与内容"幻灯片的标题样式字体设置为微软雅黑，48 号，文本样式字体设置为华文行楷，24 号；

（6）选择标题为"目录"的第 2 张幻灯片，为文本添加超级链接，分别链接到同名标题的幻灯片中；

（7）将所有幻灯片的切换效果设计为"分割–中央向上下展开"；

（8）将此演示文稿以原文件名存盘。

完成效果如图 9-44 所示。

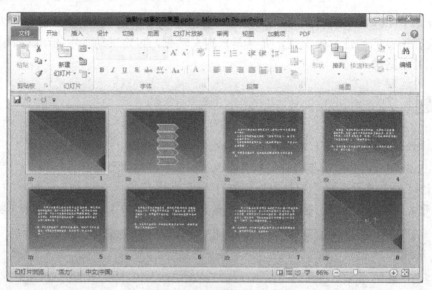

图 9-44　完成效果图

5. 打开文件名为"如何提高学习效率.pptx"的演示文稿，如图 9-45 所示，进行如下操作：

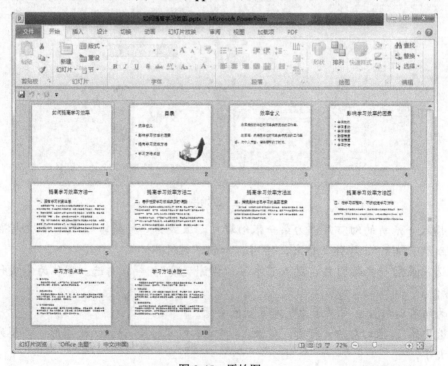

图 9-45　原始图

（1）在第 1 张幻灯片（标题：如何提高学习效率）中将版式改为标题幻灯片；

（2）为所有幻灯片应用"沉稳"主题；

（3）选择第 2 张幻灯片中的图片，设置图片样式为"金属椭圆"，并将图片设置"轮子"动画效果，参数默认；

（4）为第 3 张幻灯片（标题：效率含义）的标题设置"进入—飞入"动画效果，方向为"自底部"；

（5）选择第 4 张幻灯片（标题：影响学习效率的因素）的内容文字，将文本内容转换为"列表类"，"基本列表"形的 SmartArt 图，SmartArt 样式选择"三维：平面场景"；

（6）将所有幻灯片设置"推进"型切换，效果选项设置为"自右侧"；

（7）将此演示文稿以原文件名存盘。

完成效果如图 9-46 所示。

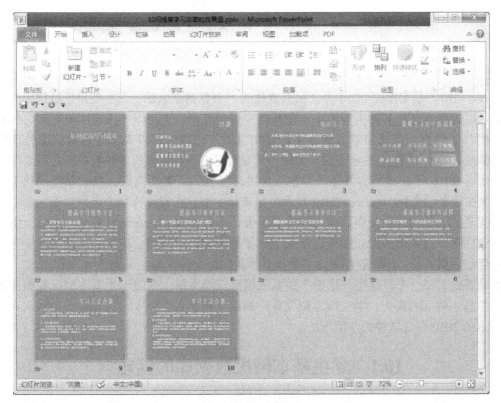

图 9-46　完成效果图

第 9 章扩展习题

第 *10* 章

数据库管理系统 Access 2010

Access 2010 是 Office 2010 办公系列软件的一个重要组成部分，主要用于数据库管理。使用它可以高效地完成各种类型的中小型数据库管理工作，它可以广泛应用于财务、行政、金融、经济、教育、统计和审计等众多的管理领域，使用它可以大大提高数据库处理的效率，尤其是它特别适合非 IT 专业的普通用户开发自己工作所需要的各种数据库应用系统。

Access 2010 不仅继承和发扬了以前版本的功能强大、界面友好、易学易用的优点，而且它又发生了新的变化。Access 2010 所发生的变化主要包括智能特性、用户界面、创建 Web 网络数据功能、新的数据类型、宏的改进和增强、主题的改进、布局视图的改进以及生成器功能的增强等。这些增加的功能使得原来十分复杂的数据库管理、应用和开发工作变得更简单、更轻松、更方便；同时更加突出了数据共享、网络交流、安全可靠。

本章通过设计一个"学生—选课"关系数据库应用系统，围绕学生基本情况数据库的创建、学生基本情况的查询、学生信息浏览界面的设计和学生信息报表的创建四个知识点详细讲解 Access 2010 办公软件的使用方法。

10.1 学生基本情况数据库的创建

10.1.1 案例说明

本案例设计的学生基本情况数据库包括：
- 创建学生基本情况数据库
- 建立数据库的三个表：学生信息、课程信息和成绩
- 向三个表输入数据
- 建立三个表的主键、关系及索引

10.1.2 知识点分析

在本案例的制作过程中用到的操作主要包括：创建数据库、创建表、设置主键、建立索引、建立表间关系；添加、编辑、删除字段；查找、替换、筛选记录和排序。

10.1.3 制作步骤

1. 创建学生基本情况数据库

单击"文件"→"新建"，打开"新建文件"任务窗格。单击"新建"→"空数据库"选项。在"文件名"文本框中输入数据库的名称"学生基本情况 1"→"创建"，如图 10-1 所示。

图 10-1　学生基本情况数据库

注：创建数据库的方法有两种，分别是创建空数据库和使用数据库向导创建数据库。创建空数据库是先创建一个空白数据库，然后向该数据库中添加表、窗体、报表等对象。使用数据库向导创建数据库是通过"数据库向导"快速地创建包含许多对象的数据库，然后向其中输入相关的数据。

2. 创建学生信息表、课程信息表和成绩表

（1）在学生基本情况数据库窗口中，右击"学生信息"图标，再单击"设计视图"，弹出设计视图窗口，如图 10-2 所示。

（2）输入字段名称"学号"，"数据类型"选择"文本"。

（3）在"常规"选项卡中，设置字段的大小、格式、有效性规则等。在"必填字段"中选择"是"，在"允许空字符串"中选择"否"。

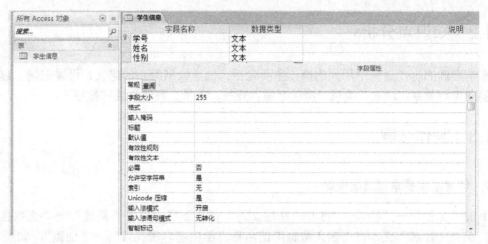

图 10-2　设计视图窗口

（4）采用同样的方法，为表添加"姓名"、"性别"和"专业"三个字段。

（5）单击"文件"→"保存"，为表键入名称"学生信息"。

注：在表生成过程中，会提示设置主键，即主关键字，一般会将字段中能唯一标识一条记录的字段设为主键，此例中，可设为学号。

（6）双击"学生信息"图标，出现各字段的输入框，为生成的空表添加数据，数据信息如图 10-3 所示。

图 10-3　学生信息表

（7）采用同样的方法创建课程信息表（如图 10-4 所示）、成绩表（如图 10-5 所示）。

图 10-4　课程信息表

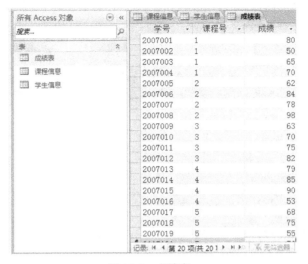

图 10-5　成绩表

3．设置学生信息表、课程信息表和成绩表的主键

在设计视图中打开"学生信息"表。选择将要定义为主键的字段"学号"，单击工具栏上的"主键"按钮，如图 10-6 所示（注意图中的红色椭圆标记）。采用同样的方法设置课程信息表的主键为"课程号"字段，成绩表的主键为"学号"和"课程号"字段。

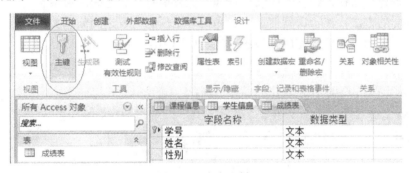

图 10-6　定义主键

注：若要定义多个字段为主键，按下"Ctrl+行"选定，再单击工具栏上的"主键"按钮，或者右击选择"主键"。

4．创建学生信息表、课程信息表和成绩表的索引

在设计视图中打开"学生信息"表。单击要为其创建索引的字段"学号"。在下方字段属性——"索引"属性框中选择"有（无重复）"，如图 10-7 所示。采用同样的方法，创建课程信息表的索引字段为"课程号"、成绩表的索引字段为"学号"。

注：在数据库系统中创建索引时，键值可以基于单个字段，即单字段索引；也可以基于多个字段，即多字段索引。多字段索引能够区分开第一个字段值相同的记录。

5．建立表之间的关系

（1）打开"学生基本情况：数据库"窗口。

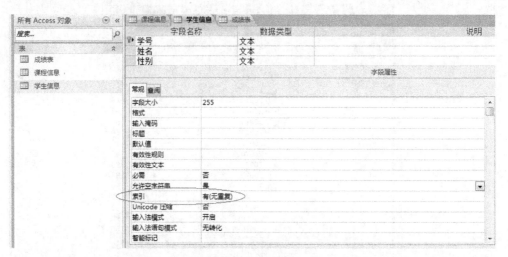

图 10-7　创建索引

（2）单击"设计"选项卡的"关系"按钮，将打开"关系"窗口和"显示表"窗口。

（3）选中要显示的表，单击"添加"按钮，把 3 个表都加到"关系"窗口中→"关闭"。

（4）在"成绩"表中选中"课程号"，单击鼠标，拖动到"课程信息"表的"课程号"字段。单击"创建"按钮，建立"成绩"表和"课程信息"表之间的关系。

（5）用同样的方法，在"课程信息"表和"学生信息"表之间创建关系。

（6）单击"关闭"按钮，完成关系的创建，如图 10-8 所示。

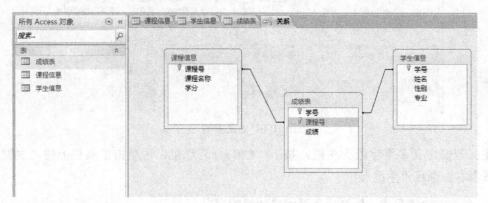

图 10-8　表之间的关系

6. 向学生信息表中添加"年龄"字段

（1）在设计视图打开"学生信息"表。

（2）选择"性别"所在的行，单击工具栏上的"插入行"按钮，如图 10-9 所示。

（3）在"字段名称"列中输入"年龄"。

（4）在"数据类型"列中，选择所需的数据类型。

（5）单击工具栏上的"保存"按钮，如图 10-10 所示。

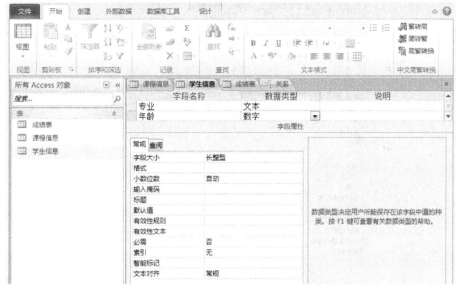

图 10-9　在设计视图中插入行

图 10-10　添加"年龄"字段后的学生信息表结构

（6）采用同样的方法可以在课程信息表和成绩表中添加所需要的字段。

7. 将学生信息表中的字段名"专业"改为"专业类别"

在设计视图打开"学生信息"表。双击要更改的字段名"专业"，输入新的字段名"专业类别"，单击"保存"按钮，如图 10-11 所示。

注：在设计视图中，可实现移动字段，直接拖动字段所在的行选定器到目标位置即可。

8. 删除学生信息表中的"年龄"字段

在设计视图打开"学生信息"表，选择"年龄"所在的行→"编辑"→"删除行"。关闭设计视图时会弹出一个提示框，选择"是"将删除该字段。

图 10-11　修改字段名"专业"

9. 查找"学生信息"表中专业为"软件工程"的学生记录

打开"学生信息"表，先单击表中的"专业"字段，然后单击"表格工具"选项卡中的"查找" 按钮，在"查找内容"框中，输入"软件工程"，查找范围选择"当前字段"，如图 10-12 所示。单击"查找下一个"按钮，可以在表中进行查找。

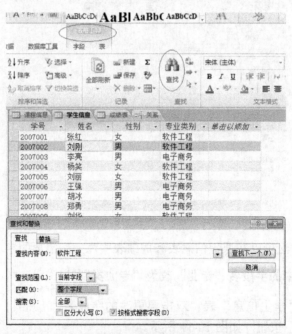

图 10-12　查找专业为"软件工程"的学生记录

10. 将"学生信息"表中，"软件工程"专业替换成"计算机科学与技术"专业

打开"学生信息"表，单击"数据表视图"工具栏上的"查找"按钮，选择"替换"。在"查找内容"框中输入"软件工程"，然后在"替换为"框中输入"计算机科学与技术"。单击"全部替换"，如图 10-13 所示。

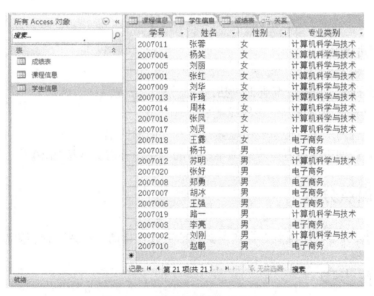

图 10-13　替换后的学生信息表

注：如果要一次替换一个，单击"查找下一个"→"替换"；如果要跳过某个匹配值并继续查找下一个出现的值，单击"查找下一个"。

11. 将"学生信息"表中的记录按"性别"降序排序

打开"学生课程"表，单击要用于排序记录的字段"性别"，单击"降序排序"按钮。如图 10-14 所示。

图 10-14　排序后的学生信息表

注：排序方式包括升序和降序。

12. 筛选"学生信息"表中性别为"女"的记录

打开"学生信息"表，选择"女"，单击工具栏上的"按选定内容筛选"按钮即可，如图 10-15 所示。

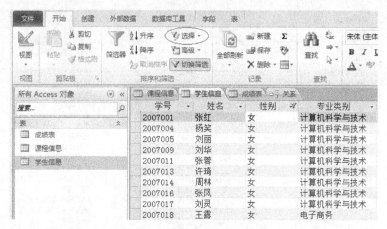

图 10-15　筛选后的学生信息表

10.1.4　总结

本节以案例"学生基本情况数据库的创建"为主线，系统地讲解了创建数据库的步骤和方法，包括表的创建、主键的设置、索引的建立、表间关系的建立以及字段和记录的相关操作等内容。读者可以通过学习本节内容掌握小型数据库的基本创建和设计过程。

10.2　学生基本情况的查询

10.2.1　案例说明

本案例设计的学生基本情况查询包括：
- 利用生成表查询创建学生课程成绩表
- 利用选择查询从学生信息表中检索出所有女同学的记录
- 利用更新查询查找所有课程成绩不及格的学生，并对其成绩加 10 分

10.2.2　知识点分析

在本案例的设计过程中用到的操作主要包括生成表查询、选择查询和更新查询。

10.2.3　制作步骤

1．利用生成表查询创建学生课程成绩表，其中字段包括学号、姓名、课程名称和成绩

（1）在"创建"选项卡中单击"查询设计"，打开"显示表"对话框，选择要放到新表中的数据所在的表，即学生信息、课程信息和成绩表，单击"添加"按钮，然后关闭"显示表"，如图 10-16 所示。

图 10-16 "显示表"对话框

（2）在查询的设计窗口中，分别通过双击字段名，将各表中所需的字段添加到设计网格中，对"学号"字段设置排序方式为升序，如图 10-17 所示。

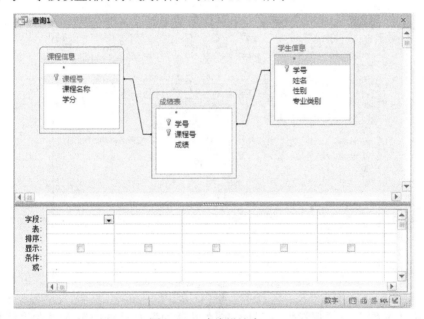

图 10-17 查询设计窗口

（3）单击菜单栏中"查询"→"生成表查询"，弹出"生成表"对话框，在该对话框中，输入新表的名称"学生课程成绩"，单击"确定"按钮并关闭"生成表"对话框。最后单击"查询"→"运行"，即可生成一个新表，如图 10-18 所示。

2. 从学生信息表中检索出所有女同学的记录

（1）在"创建"选项卡中单击"查询设计"，弹出"显示表"对话框，如图 10-19 所示。

（2）在"显示表"对话框中将学生信息表添加到查询中，然后单击"关闭"按钮。

（3）在查询的设计窗口中，将所有的字段添加到设计网格中。

（4）在设计网格中单击"性别"字段的"条件"单元格，然后输入"女"。

（5）单击"查询"→"运行"，查看选择查询的运行结果。

图 10-18　学生课程成绩表

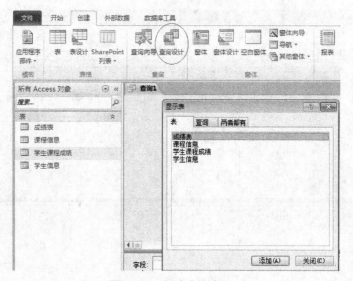

图 10-19　新建查询窗口

（6）单击"文件"→"保存"，在打开的"另存为"对话框中输入"女生信息"，单击"确定"按钮，如图 10-20 所示。

图 10-20　女生信息

3. 查找所有课程成绩不及格的学生，并对其成绩加 10 分

（1）在设计视图创建一个查询，并将成绩表添加进来。

（2）单击"查询"→"更新查询"，添加成绩表中的"成绩"字段到查询设计网格中。

（3）在成绩字段的"更新到"单元格中输入"[成绩]+10"，在成绩字段的条件单元格中输入"<60"，如图 10-21 所示。

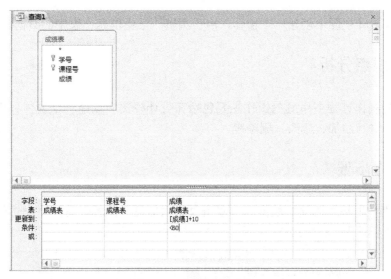

图 10-21　更新查询窗体

（4）单击"查询"→"运行"，最后保存并关闭"更新查询"，如图 10-22 所示。

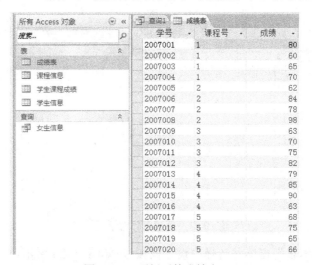

图 10-22　更新后的成绩表

10.2.4　总结

本节以案例"学生基本情况的查询"为主线，系统地讲解了生成表查询、选择查询和更新查询的实现步骤和方法。读者可以通过实践，掌握查询的设计过程。

10.3 学生信息浏览界面的设计

10.3.1 案例说明

本案例是在设计视图中创建一个窗体，用于浏览"学生信息"表中的数据。

10.3.2 知识点分析

在本案例的制作过程中用到的操作主要包括在设计视图中创建一个窗体、在窗体上使用控件，并对记录进行添加、修改、删除等。

10.3.3 制作步骤

（1）打开"学生基本情况"数据库，双击"学生信息"图标，打开"学生信息"表，单击"创建"→"窗体"，如图10-23所示。

图10-23 新建窗体对话框

（2）右击"学生信息"窗体并选择"设计视图"，如图10-24所示。

（3）右击窗体选择"页面页眉/页脚"，在页面页眉节添加一个标签控件，并输入内容"学生信息浏览窗体"。

（4）选择来源表字段，将要浏览的字段拖到窗体的主体节上，并在窗体上调整各个控件的大小和对齐方式，如图10-25所示。

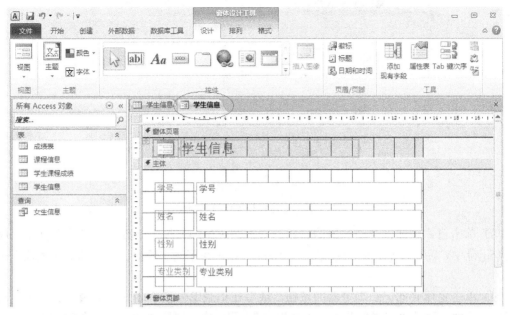

图 10-24 空白窗体的设计视图

图 10-25 将字段添加到窗体中

（5）单击"文件"→"保存"命令，并以"学生信息"为窗体的名称保存窗体。

（6）单击"视图"→"窗体视图"，双击"学生信息"窗体，查看窗体运行结果，如图 10-26 所示。至此，一个学生信息浏览界面设计完成。

（7）单击窗体底部的 ▶* 按钮，移动到一空的新记录中，再在每个字段中输入数据，即可向表中添加记录。

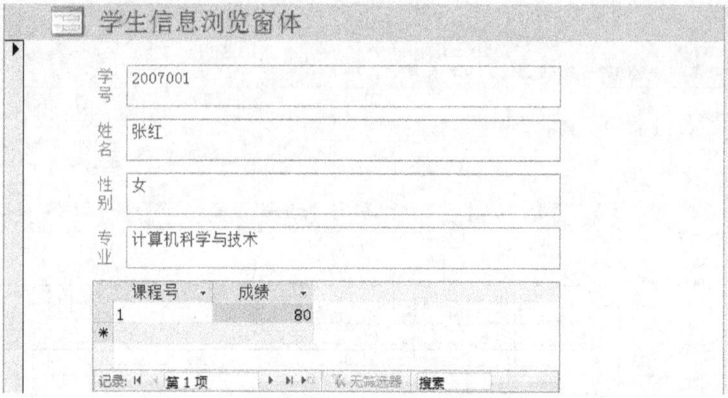

图 10-26　在窗体视图中查看窗体

（8）单击窗体底部记录浏览器的按钮，或者在记录编号框中输入一记录号并回车，移动到某个记录中，为字段输入新的数据，按"Tab"键可在不同字段间移动，达到修改表中记录的目的。

（9）单击窗体底部记录浏览器的按钮，或者在记录编号框中输入一记录号并回车，移动到某个记录中，再从"编辑"菜单中选"删除"，即可实现删除表中某个记录的功能。

10.3.4　总结

本节通过创建窗体来设计学生信息的浏览界面，可在窗体上使用不同的控件来设计界面，并可使用浏览界面来添加、修改、删除记录。学生信息浏览界面还可通过自动创建和利用窗体向导来创建。

10.4　学生信息报表的创建

10.4.1　案例说明

本案例是根据学生基本情况数据库中的学生信息表创建一个报表。

10.4.2　知识点分析

在本案例的制作过程中用到的操作主要包括创建一张学生信息报表，对报表的格式进行修改和对报表进行排序与分组。

10.4.3　制作步骤

（1）先打开学生"学生信息"表，再单击"创建"→"报表"，即可自动生成"学生信息"表默认的报表，如图 10-27 所示。

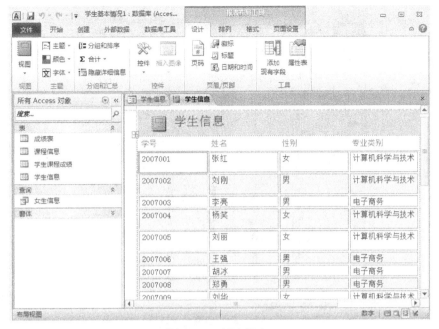

图 10-27　新建报表

（2）单击"视图"→"打印预览"，查看报表布局和结果。

（3）单击"文件"→"保存"，打开"另存为"对话框，输入报表名称"学生信息报表"，再单击"确定"按钮。这样就创建了一个报表"学生信息"，如图 10-28 所示。

学生信息			
学号	姓名	性别	专业类别
2007001	张红	女	计算机科学与技术
2007002	刘刚	男	计算机科学与技术
2007003	李亮	男	电子商务
2007004	杨笑	女	计算机科学与技术
2007005	刘丽	女	计算机科学与技术
2007006	王强	男	电子商务
2007007	胡冰	男	电子商务
2007008	郑勇	男	电子商务
2007009	刘华	女	计算机科学与技术
2007010	赵鹏	男	电子商务
2007011	张蓉	女	计算机科学与技术

图 10-28　学生信息报表

下面我们将在设计视图中打开"学生信息"报表，对报表的格式进行简单修改。

（4）打开"学生基本情况"数据库，右击"学生信息"报表，选择"设计视图"进入"学生信息"报表的设计模式。

（5）在"设计"选项卡中单击"主题"→"沉稳"，如图 10-29 所示，然后按"确定"按钮，之后单击"视图"→"打印预览"查看报表布局和效果。

图 10-29　报表自动套用格式选择对话框

图 10-30　"页码"对话框

（6）回到设计界面，单击"页码"命令，打开"页码"对话框（如图 10-30 所示），根据需要设置页码格式、位置和对齐方式，单击"确定"按钮，并单击"视图"→"打印预览"查看报表布局和效果。

（7）单击"文件"→"保存"，对报表所做的修改进行保存。

至此，对已创建的学生信息报表的格式已经修改完毕，下面将对此报表进行排序和分组。

（8）在"学生信息报表"中按照"学号"升序排列记录，操作步骤如下：

打开"学生信息"报表的设计界面，单击"报表设计"选项卡中的"分组和排序"，打开"分组和排序"对话框，在"字段/表达式"栏选"学号"，"排序次序"栏选"升序"，如图 10-31 所示。

图 10-31　"分组和排序"对话框

最后，在报表的"报表视图"下，查看报表中数据的排序结果，如图 10-32 所示。

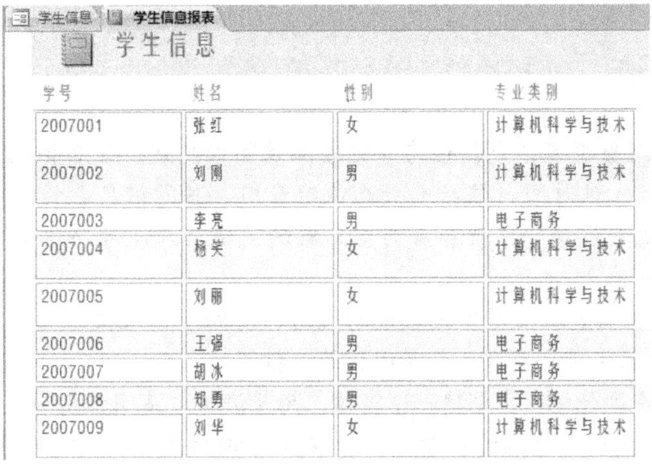

学生信息报表

学生信息

学号	姓名	性别	专业类别
2007001	张红	女	计算机科学与技术
2007002	刘刚	男	计算机科学与技术
2007003	李亮	男	电子商务
2007004	杨笑	女	计算机科学与技术
2007005	刘丽	女	计算机科学与技术
2007006	王强	男	电子商务
2007007	胡冰	男	电子商务
2007008	郑勇	男	电子商务
2007009	刘华	女	计算机科学与技术

图 10-32　排序后数据报表

（9）在“学生信息”报表中按照“专业”对记录进行分组，操作步骤如下：

按照（8）中操作，在弹出“排序与分组”对话框后，在“字段/表达式”栏选“专业”，“排序次序”栏选“升序”，然后，在“排序与分组”对话框下部的组属性中设置分组属性，“组页眉”属性设为“是”，将“学生信息”表中的字段“专业”拖到“专业”页眉节，将文本修改为“专业，最后，在“视图”菜单下选择“打印预览”命令，报表分组如图 10-33 所示。

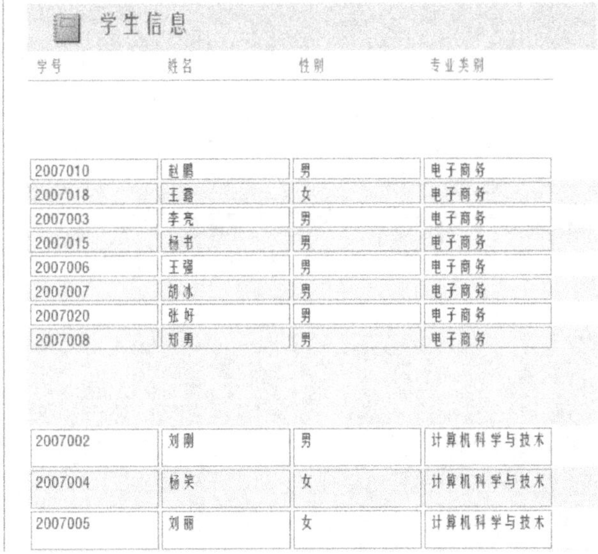

学生信息

学号	姓名	性别	专业类别
2007010	赵鹏	男	电子商务
2007018	王露	女	电子商务
2007003	李亮	男	电子商务
2007015	杨书	男	电子商务
2007006	王强	男	电子商务
2007007	胡冰	男	电子商务
2007020	张好	男	电子商务
2007008	郑勇	男	电子商务
2007002	刘刚	男	计算机科学与技术
2007004	杨笑	女	计算机科学与技术
2007005	刘丽	女	计算机科学与技术

图 10-33　分组数据报表

10.4.4　总结

使用“自动报表”功能可以对“学生信息”数据表创建一张报表，可以在设计的状态下选择“视图”菜单下的“分组和排序”命令对该报表进行排序和分组。

习 题 十

1. 建立酒店管理数据库，包括住房登记表和房间信息表。住房登记表的字段有姓名、联系电话、房间号、入住时间、住宿天数和住宿费用。房间信息表的字段有房间号、房间类型、房间价格。设置住房登记表和房间信息表的主键为房间号字段并建立两表之间的关系。

2. 创建查询。查询选取住房登记表中的姓名、房间号、入住时间字段，房间信息表中的房间类型和房间价格字段，要求入住时间按升序排列。

3. 创建窗体。在设计视图中创建一个窗体，用于浏览"房间信息"表中的数据。

4. 创建报表。根据房间信息表创建一个报表，该报表按照"房间类型"字段进行分组，在同一分组中按照"房间号"字段降序排列。

第 10 章扩展习题

第三部分

专业课程体系结构

第11章
计算机学科相关专业课程体系结构

计算机学科主要是研究计算机的设计、制造和利用计算机进行信息的获取、表示、存储、处理、控制等的理论、原则、方法和技术的学科。本学科包含计算机科学、计算机技术两大方面。计算机科学方面，侧重于研究计算机及其周围的各种现象与规模，主要包括理论计算机科学、计算机系统结构、软件和人工智能等知识。计算机技术则泛指计算机领域中所应用的技术方法和技术手段，包括计算机的系统技术、软件技术、部件技术、器件技术和组装技术等。科学是技术的依据，技术是科学的体现，二者高度融合是计算机学科的突出特点。

11.1 学科介绍

计算机学科是一门实用性很强、发展极其迅速的技术学科，它建立在数学、电子学（特别是微电子学）、磁学、光学、精密机械等多门学科的基础之上。但是，它并不是简单地应用某些学科的知识，而是经过高度综合形成一整套有关信息表示、变换、存储、处理、控制和利用的理论、方法和技术。计算机学科包括 5 个分支学科，即理论计算机科学、计算机系统结构、计算机组织与实现、计算机软件和计算机应用。

11.1.1 理论计算机科学

理论计算机科学是研究计算机基本理论的学科。在几千年的数学发展中，人们研究了各式各样的计算，创立了许多算法。但是，以计算或算法本身的性质为研究对象的数学理论，却是在 20 世纪 30 年代才发展起来的。当时，由几位数理逻辑学者建立的算法理论，即可计算性理论或称递归函数论，对 40 年代现代计算机设计思想的形成产生过影响。此后，关于现实计算机及其程序的数学模型性质的研究，以及计算复杂性的研究等不断有所发展。理论计算机科学包括自动机论、形式语言理论、程序理论、算法分析，以及计算复杂性理论等。自动机是现实自动计算机的数学模型，或者说是现实计算机程序的模型。自动机理论的任务就在于研究这种抽象机器的模型。已经提出的模型有无限自动机——图灵机，以及各种更接近现实机器的图灵机的变形等。程序设计语言是一种形式语言，而形式语言理论只研究形式语言的语法侧面。这种理论根据语言表达能力的强弱分为 0～3 型语言，与图灵机等四类自动机逐一对应。程序理论是研究程序逻辑、程序复杂性、程序正确性证明、程序验证、程序综合、形式语义学，以及程序设计方法学的理论基础。算法分析研究各种特定算法的性质。计算复杂性理论研究算法复杂性的一般性质。

11.1.2　计算机系统结构

程序设计者所见的计算机属性，着重于计算机的概念结构和功能特性，硬件、软件和固件子系统的功能分配及其界面的确定。使用高级语言的程序设计者所见到的计算机属性，主要是软件子系统和固件子系统的属性，包括程序语言以及操作系统、数据库管理系统、网络软件等的用户界面。使用机器语言的程序设计者所见到的计算机属性，则是硬件子系统的概念结构（硬件子系统结构）及其功能特性，包括指令系统（机器语言），以及寄存器定义、中断机构、输入输出方式、机器工作状态等。

硬件子系统的典型结构是诺伊曼结构，它由运算器、控制器、存储器和输入输出设备组成，采用"指令驱动"方式。当初，它是为解非线性、微分方程而设计的，并未预见到高级语言、操作系统等的出现，以及适应其他应用环境的特殊要求。在相当长的一段时间内，软件子系统都是以这种诺伊曼结构为基础而发展的。但是，其间不相适应的情况逐渐暴露出来，从而推动了计算机系统结构的变革。

计算机系统结构的变革包括以下几个方面：①计算机系统结构从基于串行算法改变为适应并行算法，从而出现了向量计算机、并行处理计算机系统、分布计算机系统等；②高级语言与机器语言的语义距离缩小，从而出现了面向高级语言机器和直接执行高级语言机器；③硬件子系统与操作系统和数据库管理等系统软件相适应，从而出现了面向操作系统的机器和数据库计算机等；④计算机系统结构从传统的指令驱动型改变为数据驱动型和要求驱动型，从而出现了数据流机器和归约机；⑤为了适应特定应用环境而出现了各种专用计算机，如快速傅里叶变换机器、过程控制计算机等；⑥为了获得高可靠性的计算机而研制成容错计算机；⑦计算机系统功能分散化、专业化，从而出现了各种功能分布式计算机，这类计算机包含外围处理机、通信处理机、维护处理机等；⑧与大规模、超大规模集成电路技术相适应，也是促进计算机系统结构变革的一个重要方面；⑨为了扩展计算机功能，特别是适应人工智能的应用，新一代计算机的发展获得了动力。

11.1.3　计算机组织与实现

组成计算机的功能、部件间的相互连接和相互作用，以及有关计算机实现的技术，均属于计算机组织与实现的任务。

在计算机系统结构确定分配给硬件子系统的功能及其概念结构之后，计算机组织的任务就是研究各组成部分的内部构造和相互联系，以实现机器指令级的各种功能和特性。这种相互联系包括各功能部件的布置、相互连接和相互作用。各功能部件的性能参数相互匹配，是计算机组织合理的重要标志，因而相应地就有许多计算机组织方法。例如，为了使存储器的容量大、速度快，人们研究出层次存储体系和虚拟存储技术。在层次存储体系中，又有高速缓存、多模块交错工作、多寄存器组和堆栈等技术。为了使外围设备与处理机间的信息流量达到平衡，人们研究出通道、外围处理机等方式；而为了提高处理机速度，人们研究出先行控制、流水线、多执行部件等方式。在各功能部件的内部结构研究方面，产生了许多组合逻辑、时序逻辑的高效设计方法和结构。例如，在运算器方面，出现了多种自动调度算法和结构等。

随着计算机功能的扩展和性能的提高，计算机包含的功能部件也日益增多，其间的互连结构日趋复杂。现代已有三类互连方式，分别以中央处理器、存储器或通信子系统为中心，与其他部件互连。以通信子系统为中心的组织方式，使计算机技术与通信技术紧密结合，形成了计算机网、局部区域网、分布计算机系统等重要的计算机研究与应用领域。

与计算实现有关的技术范围相当广泛，包括计算机的元件、器件技术，数字电路技术，组装技术以及有关的制造技术和工艺等。

11.1.4　计算机软件

软件的研究领域主要包括程序设计、基础软件、软件工程三个方面。

程序设计指设计和编制程序的过程，是软件研究和发展的基础环节。程序设计研究的内容包括有关的基本概念、规范、工具、方法以及方法学等。这个领域发展的特点是：从顺序程序设计过渡到并发程序设计和分布程序设计；从非结构程序设计方法过渡到结构程序设计方法；从低级语言工具过渡到高级语言工具；从具体方法过渡到方法学。

基础软件指计算机系统中起基础作用的软件。计算机的软件子系统可以分为两层：靠近硬件子系统的一层称为系统软件，使用频繁，但与具体应用领域无关；另一层则与具体应用领域直接有关，称为应用软件。此外，还将支援其他软件的研究与维护的软件，专门称为支援软件。这三类软件既有分工又互相结合。

软件工程是采用工程方法研究和维护软件的过程，以及有关的技术。软件研究和维护的全过程，包括概念形成、要求定义、设计、实现、调试、交付使用，以及有关校正性、适应性、完善性三层意义的维护。软件工程的研究内容涉及上述全过程有关的对象、结构、方法、工具和管理等方面。

11.2　相关专业介绍

以计算机学科知识为基础，适应社会人才需求，结合其他学科知识，高等院校开设了若干的计算机相关专业。按照教育部发布的 2012 版《普通高等学校本科专业目录和专业介绍》，"计算机类"列为"工学"下的一个新的门类，在"计算机类"下共设置了六个专业：计算机科学与技术、软件工程、网络工程、信息安全、物联网工程和数字媒体技术，其中信息安全专业为国家控制布点专业。除了上述专业外，自动化专业、电子商务专业等大量专业虽然与计算机有关但是主干学科并不是计算机，在教育部新的专业目录中进行了单独分类。

11.2.1　学科基础课程

以计算机学科为主干学科的计算机类各专业课程体系结构中，计算机理论方面的学科知识是各专业的基础，也是研究生学习的基础，虽然专业不同，但是为了专业知识的学习，都需要扎实掌握，只是根据专业特点，对相关知识进行不同的取舍和课时设置。

（1）计算机导论

为计算机专业的新生提供一个关于计算机学科的入门介绍，使他们能对该学科有一个整体的认识，并了解该专业的学生应具有的基本知识和技能以及在该领域工作应有的职业道德和应遵守的法律准则。

（2）程序设计基础

本课程既培养学生解决问题（算法与程序设计）的能力，又使他们比较熟练地掌握一种程序设计语言。应注意介绍独立于任何特定编程语言的算法概念和结构，强化训练程序设计的经验和相关技术。重点是程序设计实践及培养学生分析问题和解决问题的能力训练。先修课程：计算机导论。

本课程介绍程序设计的基本概念，强调算法的重要性及其在程序设计中的作用。注意强调算法而不是语法细节。讲授程序设计语言的重点可以考虑用传统的过程式语言，也可用面向对象语言；事实上，使用面向对象语言介绍程序设计时，常常需要从这些语言的过程性语句开始。应注意这门课程同面向对象的程序设计课程有所区别。在本课程中，对控制语句的讨论应先于对类、子类和继承等概念的讨论。

（3）离散数学

离散数学是计算机科学的基础内容。计算机的许多领域都要用到离散数学中的概念。离散数学包括了集合论、数理逻辑、图论和组合数学的重要内容。形式的数学证明贯穿此课程。数据结构和算法中有大量离散数学的内容，例如，在形式说明、验证、密码学中都需要有理解形式证明的能力。图论的概念被用于计算机网络、操作系统和编译原理等领域。集合论的概念被用在软件工程和数据库中。随着计算机科学的日益成熟，越来越多的分析技术被用于实践。为了理解将来的计算技术，学生需要对离散数学有深入的理解。先修课程：数学分析或高等数学。

计算机各个领域互有重叠，对于离散数学尤其如此。离散数学中有一些具有数学属性的内容需要深入理解。但是，一方面怎样区别离散数学与算法和复杂性，另一方面把哪些课题作为纯粹的数学支持工具，两方面不可避免地存在冲突。所以，也有一些学校会将离散数学与算法和复杂性统归于离散数学中。

（4）算法与数据结构

算法与数据结构介绍常用的数据表示和处理技术，包括顺序存储和链接存储的线性表、栈和队列的表示和操作，字符串的模式匹配算法，插入排序、选择排序、快速排序等常见的内部排序方法，顺序存储的数组的地址计算方法，树的存储结构、遍历和线性表示，二叉树的遍历、存储和查找，穿线树和穿线排序，查找树、平衡树、Huffman 算法、B 树等常见树的表示和有关算法，图的表示、遍历及应用。先修课程：高级语言程序设计、离散数学。

（5）计算机组成原理

以冯·诺依曼计算机模型为出发点，介绍计算机的组织结构和工作原理，剖析计算机的运算器、存储器、控制器和输入输出设备的结构、工作原理与相互关系。先修课程：计算机导论、数字逻辑。

（6）操作系统

介绍操作系统的设计和实现，包括操作系统各组成部分的概述，互斥性和同步性，处理器实现，调度算法，存储管理，设备管理和文件系统。先修课程：算法与数据结构、计算机组成基础。

（7）数据库系统原理

介绍数据库系统的基本概念、原理、方法及应用，主要包括数据库系统概论（数据库技术的发展、数据模型、数据库体系结构等，关系数据模型、数据库查询语言 SQL、函数依赖及关系规范化理论），数据库管理系统实现技术（事务、并发控制、恢复、完整性和安全性等概念及有关实现机制），数据库存储结构（文件组织、索引、散列技术等），其他类型的数据库系统介绍（分布式数据库、面向对象数据库、对象关系数据库及数据库技术发展趋势等）。先修课程：数据结构与算法、离散数学。

这门课程建立在先修课程的基础之上。问题主要集中在怎样能够以简单自然的框架和方式有效地管理和储存复杂的信息，并能够进行方便的检索。信息系统的发展会产生各种需求，其中商业前景是非常重要的。因此，这门课程也应该向学生介绍商业、贸易与计算机在其中的应用。

（8）编译原理

介绍编译原理的理论和实践，包括编译程序设计，词法分析，语法分析，符号表，声明和存储管理，代码生成以及优化技术。先修课程：程序设计、离散数学、算法与数据结构。

本课程有两个不同的但有联系的目标：第一，它研究了语言翻译的理论；第二，它展示了怎样应用这个理论去建立编译器、解释器和编译器生成程序。它既涉及人工编写翻译程序，又涉及用编译生成程序自动生成翻译程序。本课程应介绍并研究翻译程序设计的主要争论点。编译器和解释器的构造是这门课程的一个必要组成部分，学生可以从中学到许多必要的技巧。然而，相应的课程设计常常有以下问题：①编译器的实现比以前的课程中学生曾承担的课程设计要大得多；②许多编译器生成程序是表驱动的，使得到的编译器难以调试。可以通过使用声明扫描程序和产生递归下降分析程序的生成程序使问题得到简化。

（9）计算机网络

介绍数据通信的基本概念和计算机网络的基本原理，包括计算机网络的体系结构、数据通信的基本方法和协议、计算机网络的主要应用协议；同时介绍计算机网络系统的安全和管理知识，使学生对数据通信和计算机网络有一个全面理解。先修课程：计算机导论、计算机组成原理、操作系统、算法与数据结构。

（10）数字逻辑

本课程作为电路设计的基础课程，介绍数字系统设计的基本方法，包括数制与码制、逻辑代数、组合电路的分析与设计、时序电路的分析与设计以及逻辑门陈列等知识。先修课程：计算机导论。

11.2.2 专业培养目标与知识领域

1. 计算机科学与技术专业

本专业主要培养能胜任计算机科学研究、计算机系统设计、开发与应用的高级专门人才。课程设置突出数学与自然科学基础知识以及计算机、网络与信息系统相关的基本理论、基本知识和基本技能。

核心知识领域：离散数学、基本算法、程序设计、数据结构、计算机组成、操作系统、计算机网络、数据库系统、软件工程等。

该专业学生按照个人兴趣可以选择软件应用开发、硬件应用开发、网络技术应用等不同的专业方向。

（1）软件应用开发方向

软件应用开发主要包括编程基础、算法与复杂性、编程语言、网络技术、人机交互、图像处理、智能系统、信息管理、软件工程等课程。

编程基础，主要内容包括程序设计结构、算法、问题求解和数据结构等。它考虑的是如何对问题进行抽象。它属于学科抽象形态方面的内容，并为计算学科各分支领域基本问题的感性认识（抽象）提供方法。

算法与复杂性，主要内容包括算法的复杂度分析、典型的算法策略、分布式算法、并行算法、可计算理论、P 类和 NP 类问题、自动机理论、密码算法以及几何算法等。

编程语言，主要内容包括程序设计模式、虚拟机、类型系统、执行控制模型、语言翻译系统、程序设计语言的语义学、基于语言的并行构件等。

网络技术，主要内容包括计算机网络的体系结构、网络安全、网络管理、无线和移动计算以及多媒体数据技术等。

人机交互，主要内容包括以人为中心的软件开发评价、图形用户接口设计、多媒体系统人机接口等。

图像处理，主要内容包括计算机图形学、可视化、虚拟现实、计算机视觉等。

智能系统，主要内容包括约束可满足性问题、知识表示和推理、Agent、自然语言处理、机器学习和神经网络、人工智能规划系统和机器人学等。

信息管理，主要内容包括信息模型与信息系统、数据库系统、数据建模、关系数据库、数据库查询语言、关系数据库设计、事务处理、分布式数据库、数据挖掘、信息存储与检索、超文本和超媒体、多媒体信息与多媒体系统、数字图书馆等。

软件工程，主要内容包括软件过程、软件需求与规格说明、软件设计、软件验证、软件演化、软件项目管理、软件开发工具环境、基于构件计算、形式化方法、软件可靠性、专用系统开发等。

（2）硬件应用开发方向

硬件应用开发主要包括电子技术、数字逻辑、计算机组成原理、微机原理与接口技术、汇编语言、嵌入式系统等课程。

电子技术，主要内容包括电路分析基础、模拟电子技术、数字电子技术等。

数字逻辑，主要内容包括数值与码制、逻辑代数及逻辑函数化简、基本逻辑电路及触发器、各种集成组合电路的设计与应用、同步时序电路与异步时序电路的设计与分析、集成化时序电路、逻辑电路的参数、集成化存储电路等。

计算机组成原理，主要内容包括计算机的发展概况、系统结构、数据的表示方法及其主要部件、内部的指令系统和存储系统、输入输出设备的结构和工作原理、CPU 与外设间传送数据的控制方法。

微机原理与接口技术，主要内容包括微处理器的组成原理、体系结构、常用总线、存储器的组成以及外围接口电路、多功能外围芯片、输入输出设备的功能、工作原理及接口电路等。

汇编语言，主要内容是阐述 IBM PC 及其兼容机上汇编语言程序设计的方法和技术，包括 IBM PC 的指令系统和寻址方式、子程序结构、输入输出程序方法、BIOS 和 DOS 系统功能调用等程序设计技术。

嵌入式系统，围绕目前流行的 32 位 ARM 处理器和源码开放的 Linux 操作系统，讲述嵌入式系统的概念、软硬件组成、开发过程以及嵌入式 Linux 应用程序和驱动程序的开发设计方法。本课程的知识将为学生今后从事嵌入式系统研究与开发打下坚实的基础。

（3）网络技术应用方向

网络应用方向主要培养掌握计算机网络应用知识，能熟练地开发网络应用软件，构建和管理网络，具备较全面地解决实际问题的能力。课程体系包括网络基础知识、网络软件开发、交换技术、网络安全技术。

网络基础知识，包括 TCP/IP 协议、OSI 模型及 FTP、DNS 服务器设置、组网技术、交换机及路由器的连接方式、基本配置等。

网络软件开发，包括 ASP/JSP 开发技术，能够独立开发网络版管理系统（如新闻发布）。

交换技术，包括交换机的 VLAN、STP 、RSTP 高级配置技术，路由器的 RIP 和 IP 访问列表、NAT 高级配置技术等。

网络安全技术，包括防火墙原理、防火墙应用、入侵检测等。

2. 软件工程专业

本专业主要培养能从事软件工程技术研究、设计、开发、管理、服务等工作的专门人才。要求学生掌握计算机科学基础理论、软件工程专业的基础知识和应用知识，具有软件开发能力以及软件开发实践的初步经验和项目组织管理的基本能力，具有初步的创新和创业意识、竞争意识和团队精神。

核心知识领域：计算基础、数学和工程基础、职业实践、软件系统建模与分析、软件系统设计、验证和确认、软件过程、软件质量、软件管理。

特色课程：网络程序设计基础、软件工程、软件项目管理、面向对象系统分析与设计。

"网络程序设计基础"课程主要讲述网页设计制作中的程序编写、可视化工具的应用等知识，课程的主要教学目的是通过对网页编程语言进行课堂讲解与练习，让学生能掌握网页设计中相关的设计思维与网页内容表现方面的编码知识，使学生能够掌握相关软件操作的基本方法，并能够灵活运用课堂知识处理实际项目。课程内容包括：HTML 基本语法，常用标签的使用，表格的使用，层和框架的使用，CSS 的使用，Javascript 的使用。

"软件工程"课程是一门面向软件工程本科学生的专业主干课，主要讲述软件工程的基本概念、原理和方法，从软件开发技术、软件工程管理和软件工程环境等几个方面了解如何将系统的、规范的和可度量的工程方法运用于软件开发和维护中。课程的主要教学目的是要求学生通过本门课的学习基本掌握结构化方法、面向对象方法等软件开发技术，初步了解软件复用的概念，同时对软件工程和环境等内容有一个总体的了解。课程内容包括：软件与软件工程定义，生存周期与软件开发模型，结构化分析、设计与编码，面向对象分析、设计与编码，软件的测试，软件的维护。

"软件项目管理"课程是一门面向软件工程专业的主干课，主要讲述软件项目管理的基本知识，课程的主要教学目的是培养学生运用软件项目管理分析和解决问题的能力，使学生掌握软件项目管理的基本理论与软件项目管理的方法、流程和工具。课程内容包括：软件项目管理的基本概念、软件项目合同管理、软件项目生存期模型、软件项目需求管理、软件项目任务分解、软件项目规模成本估算、软件项目进度计划、软件项目质量计划、软件项目配置管理计划、软件项目风险管理计划、软件项目团队管理、软件项目质量管理、软件项目集成计划、软件项目跟踪控制、软件项目结束过程。

"面向对象系统分析与设计"课程结合统一建模语言 UML 和项目案例，使学生深入理解以面向对象方法为主线的软件工程技术的精髓和实质，系统了解并掌握面向对象分析与设计等相关软件工程领域的关键技术，包括基于用例的需求定义、面向对象的系统分析和系统设计、设计模式和框架复用、软件架构和软件构件技术等内容。通过以团队方式进行的项目实践环节，培养学生的软件开发实践和项目组织的初步经验、创新意识和团队精神。此外，通过邀请企业资深工程师和软件工程专家开设专题讲座等方式，使学生了解相关最新前沿技术和业界最佳实践。

该专业学生按照个人兴趣可以选择理论拓展方向、Java 技术方向、.Net 技术方向等。

（1）理论拓展方向

理论拓展方向主要对软件工程以及计算机科学与技术学科相关的理论内容进行拓展学习，使学生掌握更加完整的学科理论体系，主要课程包括计算机体系结构、电子商务概论、嵌入式系统和软件体系结构。

计算机体系结构，主要内容包括计算机系统的概念结构、指令集结构、流水线技术、指令级并行、存储层次、输入输出系统、多处理机技术。

软件体系结构，主要内容包括软件体系结构概论、软件体系结构建模方法、软件体系结构风格、软件体系结构描述语言、动态软件体系结构、Web 服务体系结构、基于体系结构的软件开发、软件体系结构的分析与测试、软件体系结构评估方法及软件产品线体系结构。

（2）Java 技术方向

Java 技术方向主要开设以 Java 平台为主的技术课程，包括 Java Web 技术、Java EE 及框架技术、Linux 系统应用等课程。

Java Web 技术，主要包括 Jsp 基本语法、Jsp 内置对象、JavaBean、会话跟踪、JSTL、MVC 模式、JDBC、Servlet、Tomcat 服务器配置等。使学生理解和掌握 Jsp 动态网站的架构和开发，具备利用 JSP+Servlet 技术开发综合 Web 应用程序的能力，为深入学习 Java EE 技术奠定基础。

Java EE 及框架技术，主要学习 Java 平台下企业级大型应用开发技术，包括 Java 企业平台的标准和相关服务器介绍，SSH 框架使用技术等。

Linux 系统应用，主要包括 Linux 系统的基本操作、文件管理、Web 服务器管理、FTP 等服务器配置管理等内容。

（3）.Net 技术方向

.Net 技术方向主要开设以.Net 平台为主的开发技术课程，包括 C#基础与 WinForm、ASP.Net 应用开发、网络安全技术等。

C#基础与 WinForm，主要包括.Net Framework 的体系结构、组件及环境设置、面向对象的概念、WinForms 基础知识、调试、测试和异常处理、ADO.Net 对象模型的结构、.NET 数据提供程序及创建数据库连接、DataGrid 控件等。

ASP.Net 应用开发，主要包括使用 C#.Net 语法的 ASP.Net 程序；.Net Framework 类函数

库的使用；ASP.Net 的 HTTP 对象、输入输出与 Cookies 处理；Web 窗体程序设计；Web 窗体处理；Web 服务器文件的处理；ADO.Net 网页数据库操作；ADO.Net 数据库查询；网页数据库的显示与维护控件；ASP.Net 的 Web 应用程序；ASP.NET 中的用户自定义控件（ASCX）与文件上传。

3. 自动化专业

本专业培养知识、能力、素质各方面全面发展，掌握自动化领域的相关理论、基本知识和专业技能，并能在工业企业、科研院所等部门从事有关运动控制、过程控制、制造系统自动化、自动化仪表和设备、机器人控制、智能监控系统、智能交通、智能建筑、物联网等方面的工程设计、技术开发、系统运行管理与维护、企业管理与决策、科学研究和教学等工作的宽口径、高素质、复合型的自动化工程科技人才。

核心知识领域：电路及电子学基础、自动化基础理论、计算机技术基础（硬件、软件、网络等）、传感器与检测技术、电力电子技术、计算机控制技术、运动控制技术、过程控制技术等。

特色课程：数字电子技术、自动控制原理、嵌入式系统等。

"数字电子技术"主要研究各种逻辑门电路、集成器件的功能及其应用，逻辑门电路组合和时序电路的分析和设计、 集成芯片各脚功能等；主要内容包括数制与编码、数字逻辑电路基础、逻辑门电路、数码显示电路的分析与制作、计时器电路的分析与制作、数字电子钟分析与制作、电压发生器的分析与制作、半导体存储器和可编程逻辑器件等。

"自动控制原理"其主要内容包括：自动控制系统的基本组成和结构、自动控制系统的性能指标、自动控制系统的类型（连续、离散、线性、非线性等）及特点、自动控制系统的分析（时域法、频域法等）和设计方法等。通过本课程的学习，学生可以了解有关自动控制系统的运行机理、控制器参数对系统性能的影响以及自动控制系统的各种分析和设计方法等。

"嵌入式系统"主要介绍嵌入式系统的应用领域和发展方向、ARM9 处理器的架构及其内存管理、ARM9 体系结构的指令集与汇编代码的编写、嵌入式 Linux 操作系统的基本知识、常见的 Bootloader、基于 ARM 体系结构的 Linux 内核、嵌入式文件系统的框架、嵌入式设备驱动程序结构、交叉开发环境模式和常用的调试技术、字符设备驱动程序的框架、块设备驱动程序的架构、网络设备驱动架构等。

4. 电子商务专业

本专业培养具备管理、经济、法律、计算机、电子商务等方面知识，具备人文精神、科学素养和诚信品质，能在企事业单位从事网站网页设计、网站建设维护、企业商品和服务的营销策划、客户关系管理、电子商务项目管理、电子商务活动的策划与运作等工作的应用型、复合型人才。

核心知识领域：市场营销学、电子商务概论、网络营销基础与实践、电子商务营销写作实务、电子商务管理实务、ERP 与客户关系管理、电子商务网站建设等。

特色课程：电子商务概论、网络营销、电子商务创新创业应用研究。

"电子商务概论"涵盖了电子商务流程中涉及的各个方面，主要对电子商务相关的理论和技术进行介绍，包括基础与技术、交易模式、规划与实施流程、新应用等，着重介绍了

B2C、C2C、B2B 电子商务模式和完整的电子商务规划与实施流程，最后介绍了移动商务和电子政务等电子商务的新应用。

　　"网络营销"主要学习基于网络的营销理论和技巧方法，包括网络营销环境、网络营销信息的检索与处理、网络交易行为、目标市场定位、营销策略、网络促销 、网络营销内部管理、SEO 技术等。

　　"电子商务创新创业应用研究"该课程以全国大学生电子商务创新大赛为平台，通过团队式合作创新，进行企业的电子商务推广策划等创新创业性研究学习。

　　本专业学生在学习基本理论知识后可以在"电子商务应用方向"和"电子商务工程方向"选择拓展方向学习，应用方向将学习旅游电子商务、搜索引擎技术应用研究、网页美工技术等课程，工程方向将学习面向对象程序设计、.Net 软件技术、计算机网络等课程。

习 题 十 一

1. 计算机学科的主要研究内容是什么？
2. 理论计算机科学主要包括哪些方面？
3. 计算机学科相关专业共同的基础课程主要有哪些？
4. 计算机科学与技术的专业、软件工程专业、电子商务专业和自动化专业的培养目标有什么不同？

反侵权盗版声明

电子工业出版社依法对本作品享有专有出版权。任何未经权利人书面许可，复制、销售或通过信息网络传播本作品的行为，歪曲、篡改、剽窃本作品的行为，均违反《中华人民共和国著作权法》，其行为人应承担相应的民事责任和行政责任，构成犯罪的，将被依法追究刑事责任。

为了维护市场秩序，保护权利人的合法权益，我社将依法查处和打击侵权盗版的单位和个人。欢迎社会各界人士积极举报侵权盗版行为，本社将奖励举报有功人员，并保证举报人的信息不被泄露。

举报电话：（010）88254396；（010）88258888

传　　真：（010）88254397

E-mail：　dbqq@phei.com.cn

通信地址：北京市海淀区万寿路 173 信箱

　　　　　电子工业出版社总编办公室

邮　　编：100036